民用航空器维修基础系列教材

人为因素和航空法规（第2版）

Human factors and aviation regulations

(ME、AV)

张铁纯　刘　珂　主编

清华大学出版社
北　京

内 容 简 介

本书为民用航空器维修基础系列教材之一,全书分上下两篇。上篇介绍人为因素,分 5 章,内容包括:绪论、人为因素基本理论及模型、人的行为表现和局限性、影响工作表现的因素和维修差错管理工具。

下篇介绍了航空法规,分 7 章,内容包括:法规框架、初始适航管理、维修和改装一般规则、民用航空器维修单位合格审定规定、民用航空器维修人员执照管理规则、民用航空器维修培训机构合格审定规定、民用航空器运行维修要求。

本书可作为 CCAR-147 部维修培训机构的培训教材或参考教材,也适合于具有一定基础的航空维修专业人员自学。

本书封面贴有清华大学出版社防伪标签,无标签者不得销售。
版权所有,侵权必究。举报: 010-62782989,beiqinquan@tup.tsinghua.edu.cn。

图书在版编目(CIP)数据

人为因素和航空法规:ME、AV/张铁纯,刘珂主编. —2 版. —北京:清华大学出版社,2017(2025.7重印)
(民用航空器维修基础系列教材)
ISBN 978-7-302-46378-8

Ⅰ. ①人… Ⅱ. ①张… ②刘… Ⅲ. ①人的因素(心理学)—影响—飞行安全—教材 ②民用航空—航空法—中国—教材 Ⅳ. ①V328.1 ②D922.296

中国版本图书馆 CIP 数据核字(2017)第 021571 号

责任编辑:赵 斌
封面设计:李星辰
责任校对:刘玉霞
责任印制:杨 艳

出版发行:清华大学出版社
    网　　址: https://www.tup.com.cn, https://www.wqxuetang.com
    地　　址: 北京清华大学学研大厦 A 座　　　　邮　编: 100084
    社 总 机: 010-83470000　　　　　　　　　　邮　购: 010-62786544
    投稿与读者服务: 010-62776969, c-service@tup.tsinghua.edu.cn
    质量反馈: 010-62772015, zhiliang@tup.tsinghua.edu.cn
印 装 者: 艺通印刷(天津)有限公司
经　　销: 全国新华书店
开　　本: 185mm×260mm　　印　张: 13.5　　字　数: 325 千字
版　　次: 2009 年 3 月第 1 版　2017 年 2 月第 2 版　印　次: 2025 年 7 月第 44 次印刷
定　　价: 42.00 元

产品编号: 062910-02

民用航空器维修基础系列教材
编写委员会

主任委员：任仁良

编　　委：刘　燕　　陈　康　　付尧明　　郝　瑞
　　　　　蒋陵平　　李幼兰　　刘　峰　　刘建英
　　　　　刘　珂　　吕新明　　任仁良　　王会来
　　　　　张　鹏　　邹　蓬　　张铁纯

序言

2005年8月,中国民航规章CCAR-66R1《民用航空器维修人员执照管理规则》考试大纲正式发布执行,该大纲规定了民用航空器维修持照人员必须掌握的基本知识。随着中国民用航空业的飞速发展,业内迫切需要大批高素质的民用航空器维修人员。为适应民航的发展,提高机务维修人员的素质和航空器的维修水平,满足广大机务维修人员学习业务的需求,中国民航总局飞行标准司组织成立了"民用航空器维修基础系列教材"编写委员会,其任务是组织编写一套满足中国民航维修要求、实用性强、高质量的培训和自学教材。

为方便机务维修人员通过培训或自学参加维修执照基础部分考试,本套教材根据民航局颁发的 AC-66R1-02 维修执照基础部分考试大纲编写,同时满足 AC-147-02 维修基础培训大纲。本套教材共 14 本,内容覆盖了大纲的所有模块,具体每一本教材的适用专业和对应的考试大纲模块见本书封底。

本套教材力求通俗易懂,紧密联系民航实际,强调航空器维修的基础理论和维修基本技能的培训,注重教材的实用性。本套教材可作为民航机务维修人员或有志于进入民航维修业的人员的培训或自学用书,也可作为 CCAR-147 维修培训机构的基础培训教材或参考教材。

"民用航空器维修基础系列教材"第1版在 CCAR-66 执照基础部分考试和 CCAR-147 维修基础培训中得到了非常广泛的应用。通过10年的使用,在第1版教材中发现了不少问题;同时10年来,大量高新技术应用到新一代飞机上(如 B787、A380 等),维修理念和技术也有了很大的发展,与之相对应的基础知识必须得到加强和补充。因此,维修基础培训教材急需进行修订。

"民用航空器维修基础系列教材"第2版是在民航局飞行标准司的直接领导下进行修订编写的。这套教材的编写得到了民航安全能力基金的资助,同时得到了中国民航总局飞行标准司、中国民航大学、广州民航职业技术学院、中国民用航空飞行学院、民航管理干部学院、上海民航职业技术学院、北京飞机维修工程有限公司(Ameco)、广州飞机维修工程有限公司(Gameco)、中信海洋直升机公司、深圳航空有限责任公司等单位以及航空器维修领域专家的大力支持,在此一并表示感谢!

由于编写时间仓促和我们的水平有限,书中难免存在许多错误和不足,请各位专家和读者及时指出,以便再版时加以纠正。我们相信,经过不断的修订和完善,这套教材一定能成为飞机维修基础培训的经典教材,为提高机务人员的素质和飞机维修质量作出更大的贡献。任何意见和建议请发至:skyexam2015@163.com。

"民用航空器维修基础系列教材"编委会

2016年4月

前言

FOREWORD

本书分上下两篇。上篇介绍人为因素,下篇介绍航空法规。本书按照中国民航规章《民用航空器维修人员执照管理规则》民用航空器维修人员执照考试大纲 M9、M10 编写,书中内容为航空器维修人员必须要掌握的基础知识。在编写过程中,编者力求做到通俗易懂,注重知识的实用性,贯彻了理论与实际密切结合的思想。

本书可以作为 CCAR-147 部维修培训机构的培训教材或参考教材,也适合于具有一定基础的航空维修专业人员自学。此外,本教材还可用作学习人为因素和民用航空法规的启蒙教材。如想获得更多详细资料,还需阅读本书中提到的一些文献、民用航空规章的原文和咨询通告等。

本书上篇由张铁纯老师主编和统稿,内容包括绪论、人为因素基本理论及模型、人的行为表现和局限性、影响工作表现的因素和维修差错管理工具。其中第1章、2.1节、2.2节、2.3.1节、2.3.3节、4.2节、4.4节、4.5节、5.2节、5.3.1节由张铁纯、胡静、郝瑞编写;第3章及4.1节由邓立辉编写;第2.3.2节、2.3.4节、4.3节、5.1节、5.3.2节及附录C由花迎春编写;附录A、B、D由刘燕编写。在第2版改版工作中,编写组在覆盖第1版知识点的基础上,对全书内容进行重新梳理并调整框架结构,补充了人为因素的最新理论、差错模型和差错管理工具并添加人为差错案例等。此次改版编写过程中,任仁良、陈康、许少伟、谭鑫、杨阳、林静、钱景、张学等提出了许多宝贵的修改意见,并对全书进行了审校,在此表示衷心的感谢!

本书下篇由刘珂老师主编和统稿,内容包括法规框架、初始适航管理、维修和改装一般规则、民用航空器维修单位合格审定规定、民用航空器维修人员执照管理规则、民用航空器维修培训机构合格审定规定、民用航空器运行维修要求。其中第6章由刘珂编写;第7章由陆崑编写;第8、9章由李伟编写;第10、11章由花迎春编写;第12章由刘槟编写。

此书在编写过程中还得到了许多单位的鼎力支持,包括民用航空器维修人员执照考试管理中心、民航管理干部学院、北京飞机维修工程有限公司、厦门太古飞机工程有限公司等单位。在此谨表深深的感谢。

由于编写时间仓促和我们的水平有限,教材中难免存在错误和不足,敬请各位专家和读者指出,以便再版时加以纠正。

编 者
2016 年 9 月

目 录

上篇　人为因素

第1章　绪论 ······ 3

- 1.1 航空人为因素对航空安全的贡献 ······ 3
  - 1.1.1 安全的演变 ······ 3
  - 1.1.2 20世纪末的安全预言 ······ 4
  - 1.1.3 航空事故率下降原因 ······ 8
- 1.2 人为因素范畴 ······ 12
  - 1.2.1 人为因素起源和定义 ······ 12
  - 1.2.2 人为因素的学科性质 ······ 13
- 1.3 航空界对人为因素的需求 ······ 14
  - 1.3.1 系统有效性 ······ 15
  - 1.3.2 运行人员状态良好 ······ 17

第2章　人为因素基本理论及模型 ······ 18

- 2.1 人为因素基本定律 ······ 18
  - 2.1.1 墨菲定律 ······ 18
  - 2.1.2 海恩法则 ······ 18
  - 2.1.3 事故链理论 ······ 19
  - 2.1.4 圆盘漏洞理论 ······ 20
- 2.2 差错的定义 ······ 20
  - 2.2.1 人为差错 ······ 21
  - 2.2.2 违规 ······ 23
  - 2.2.3 维修差错 ······ 25
- 2.3 人为差错模型 ······ 29
  - 2.3.1 MEDA事件模型 ······ 29
  - 2.3.2 SHEL模型 ······ 30
  - 2.3.3 蝴蝶结模型 ······ 32

　　　　2.3.4　REASON 模型 ･･ 34

第 3 章　人的行为表现和局限性 ･･ 38

3.1　视觉 ･･ 38
　　3.1.1　眼睛的基本功能 ･･･ 38
　　3.1.2　影响视力清晰度的因素 ･･･ 39
　　3.1.3　影响视力的因素 ･･･ 39
　　3.1.4　色觉 ･･･ 41
　　3.1.5　视力保护措施 ･･･ 41

3.2　听觉 ･･ 42
　　3.2.1　人耳的基本功能 ･･･ 42
　　3.2.2　人耳的能力和限制 ･･･ 43
　　3.2.3　噪声对人的表现的影响 ･･･ 43
　　3.2.4　听觉损伤 ･･･ 43
　　3.2.5　维修工作中听觉防护措施 ･･･ 44

3.3　信息处理 ･･ 44
　　3.3.1　信息处理模型 ･･･ 44
　　3.3.2　注意力和理解 ･･･ 44
　　3.3.3　决策 ･･･ 46
　　3.3.4　记忆力 ･･･ 46
　　3.3.5　习惯动作 ･･･ 47
　　3.3.6　情境意识 ･･･ 47
　　3.3.7　信息处理局限性 ･･･ 48

3.4　恐惧症、恐高症 ･･ 50
　　3.4.1　幽闭恐惧症 ･･･ 50
　　3.4.2　恐高症 ･･･ 50

第 4 章　影响工作表现的因素 ･･･ 52

4.1　个人因素 ･･ 52
　　4.1.1　身体健康 ･･･ 52
　　4.1.2　来自家庭和工作的紧张压力 ･･･ 54
　　4.1.3　时间压力和期限 ･･･ 55
　　4.1.4　工作负荷 ･･･ 56
　　4.1.5　睡眠、疲劳和倒班 ･･･ 58
　　4.1.6　酒精、滥用药物和毒品 ･･･ 61

4.2　物理环境因素 ･･ 62
　　4.2.1　噪声 ･･･ 62

  4.2.2 强烈气味 ·· 63
  4.2.3 照明 ·· 63
  4.2.4 气候和温度 ·· 64
  4.2.5 移动和振动 ·· 65
  4.2.6 工作环境 ·· 65
 4.3 团队工作 ··· 66
  4.3.1 团队的概念 ·· 66
  4.3.2 影响团队工作的因素 ··· 67
  4.3.3 有效团队工作的要素 ··· 72
  4.3.4 团队工作与沟通 ··· 74
 4.4 维修任务 ··· 79
  4.4.1 体力工作 ·· 80
  4.4.2 重复性工作 ·· 81
  4.4.3 目视检查 ·· 82
  4.4.4 复杂系统工作 ·· 83
 4.5 危险区域 ··· 85
  4.5.1 认识和避免危险 ··· 85
  4.5.2 紧急情况处理 ·· 86

第5章　维修差错管理工具 ·· 88

 5.1 维修差错管理原则 ·· 88
  5.1.1 科学对待差错,打破责备怪圈 ·· 88
  5.1.2 系统管理差错,不断改进系统 ·· 90
  5.1.3 合理调配资源,关注可管理因素 ·· 91
  5.1.4 重视差错管理的重点和目标 ·· 91
 5.2 HFACS-ME ··· 92
  5.2.1 HFACS 结构体系 ··· 92
  5.2.2 HFACS-ME ·· 94
 5.3 Dirty Dozen ·· 98
  5.3.1 Dirty Dozen 研究起源 ·· 98
  5.3.2 Dirty Dozen 内容 ··· 98

附录A 维修差错决断辅助工具(MEDA) ··· 106

附录B 航空事故划分标准 ··· 113

附录C 中国民航运输航空器维修差错统计与分析 ······································· 118

附录D 与人为因素/人为差错相关的事故及事故征候 ································· 122

下篇 航空法规

第6章 法规框架 ... 131
- 6.1 国际民用航空公约及其附件 ... 131
- 6.2 中国民用航空局行政管理和适航维修法规体系 ... 135

第7章 初始适航管理 ... 140
- 7.1 概述 ... 140
- 7.2 适航标准类规章 ... 141
  - 7.2.1 适航标准简介 ... 141
  - 7.2.2 运输类飞机适航标准(CCAR-25部)的主要内容 ... 143
- 7.3 初始适航管理类规章 ... 144
  - 7.3.1 民用航空产品和零部件合格审定规定(CCAR-21部) ... 144
  - 7.3.2 民用航空器国籍登记规定(CCAR-45部) ... 149
  - 7.3.3 民用航空器适航指令规定(CCAR-39部) ... 150
- 7.4 初始适航管理在航空器运行中的作用 ... 150

第8章 维修和改装一般规则(CCAR-43部) ... 153
- 8.1 术语解释 ... 153
- 8.2 工作准则 ... 154
- 8.3 附加的检查工作准则 ... 154
  - 8.3.1 年度检查和100小时检查 ... 154
  - 8.3.2 渐进式检查 ... 155
  - 8.3.3 旋翼机的检查 ... 155
  - 8.3.4 高度表系统和空中交通管制(ATC)应答机的测试和检查 ... 155
  - 8.3.5 时寿件的控制要求 ... 155
- 8.4 实施维修和改装的人员资格 ... 156
- 8.5 维修和改装后批准恢复使用 ... 156
  - 8.5.1 批准恢复使用的方式 ... 156
  - 8.5.2 维修和改装后批准恢复使用的人员资格 ... 159
- 8.6 缺陷和不适航状况报告 ... 159
- 8.7 维修管理指令 ... 160

第9章 民用航空器维修单位合格审定规定(CCAR-145部) ... 161
- 9.1 定义和总则 ... 162
- 9.2 维修单位合格审定要求 ... 165
  - 9.2.1 厂房设施要求 ... 165
  - 9.2.2 工具设备要求 ... 166

  9.2.3 器材要求 …………………………………………………………………… 166
  9.2.4 人员要求 …………………………………………………………………… 169
  9.2.5 适航性资料要求 …………………………………………………………… 170
  9.2.6 质量系统 …………………………………………………………………… 171
  9.2.7 工程技术系统 ……………………………………………………………… 172
  9.2.8 生产控制系统 ……………………………………………………………… 172
  9.2.9 培训大纲和人员技术档案 ………………………………………………… 173
 9.3 对维修单位的其他要求 …………………………………………………………… 173
  9.3.1 维修单位手册 ……………………………………………………………… 173
  9.3.2 维修记录 …………………………………………………………………… 174
  9.3.3 维修放行证明 ……………………………………………………………… 175
  9.3.4 等效安全的要求 …………………………………………………………… 176
  9.3.5 外委的要求 ………………………………………………………………… 176
  9.3.6 与人为因素有关的要求 …………………………………………………… 177

第10章 民用航空器维修人员执照管理规则（CCAR-66部） …………………… 178
 10.1 执照分类和专业类别 …………………………………………………………… 179
 10.2 执照管理模式 …………………………………………………………………… 180
 10.3 执照的考试 ……………………………………………………………………… 180
 10.4 执照的申请条件 ………………………………………………………………… 181
 10.5 执照的颁发和签署 ……………………………………………………………… 182
 10.6 执照的有效期、续签及补发 …………………………………………………… 182
 10.7 执照持有人的权利 ……………………………………………………………… 183
 10.8 执照持有人的义务 ……………………………………………………………… 183
 10.9 法律责任 ………………………………………………………………………… 184

第11章 民用航空器维修培训机构合格审定规定（CCAR-147部） ……………… 185
 11.1 对维修培训机构的管理要求 …………………………………………………… 185
 11.2 对维修培训机构的一般审定要求 ……………………………………………… 186
 11.3 对维修培训机构的特定审定要求 ……………………………………………… 189

第12章 民用航空器运行维修要求 ……………………………………………………… 191
 12.1 概述 ……………………………………………………………………………… 191
 12.2 公共航空运输承运人的维修工程管理 ………………………………………… 195

参考文献 ……………………………………………………………………………………… 200

上篇

人为因素

第1章

绪论

人为因素是一门应用科学,以操作设备的人为研究中心。应用人为因素有利于优化人的行为表现并减少人为差错。人为因素体现了行为科学和社会科学、工程学和心理学的方法和原则。人和与人相关的各种因素及其相互影响是人为因素研究的主要内容。

20世纪末的研究表明,与人为因素相关的飞行事故增加至80%;与维修人员相关的飞行事故,也呈上升趋势;由于飞机系统的改进和发展,飞机机械原因造成的事故已大大减少,而与人为因素相关的事故在不断地增加。在飞机自身可靠性达到相当高的水平且不能在短期获得重大突破的情况下,航空界为了不断降低飞行事故率,在航空人为因素方面进行大量研究,为整个航空系统引入大量人为因素模型、工具和管理系统,使得航空事故率在最近十几年有了大幅下降(是商用喷气客机服役以来,航空事故率的第三次下降),实现了航空安全水平飞跃。

航空维修中的人为因素,是航空人为因素研究的分支,主要研究航空维修中人的工作表现的影响因素,优化航空维修人员的工作表现,减少人为差错,保证航空安全。重视航空维修中的人为因素,可降低维修工作中的人为差错、提高维修质量,是保证飞行安全的重要措施和技术手段,已得到世界各国航空界,从管理当局到航空公司,从维修企业到维修员工的普遍认可。不断进行航空维修中的人为因素研究,将是未来若干年内,世界民用航空(简称民航)界的永恒话题。

1.1 航空人为因素对航空安全的贡献

在航空范畴,安全是"一种状态,即通过持续的危险识别和安全风险管理过程,将人员伤害或财产损失的可能性降低并维持在一个可接受的程度或其以下"。

1.1.1 安全的演变

航空安全的发展历史可以分为三个时代,如图1-1所示。

(1) 技术因素时代——从20世纪初到20世纪60年代末。航空作为大规模交通运输的一种形式应运而生,其中被确定的安全缺陷,最初与技术因素和技术失效或失误相关。因此,在安全方面努力的焦点,集中在技术调查和技术改进上。到20世纪50年代,随着技术改进,事故率逐渐降低,安全工作逐步扩展到遵守规章与监督方面。

(2) 人的因素时代——从20世纪70年代初到90年代中期。在20世纪70年代初,由于主要技术的不断进步和安全规章的逐步完善,事故率大大降低。航空运输成为了一种更

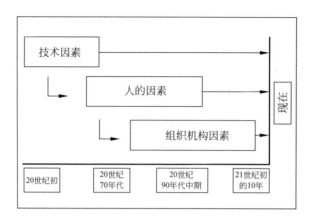

图 1-1 安全的演变

安全的交通运输方式,在安全方面努力的焦点,扩展到了包括人与机器互动界面在内的人的因素问题上。这促使安全信息的获取,超出了早期事故调查所产生的信息。尽管在减少差错方面投入了资源,但人的表现依旧是事故中的常见因素。当时,人的因素之科学的应用,趋向关注个人,并没有完全考虑运行和组织机构的背景。直到20世纪90年代初,才首次承认个人是在复杂环境中运作的,其中包括了有可能影响人的行为的多重潜在因素。

(3)组织机构因素时代——从20世纪90年代中期到现在。在组织机构因素时代,人们开始从系统的视角审视安全,除了人的因素和技术因素之外,它还包含了组织机构的因素。因此,考虑到一个组织机构的文化和政策对于安全风险控制的影响,就采用了"组织机构性事故"的观念。另外,传统的数据收集与分析工作,以往局限于对事故和严重事故征候调查中所收集到的数据之应用,就要对安全有一种全新的、积极主动的做法来加以补充。这种新做法基于日常信息的收集和分析,使用主动和被动的方法,监控已知的安全风险并探测新出现的安全问题。这些改进形成了迈向安全管理的基本原理。

保证飞行安全是民用航空业的重中之重。为保证民用航空安全,各国政府和航空器设计、制造单位及航空运营人,采取了大量措施以建立健全航空安全体系,从而降低事故风险,减少飞行事故的数量。民用航空运输业经历了近一个世纪的全面发展,以其安全、高效、便捷的优势,成为主要交通运输工具之一。

安全和效率是航空界关注的目标,二者缺一不可。优化航空人员的工作表现,是实现安全和效率的可靠保证。在百年航空发展史中,随着航空设计和制造业的发展,飞机的可靠性得到了很大提高。人为因素的研究成果在民航中的应用取得了不可低估的效果。

1.1.2　20世纪末的安全预言

1. 20世纪航空安全水平回顾

在航空发展初期,由于受生产力发展水平的制约,科学技术相对落后,在飞机设计制造方面存在的缺陷较为突出。随着新技术、新材料、新工艺的不断引入,飞机本身的可靠性和安全水平不断提高,航空事故率呈逐年下降趋势。从1958年美国波音B707投入服役以来,民用航空进入喷气式时代,航空事故率呈现两个阶段:事故率明显下降阶段和相对稳定阶段(如图1-2所示)。

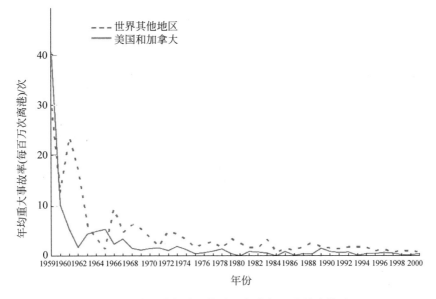

图 1-2 美国波音公司统计的年度航空事故率统计

1)第一阶段(1958 年至 20 世纪 70 年代)

1959 年以后,全球范围内民用运输飞行事故率已显著下降。20 世纪 70 年代末和 80 年代初,全球航空事故率已下降到每百万次离港大约 3 起事故。

2)第二阶段(20 世纪 80 年代至 90 年代)

在 20 世纪最后 20 年,航空维修事故率进入相对稳定期,形成一种平稳趋势:事故率的下降变得"非常"缓慢,甚至可以说"不明显",事故率在每百万次离港 1.5~3 起事故之间波动。

2. 航空安全指标

1)百万次离港事故率和百万小时事故率

每百万次离港事故率和每百万小时事故率均可作为衡量航空安全水平的指标。目前,在对航空事故进行统计分析时,西方国家普遍采用每百万次离港事故率作为衡量指标,我国民航则采用百万飞行小时作为衡量指标。为了便于比较和分析(尤其是进行"安全性分析计算"),可将每百万次离港与百万飞行小时进行相应换算。

图 1-3 给出了 1989 年至 2008 年世界范围内商用喷气式飞机飞行小时数和离港次数,其中 2008 年飞行小时为 46.3 百万,共 21.8 百万次离港,两者之比为 2.12 飞行小时/离港。因此,百万次离港和百万小时之间的换算,可粗略取 2.1 作为系数。

20 世纪后 20 年间,全球民航的航空事故率为每百万次离港 1.5~3 次事故,相当于每百万飞行小时 0.72~1.42 次,即 $(0.72 \sim 1.42) \times 10^{-6}$/飞行小时,是所有交通方式中事故率最低的。乘客乘坐民航班机发生事故死亡的概率小于日常生活中意外死亡(如走路摔死、喝水呛死等)的概率。目前,世界主要适航管理当局均将整机事故率 $\lambda = 1 \times 10^{-6}$/飞行小时作为民用航空器可接受的安全指标。

2)年度航空事故总量和死亡人数

在统计航空事故率的同时,人们同样关注每年发生的航空事故数量和事故中死亡的人

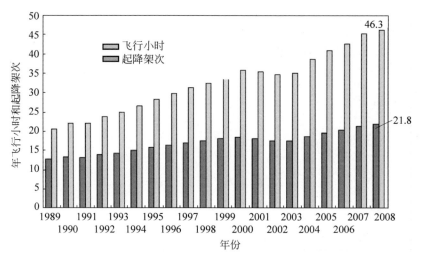

图 1-3 全球商用喷气式飞机离港和飞行小时统计

数。尤其是普通民众,更加关心飞机失事的次数。美国波音公司统计飞行事故数据时,将事故分为两类,一类是人员死亡事故(fatal accident),另一类是飞机坠毁(或损毁)事故(hull loss accident)。当发生人员死亡事故(即空难)时,会对普通民众造成很大的冲击和震撼。人们会在相当长的一段时间关注空难发生的过程和调查进展(马航 MH370 失联和 MH17 被击落事件发生后,在世界范围内造成很大影响和长时间关注)。由于普通民众对航空安全专业指标了解不多,他们更倾向于把航空事故数量和死亡人数作为衡量航空安全的指标。

3. 关于航空事故数量的惊人预言

1) 服役飞机数量和航空运输周转量的预测

随着世界各国经济的发展和全球一体化的不断推进,全球范围内的航空运输需求将飞速发展。2000 年,美国波音公司发布"2000—2018 年期间世界喷气式飞机市场预测"。波音公司统计,1999 年世界范围内服役飞机为 14900 架,并预计到 2018 年,世界服役飞机将达到 25400 架,同时,全球范围内的航空运输周转量将翻一倍以上。

2) 飞机年度事故量的惊人预测

在波音公司预测飞机数量的基础上,飞行安全基金会对全球的航空事故进行了预测,当时得出了一项令人吃惊的结论:"如果未来 10~15 年内飞机航班数量增加 1 倍,那么飞机事故数量也会同样增加。在当时的安全水平内(即每百万次离港事故率为 1.5~3),那么到 2015 年,年度人员死亡事故总量将达到 45 起(此为预测平均值,具体应在 30~60 次之间)"。飞机事故数量预测趋势如图 1-4 所示。

实际上,航空运输发展速度是高于当初预测的。波音公司 2016 年 7 月发布的统计数字,世界航空运输喷气式飞机 2015 年的起降达到 27.0 百万架次。根据当时的预测,2015 年的人员死亡事故数量将达到非常惊人的 40~81 次(即便取平均值,也将达到惊人的 60 次)。也就是说,大众每天都将被空难信息包围(平均 4~6 天发生一起空难,估计还会出现一天发生数起空难的可能)。

3) 惊人预言的破产

令人欣慰的是,20 世纪末的预言并没有变成今日的航空安全噩梦。随着全球运输飞机数量增加和飞机起降班次的增多,人员死亡空难大量发生的情况并没有发生。2015 年,全

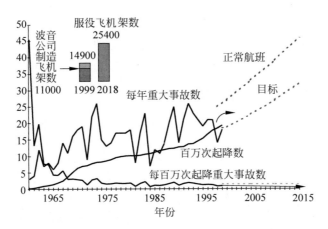

图 1-4 20世纪末全球运输飞机飞行事故预测趋势图（2000年）

球喷气式商业机队共发生飞机坠毁事故（hull loss）15起，没有发生机上人员死亡航空事故。全年的航空事故死亡统计数字为：地面人员16人，机上人员0人。

4）航空事故率的第二次快速下降

美国波音公司统计的全球喷气式商业机队航空事故率（如图1-5所示）揭示了其中的秘密：美国和加拿大等北美地区的死亡事故率从1989年的百万次离港1.5次降低到1998年的百万次离港0.5次左右，后来逐渐稳定在百万次离港0.3次左右。全球范围内航空事故率从1998年以后开始下降，并在2008年前后稳定在百万次离港0.8次左右（详见图1-5右上角小图）。

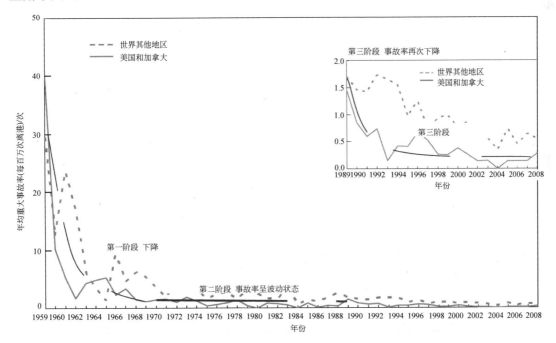

图 1-5 世界范围内喷气式商务飞机航空死亡事故率下降规律统计（2009年发布）

2006—2015年的统计数字显示，全球的航空安全水平已经与北美地区航空安全水平持平，航空死亡事故率为百万次离港0.29次，其中定期商业航班死亡事故率为百万次离港

0.23次(相当于 $0.11×10^{-6}$/飞行小时)。航空安全事故率的再次快速下降并保持在极低的水平,使世界航空运输摆脱了随时可能面临空难的境地,毫无争议地成为最安全的运输方式。

1.1.3 航空事故率下降原因

纵观世界民用航空安全事故变化规律,有两个事故率迅速下降的阶段:第一次是1958年至1970年,第二次是1998年至现在(北美地区从1989年开始第二次下降),造成这两次安全水平提高的技术基础是不同的。

1. 第一次:航空器自身安全性不断提高

航空器自身安全性水平的提高是第一次航空安全事故率降低的基础。新技术、新标准在航空器设计中的采用,促进民用航空安全事故率在大幅下降。

1) 三代民航商用喷气式飞机安全水平的差异

自1958年美国波音B707投入服役以来,共有三代民用喷气式飞机投入商用航空领域,这三代飞机分别是:第一代飞机,20世纪50年代末至70年代的飞机,如B707,DC-8;第二代飞机,20世纪60年代末开始交付的飞机,如波音B727,B737-100/200、B-747、DC-9、DC-10,空客A300-B4等;第三代飞机,20世纪80年代后投入使用的飞机,如MD-80、MD-11、MD-90、B737-300/400/500、B757、B767、B777、A310、A300-600、A319、A320、A330、A340等。

这三代飞机设计制造的年代不同,具有的安全性水平也不同。在投入服役后,也就表现出不同的运营安全水平。图1-6给出了20世纪商用喷气式飞机按"代"和"服役时间"统计出的航空安全事故率。

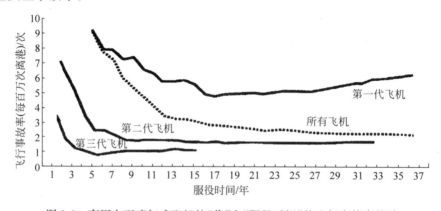

图1-6 商用大型喷气式飞机按"代"和"服役时间"的飞行事故率统计

如图1-6所示,每代飞机投入运行的前几年,事故率相对较高,随着设计和制造缺陷的逐步完善,在随后的服役期内,事故率相对较低并保持相对稳定。总体来说,第一代飞机的安全性水平大大低于第二代和第三代飞机。交付使用10年后,第一代飞机的事故率比第二、第三代飞机事故率高出5倍多;在服役期超过一定时间后(图1-6中显示为17年),由于老龄化,第一代飞机事故率呈上升状态。随着第二代飞机和第三代飞机不断交付使用,第一代飞机在整个机队中所占比例逐渐减少,因此,全世界范围内,商用喷气式飞机的航空安全事故率是逐渐降低的(如图1-6虚线所示)。

第一代商用喷气式飞机投入使用的头15年内(即1959—1973年),航空事故率水平下降幅度较大,之后进入相对平缓期,由此可以看出,安全的飞机是航空安全实现的根本前提和物质基础。

2) 新技术、新标准的采用是飞机安全性不断提高的基础

造成三代商用喷气式飞机安全水平存在较大差异的原因,是在这三代飞机设计阶段采用了不同的安全分析方法和设计手段。例如,系统安全性方法于 20 世纪 40 年代被提出,经过近 10 年的发展于 50 年代起应用于欧美第一代商用喷气式飞机的设计研制;失效模式与影响分析(FMEA)方法于 60 年代末应用于第二代商用喷气式飞机的设计研制;而第三代商用喷气式飞机则采用了更加系统的安全性设计方法。每一种新的理论和方法的实施,均会赋予新设计的飞机更高的安全性水平并在其服役后表现出优于上一代飞机的安全性表现(即更低的航空安全事故率)。

由于一项新的技术从设计时普遍采用到该产品投入使用并表现出其对提高航空安全的贡献存在较长的时间差(一般为 10 年左右),因此每项新技术、新标准采用后,必将导致其后 10 年内航空安全水平的降低。如图 1-7 所示,典型安全性分析方法和结构设计等适航技术方法引入飞机设计的时间点与世界范围内喷气式商务飞机航空事故率下降规律是相吻合的。因此,新技术、新标准的采用是航空事故率得以不断降低的技术推动力。

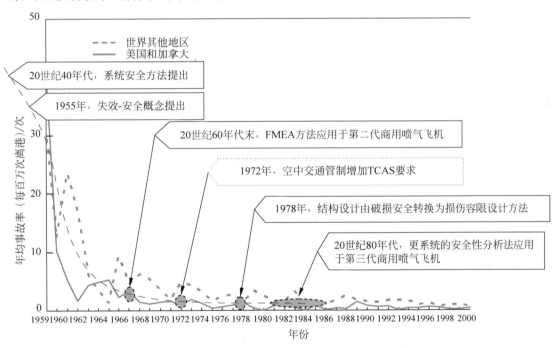

图 1-7 适航关键技术实施时间与航空事故率下降关系

2. 航空事故率进入平缓波动期的技术分析

进入 20 世纪 70 年代后,世界民用航空安全水平呈现相对稳定的局面,达到相对较低的飞行事故率,并已证明航空运输是最安全的运输方式。但随着世界经济的发展,航空运输周转量迅速上升,此时出现了困扰航空运输业发展的重大问题:虽然航空飞行事故率相对很低,但航空飞行事故数量却在逐年上升。由于航空事故出现后对公众造成巨大的精神冲击,公众开始怀疑民用航空运输的安全性。

与此同时,人们发现即使不断有保证航空器安全性设计的理论和方法投入到新航空器的研制中,但航空事故率并没有出现第一阶段中快速下降的局面。

1) 航空事故原因初步分析

人们通过对事故原因的初步分析,认识到以下规律:航空事故由机械原因(飞机本身相关)和人的原因(飞行、空管、维修等)两大原因造成。在航空发展初期,由于受生产力发展水平的制约,科学技术相对落后,在飞机设计制造方面存在的缺陷较为突出,成为影响航空安全的主要因素,占全部事故的80%以上,由人的原因造成的事故占全部事故的20%。后来,人们提高对飞机自身的安全性问题的关注,将新技术、新标准和新材料不断引入,航空器安全水平逐渐提高,由飞机本身问题导致的事故比例迅速下降。与此同时,由于人的原因导致飞行事故的比例在相对上升,最终两者的比例关系出现倒转,如图1-8所示。

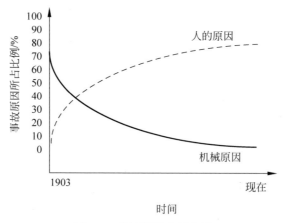

图1-8 事故原因比例分析

2) 航空安全事故分类研究

后来,事故调查部门对导致航空事故发生的原因进行详细分析时,得出的结论是:由航空器本身造成的事故原因仅占全部事故原因的10%左右,另外90%由其他各种原因造成。因此,仅靠提高航空器自身的安全性水平,对于降低航空事故率是不能起到"立竿见影"作用的。

世界各国民航组织、航空器制造商和航空器营运人对航空事故发生的原因均十分关注。事故调查部门收集了几十年内全球40余种机型发生的7622起事故,并对导致事故的原因进行了分析研究。分析表明,导致事故的直接原因可以分为13大类,它们分别是:

(1) 飞机(airplane),包括机身失效、设计错误、发动机、操纵舵面、仪表、增压舱、系统、起落架等因素;

(2) 空中交通管制和导航(ATC and navigation),包括语言/通信、仪表气象条件下目视飞行、错误或没有理解指令等问题;

(3) 货物(cargo occurrences),包括货物装配、起火、过载等因素造成的事故;

(4) 碰撞(collisions),包括在地面和飞行中与其他飞机的碰撞、鸟撞及与其他目标的碰撞;

(5) 外部因素(external factors),包括外来物损坏、尾流等因素;

(6) 飞行机组(flightcrew),包括酒精/药物作用、精神状态、不遵循程序、疲劳等因素;

(7) 火灾(fire),包括机库、地面及飞行中发生的火灾;

(8) 起飞/着陆(landing/take off),包括重着陆、擦尾、错误起飞构型、中断起飞、跑道错

误等因素;

(9) 维修(maintenance),包括错误安装部件、适航指令或服务通告失效等;

(10) 意外结果(result),包括可控飞行撞地(CFIT)、应急着陆、失控等;

(11) 安保(security),包括劫机、爆炸物等因素;

(12) 天气(weather),包括冰、闪电、暴雨、湍流、风切变等因素;

(13) 未知因素(unknown),不能确定的因素。

图 1-9 给出了在所统计的 7622 起航空事故中,由各项因素造成的事故数量的分布规律,其中与飞机直接相关的事故为 785 起,仅占全部事故量的 10.2%。

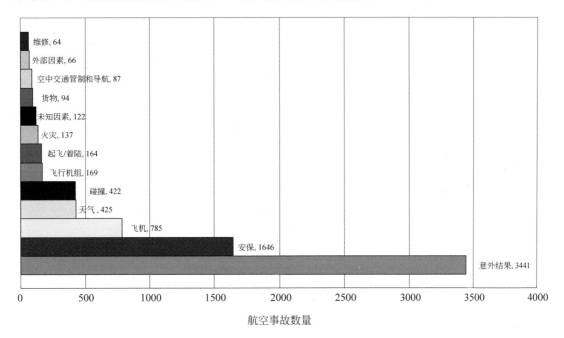

图 1-9 民用航空事故原因统计分类

对比以上 13 种导致航空事故的原因的本质,权威调查机构将其归结为六类因素,分别为:①飞行机组因素,包括和飞行机组能力、处置、操纵相关;②飞机因素;③维修因素;④天气因素;⑤空管和机场因素和;⑥杂项因素。

3) 航空人为因素研究引起人们重视

统计数据表明,由航空人为差错所导致的航空事故占全部事故量的 70%～80%。航空人为差错对航空事故的重大影响首次进入人们的关注视野。前美国联邦航空局局长 Admiral. Donald. Engen 在 1986 年曾指出:"我们花了 50 年的时间在飞机的硬件上,现在硬件已经非常可靠了,如今该是与人打交道的时候了"。这个宣告为评估航空界对人为因素的需要奠定了基础。

国际民航组织(ICAO)、民航管理当局(如美国联邦航空局 FAA,中国民用航空局 CAAC 等)、主要航空器设计制造商(如美国波音公司)和各大航空公司(如美联航)各层级民航部门,也表现出对人为因素的高度重视,纷纷从自身关心的角度出发,展开专项研究,提出相应的要求,并提供相应的政策、指南和专用工具。

3. 航空人为因素的普遍应用,促进航空事故率再次下降

航空人为因素的研究成果首先在美国等航空发达国家进行试用并取得初步成效,这促使更多的人为因素管理工具不断被开发出来并投入使用,最终使北美地区航空事故率大幅下降。图1-10给出了航空人为因素研究成果引入时间与第二次航空事故率下降的关系。1998年,国际民航组织发布《人为因素训练手册》,要求在全球范围内推广航空人为因素。全球航空事故率随之出现第二次快速下降,终结了"世纪末安全预言"。

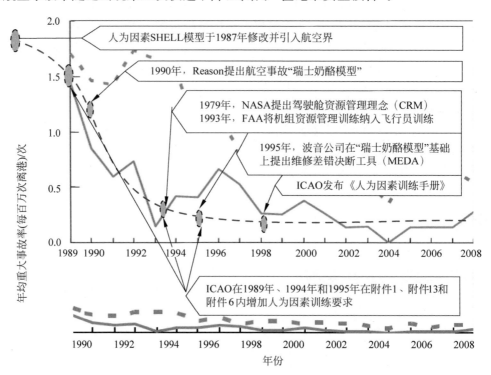

图1-10 航空人为因素应用与第二次航空事故率下降的关系研究

1.2 人为因素范畴

1.2.1 人为因素起源和定义

1. 人为因素起源

"人为因素",通常指与人有关的任何因素。人类在五千年前开始制作工具时,就有意识或无意识地考虑了人为因素。例如,将斧柄做成适合于人手的大小和形状,可提高劳动效率,这可视为人类在人为因素方面的早期应用。人为因素起源于欧洲,又被称为工效学,其学科形成在美国,被称为人类工程学。但是,人为因素发展成为一门现代学科仅有一百年的历史。

在第一次世界大战中,需要优化工厂的生产以及将军事任务更有效地分配给成千上万的新兵。在第二次世界大战中,最有效地操作越来越复杂的设备超出了人们的能力范围。所有这些都刺激了人为因素研究的发展,随着一些组织的成立,人为因素逐步走向制度化。

人为因素是一门新兴的边缘学科，世界各国对于人为因素这一术语的定义并不统一。在一些国家中，认为人机工程学就是人为因素，两者可互换使用。

"人机工程学"源自希腊语 ergon（工作）和 nomos（自然法则），于1949年由 Murrell 提出，他将其定义为"研究人在其工作环境中的有效性"。但是，有些国家将人机工程学严格用于人—机系统设计的研究，认为人为因素则具有更广泛的含义。

2. 人为因素定义

关于"人为因素"的定义，不同的人有不同的表述。我们认为1986年国际民航组织（ICAO）在227咨询通告中所给出的定义更具有权威性。其定义为：人为因素是有关人的科学：关于工作和生活环境中的人，人与设备、程序及周围环境之间的关系，人与其他人的关系；人为因素涉及航空系统中人的所有特征；它经常利用系统工程学框架，通过系统地应用人的科学，以寻求人的最佳表现。其两个相互关联的目标是安全和效率。

中国民用航空规章 CCAR-145R3 部也对维修中的人为因素进行了定义：维修人为因素，是指航空器维修工作过程中，应当考虑人的行为能力和局限性对航空器或航空器部件的维修的有效性和安全性的影响，以及考虑人与其他因素的协调关系的基本原则。同时在规章中要求维修单位从事每个维修项目或者维修管理、支援的各类人员必须定期进行维修人为因素的复训。

3. 人为因素含义

根据定义，人为因素含义的基本要点是：

（1）人的科学是研究的机体和本性，人的能力和极限以及人在单独工作、与团体一起工作时的行为。

（2）人为因素研究内容包括人与硬件、人与软件、人与环境、人与人之间的关系界面，是指人与人之间的交流与沟通，个人行为与团队行为。后来这一概念扩展到个人与所属团队和组织之间的相互影响，以及构成航空系统的各组织间的相互影响。

（3）人是民用航空系统中的核心，是最关键的要素，其他要素必须与人的特征相匹配。

（4）采用系统工程观点的观点、方法，即人们在相互影响的系统工程领域中工作时，应充分理解他们的目标、方法、困难和限制，积极主动地寻找系统中的缺陷，有针对性地采取措施，以提高系统的有效性，预防事故发生。

1.2.2 人为因素的学科性质

人为因素是一门跨学科的边缘科学，涉及心理学、生理学、人体测量学、工程学、医学、社会学和统计学等多学科的边缘科学，并具有很强的实践性。

1. 心理学

心理学是研究心理规律的科学。心理规律指认识、情感、意志等心理过程和能力、性格等心理特征的规律。心理学关注的特定领域主要是感官特征、信息处理、动机、情绪、思维方法、心理运动技能、人为差错。在人为因素所应用领域包括控制器和显示器的设计、功能分配、人员训练系统的要求和方法、人员选拔的要求和方法、情绪和环境压力对人表现的影响等。

2. 生理学

生理学是研究生物体功能的科学。生理学关注的特定领域主要是细胞结构和化学、器官组织机构和功能、身体各部分之间的相互作用、身体系统的功能和要求。在人为因素中应用的领域包括环境系统、饮食和营养、环境因素的影响和要求的确定等。

3. 人体测量学

人体测量学是人类学的一个分支学科。主要是通过人体整体测量和局部测量来研究人体的类型、特征、变异和发展规律。人体测量学关注的特定领域主要是解剖学、生物力学、运动技能学。人体测量学在人为因素的应用领域包括地面支持设备、维修口盖的尺寸、工作站布局(可达性、座椅的调节范围)等。

4. 工程学

工程学是将自然科学应用到工业和农业生产部门中去而形成的各学科的总称。如水利工程、机电工程、冶金工程、化学工程、生物工程等。这些学科是应用物理学、数学、化学、生物学等基础科学的原理,结合在科学实验及生产实践中积累的技术经验而发展起来的。工程学关注的特定领域主要是结构、液压、机械、电气、电子和空气动力设计、系统分析、模拟、原材料、光学等。工程学在人为因素中应用领域包括,显示器和控制器的设计、控制系统的设计、复杂系统的设计、光学系统的设计、模拟机设计等。

5. 医学

医学是研究人类生命过程以及同疾病作斗争的科学。医学关注的特定领域主要是各种力量、射线、化学和疾病对人的影响;保持健康和身体状况良好的适当方法。人为因素中医学应用领域包括毒理学、化学、如何保持健康等。

6. 社会学

社会学是从社会整体出发,通过社会关系和社会行为来研究社会的结构、功能、发生、发展规律的社会科学。社会学关注的特定领域主要是班组和团队的组成。

7. 统计学

统计学是研究搜集、整理和分析大量事物变化和关系的科学。从事人为因素的研究,必须正确分析、研究或归纳调查数据,运用统计学的原理和方法进行数据分析,有助于得出科学客观的结论。

人为因素具有很强的涉及多学科学术知识,但是,其主要目的是解决现实世界中的实际问题,而不是以学术为中心。

1.3 航空界对人为因素的需求

在民用航空系统中,研究和应用人为因素的目的主要是保障航空安全并提高系统效率。只有整个航空界都具有适当的人为因素知识,采取有效措施,消除系统中的缺陷和隐患,才能保障航空安全。

航空界对人为因素的需求,主要基于以下两个方面,它们彼此密切相关,相互影响:

(1) 系统有效性(包括安全和效率);
(2) 运行人员状态良好。

1.3.1 系统有效性

1. 安全

在航空人为因素的研究中,最先受到重视的是飞行机组和空中交通管制,因为由机组原因导致的事故达到总体事故的70%左右,由空管原因造成的事故达到总体事故的3%左右。数起由于航空维修问题导致的飞行事故,使得航空维修人为因素亦受到广泛关注。

1) 维修差错导致的航空事故不断发生

在一些事故中,由维修引起的差错本身就是导致事故发生的主要原因,而另外一些事故中,维修差错是导致事故发生的事件链中的一个环节。由于航空维修作为主要原因而导致的飞行事故不容忽视。以下仅简单介绍几个由不当维修导致飞机坠毁的案例,其中的原因值得大家深思。

(1) DC-10发动机拆装不当案例。1979年,美利坚航空公司在芝加哥发生的DC-10飞行事故,就是由于发动机更换程序不当造成的,按照该程序(程序未经批准),拆下的吊架和发动机作为整体而不是分别安装,这个差错导致应力集中,造成吊架结构损伤。飞机在起飞后,安装在机翼上的一台发动机与其吊架脱离,随后,液压系统损坏引起了左翼外侧前缘缝翼收上,从而使飞机失去了控制。

(2) B747飞机压力隔框修理不当案例。1985年,日本航空公司一架波音747飞机后压力隔框由于修理不当,出现故障,造成在空中快速释压。随后因机身尾部圆形压力隔框爆炸性破坏形成的冲击波,导致控制系统失效和飞机损坏,造成大量人员死亡。

(3) IL18飞机发电机电枢绝缘失效案例。1988年,我国一架伊尔18飞机由于维修原因,造成4发右起动发电机电枢内绝缘失效,风扇叶片破碎和轴承损坏等故障,引起电枢绕组对地短路,电枢后端高温烧蚀,4发失火坠落,破坏了机翼气动力外形,最终导致飞机坠毁。

本书附录D收集了与飞机维修工作相关的飞行事故案例,希望大家能够结合人为因素相关理论进行深入分析。

2) 维修相关事故率出现上升趋势

全世界商业喷气机事故原因的统计数据表明(如图1-11所示),航空维修人为因素应用的最初10年间(1988—1997年),飞行机组原因和空中交通管制原因导致的空难分别下降了3.3%和1.2%,而与航空维修有关的事故不但没有下降,反而呈上升趋势,由原来的3.4%上升至6%,增加了近1倍。这使航空维修站在了飞行事故的风口浪尖上。

3) 维修领域出现人为因素问题的原因

国际民航组织经过调查认为航空维修领域内的人为因素问题主要是由于以下几个原因造成的:

(1) 飞机利用率逐步提高。航空器营运人为了降低成本,其最有效的办法不是增加飞机数量,而是提高飞机利用率。这就要求减少维修停场时间和保证航班正点,从而使维修人员承受很大的时间压力,容易诱发人为差错。

(2) 飞机老龄化日趋严重。飞机老龄化使维修工作量增加。同时,老龄飞机会发生一

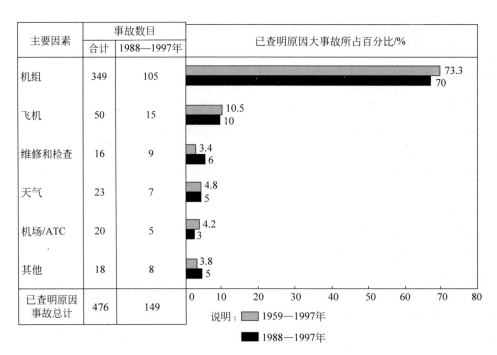

图 1-11　航空人为因素实施最初 10 年效果分析

些很难发现的故障和缺陷,维修人员需要投入更多的精力和时间,从而导致维修差错的增加。

(3) 新技术不断引进。航空维修系统中老龄飞机维修工作仍在继续,而许多航空公司又引进了新技术的飞机,这就增加了对航空维修的要求。这些新技术主要体现在先进的复合材料结构、驾驶舱技术、高度集成的系统、机上诊断和测试设备等。它要求维修人员具有更丰富的知识、更好的知识结构和更熟练的技术,而维修人员的素质、培训一旦与之不适应,就造成了差错源。

2. 效率

人为因素不仅是飞行安全需要,它还对效率有重要影响。

效益是航空企业追求的主要目标,在占全系统寿命周期支出 80% 的航空企业运行和支出费用中,有 50% 的支出花在人的身上。因此,运行系统不能忽略人的存在,否则会使人完成任务时表现不佳,从而影响效率。

航空维修对航空公司的效益有举足轻重的影响,维修成本占总成本 15% 左右。据统计,全世界有 50% 的发动机工作不正常是因为维修不良,从而导致航班延误、空中停车甚至取消航班,给航空公司造成巨大的经济损失。在经济全球化和竞争更为激烈的情况下,保证航空安全,提高效率具有重要意义。

影响人的工作效率的主要因素有:

(1) 有动机的人的工作效率高于没有动机的人。具有进取心和敬业精神的人在工作中更能发挥潜能减少差错,提高效率;

(2) 驾驶舱中显示器和控制器以及维修厂房、车间和设备的合理布局会提高人的工作效率;

(3) 受到合理训练和监督的维修人员更有可能提高工作效率;

（4）标准工作程序可提供防差错和最有效的工作方法；

（5）发挥团队作用，更能提高效率。

1.3.2　运行人员状态良好

影响运行人员良好状态的因素有疲劳、生物钟紊乱以及缺少睡眠与睡眠紊乱，影响人生理或心理状态的因素包括温度、噪声、湿度、照明、振动、工作站的设计和工作环境的舒适性等。

运行人员状态良好表现出来的身体健康，还与精神表现和精神健康具有直接关系：

（1）身体健康状态的改进可减少紧张和焦虑并增强自信；

（2）保持情绪良好从而增强动机，提高对疲劳的忍耐力。

由于疲劳、精神压力、睡眠、生物节律破坏、药物和某些轻微的疾病引起的能力下降或部分失能不易被察觉，甚至失能者本人也察觉不到，这种状况会诱发差错。肠胃紊乱、心脏病等会导致人突然失能，还会导致事故的发生。

实践证明，航空人为因素对提高航空安全水平具有极其重要的意义。航空人为因素研究成果在整个航空界推广应用，各管理当局采纳人为因素研究成果，并大力推广；各航空公司、维修单位将人为因素纳入员工培训体系；更多的学者投身到航空人为因素研究领域，研究出诸多实用的人为因素工具（系统）。航空人为因素的有关研究成果已经上溯到飞机设计领域，并被纳入适航标准。

第2章 人为因素基本理论及模型

几十年来,诸多组织(如国际民航组织(ICAO)、美国联邦航空局(FAA)、美国波音公司等)以及许多著名的学者(如爱德华·墨菲、帕布斯·海恩等)在人为因素领域进行了深入系统的研究,提出了相对完善的人为因素理论和相应模型。

2.1 人为因素基本定律

2.1.1 墨菲定律

爱德华·墨菲(Edward A. Murphy)是美国爱德华兹空军基地的上尉工程师。他曾参加美国空军于1949年进行的MX981实验。这个实验的目的是为了测定人类对加速度的承受极限。其中有一个实验项目是将16个火箭加速度计悬空装在受试者上方,当时有两种方法可以将加速度计固定在支架上,而不可思议的是,竟然有人有条不紊地将16个加速度计全部装在错误的位置。

墨菲在总结事故教训时指出:如果做某项工作有两种或更多的方法,而其中一种方法方式将导致事故,则必定有人会按这种方法去做(If there are two or more ways to do something, and one of those ways can result in a catastrophe, then someone will do it)。这就是著名的墨菲定律。

现在墨菲定律有多种版本,简化的版本是"凡事只要有可能出错,那就一定会出错"(Anything that can go wrong will go wrong)。墨菲定律忠告人们:面对人类的自身缺陷,最好还是想得更周到、全面一些,采取多种保险措施,防止偶然发生的人为失误导致灾难和损失。人为差错是客观事物的一部分,但也不是客观世界的全部。

墨菲定律有助于更好地理解人为差错。人往往存有一种侥幸心理,认为差错永远不会发生在"我"身上。如果能说服每个人都承认墨菲定律,则有助于克服许多人持有的"它永远不会发生在我身上"的信条。

2.1.2 海恩法则

海恩法则,是由德国飞行员帕布斯·海恩对多起航空事故深入分析研究后得出的。海恩认为,每一起重大事故的背后,必然有29次轻微事故和300起事故征候以及1000起事故隐患(又可称为不安全事件)。海恩法则可形象绘制成冰山形式(如图2-1所示),因此又被称为"差错冰山理论"。

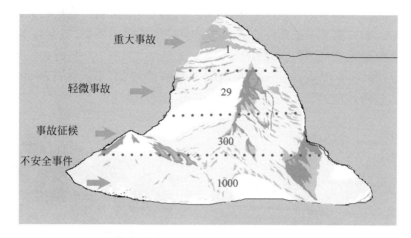

图 2-1　海恩法则(差错冰山理论)

航空维修中的人为差错在最不幸的情况下的确会导致机毁人亡的惨剧,机毁人亡的事故只是冰山露出水面的一角,在水面以下还有许多未发展成为事故的事故征候,每个事故征候的下面还有许多未发展成为事故征候的不安全事件。

对于航空维修行业来说,所有的不安全事件都是重要的,因为这些不安全事件可能是对潜在事故的警告,一旦差错发生在不同的环境下事故就可能发生。因此,所有的维修不安全事件都必须向民航主管部门进行报告。这些数据将用于进行安全趋势分析,以便在必要时采取措施降低差错的可能性或者危险性的行动。

航空器维修人员所犯的差错极大的一部分可能当即就被发现并得到了纠正。维修人员可以自己发现差错,同事、组长或者质量控制人员也可以帮助发现差错。在这些情况下,被发现差错的维修人员应当从自己的差错中吸取教训,并由此减少再犯同样差错的可能。航空器维修人员从自己的差错和其他人所犯的差错中吸取教训是非常关键的。这些很有说服力的教训是人为差错积极的一面。

当航空公司的维修系统中出现差错时,通常认为最后一名在航空器上工作的维修人员"有问题"。这名维修人员可能会受到责备。然而,责备维修人员并不一定起到积极的作用,相反,可能导致维修人员不承认自己差错、掩盖差错或者不报告不安全事件。如果差错是由于系统内在的失效或者不足所导致的(例如,不合理的工作程序),那么责备维修人员也是不公平的。

海恩法则告诉我们,事故案件的发生看似偶然,其实是各种因素积累到一定程度的必然结果。任何重大事故都是有端倪可查的,其发生都是经过萌芽、发展到发生这样一个过程。如果每次事故的隐患或苗头都能受到重视,那么每一次事故都可以避免。

2.1.3　事故链理论

航空事故调查表明:大事故极少是由一个原因引起的,而是由许多因素像链一样,把各个环节连接在一起时发生的。要防止事故的发生,只要将链条上的某一环节截断。

与许多事故征候和事故一样,所有案例都包含一系列人为因素问题,形成了一条事故链(如图 2-2 所示)。如果在管理、维修和机组这些出差错的环节上,建立预防差错的有效措施,使"链条"中的任一环节断开,这些事故征候/事故就可能避免。事故的原因不是单一的,往往涉及许多人,而只要其中任何一个人对异常有反应或提出质疑,就会有不同的结果——打破事故链,从而避免差错,防止事故的发生。

在很多事故案例中,个人往往不能发现潜在危害的迹象,不能像所期待的那样做出反应,从而出现了差错。

图 2-2 事故链理论　　　　　图 2-3 安全圆盘漏洞理论

2.1.4 圆盘漏洞理论

圆盘漏洞理论,是描述航空事故是如何发生的理论模型。在圆盘漏洞理论中包含有五个要素,即:人,指的是所有与航空器运行、维修和管理相关的人员;机,指的是航空器本身;料,指的是航空器使用、维修所需的航材等;法,指的是航空器运行和维修必须遵守各项程序和法则;环,指的是航空器运行的外部环境,包括自然环境和安全环境。以上这五个要素称为"圆盘5要素"(如图2-3所示)。

事故发生的机理:在圆盘漏洞理论中,"圆盘5要素"就如同穿在同一根轴上,但又按照各自规律运转的圆盘。每个圆盘上都会存在或者出现不同的漏洞。"人"的漏洞指人为个体因素,如技能生疏、经验不足、文化水平低、责任心差、应变能力不够、培训不到位、规章程序不熟悉、麻痹大意、管理混乱及其他人为因素;"机"的漏洞:指航空器、设备、器材不能满足条件,如设计有缺陷、维护操作不便等;"料"的漏洞:指航材本身质量有问题;"法"的漏洞:操作规程不健全,对技术手册、标准的制定和理解存在偏差;"环"的漏洞:自然环境因素中的恶劣天气、维护环境中的物理环境(温度、湿度、光照、噪声、振动、辐射、电磁波等)和化学环境(如粉尘、气体、熏烟、蒸汽、雾滴等)对维修活动的负面影响。

不安全因素就像一个不间断的光源,照射在这5个圆盘上。当这束光源能够穿透所有5个圆盘上的漏洞时,事故便发生了。防止事故发生的机理:就是要检查5个圆盘上的漏洞,在发现漏洞时将其修补好,并建立完备的方法和制度,防止新漏洞的出现,可降低事故发生的几率,减少事故发生。

2.2 差错的定义

当人的行为与客观定义的标准行为发生偏差时,称之为差错。人类很早就意识到人难免会疏忽大意犯错误,中国俗语"人有失手,马有失蹄"就是这个意思。在西方,2000年前的罗马哲学家西塞罗也告诫世人:"犯错是人的天性"(It is the nature of man to error)。由此可见,古人对人为差错的必然性已经有了初步的意识。

在人类科技、文明相对发达的现代社会,人类从事的各种生产活动越来越复杂,人虽然是各种生产系统中最灵活、适应性最强的,但人也是最容易受到干扰、受到消极影响的。近年来统计结果显示:民航约 3/4 的事故都是由于人的表现不佳而导致的。研究人为因素的主要目的就是为了提高人的可靠性,预防和控制人为差错的发生。

2.2.1 人为差错

人为差错这一名词的含义比较含蓄而模糊,人们对它做了种种定义,其中比较著名的论述有两种。

皮特对人为差错的定义为:人的行为明显偏离了预定的、要求的或希望的标准,它导致不希望的时间拖延、困难、问题、麻烦、误动作、意外事件或事故。

里格比认为:人为差错,是指人的行为的结果超出了可接受的界限。换言之,人为差错是指在生产操作过程中,实际实现的功能与被要求的功能之间的偏差,其结果可能以某种形式给系统带来不良影响。人为差错一般包含以下 5 种情况:

(1) 未执行分配给他的职能;
(2) 错误地执行了分配给他的职能;
(3) 执行了未赋予的分外职能;
(4) 按错误的程序或在错误的时间执行了职能;
(5) 执行职能不全面。

综上所述,航空维修中的人为差错是指人的行为的结果偏离了规定的目标,并产生了不良影响,表现为一种由维修人员行为所导致的非意向性的航空器的缺陷(有形的失效或损伤),这种缺陷后果轻重确定了维修差错的严重程度。

1. 人为差错性质

人为差错的性质可以从以下三个方面来理解:

1) 具有很大个体差异

由于受遗传、个性、工作经历、生活环境、教育和培训等方面影响,人与人之间在发生差错的频率方面具有较大的个体差异。例如有的人粗心,差错率就高。因此,对航空人员采取选拔、心理测试,对其进行有针对性的训练等措施,能有效减少人为差错。

2) 不同原因导致同一差错

导致人发生差错的原因是多种多样的,即使同一差错,也可能由不同的原因诱发。例如在航空维修中发生安装不当,可能的原因有:操作者疏忽、知识和技能不足、未遵守维护手册规定的程序、设计缺陷等。

3) 同一差错会产生明显不同的后果

航空运行是动态的,尽管同样一个差错,由于所发生的时机不同,其后果有很大差异。例如,同样是飞行员操作错误,如果发生在巡航阶段,飞行员有修正的机会;而发生在起飞或者着陆阶段,其危险性就会增大许多。

一些差错是由粗心、疏忽或者判断力不佳造成的,而另一些差错是由于设备设计差或人对特殊情况的正常反应引起的。后一种差错可能重复出现,它的发生是可以预计的。

2. 人为差错分类

人为差错的分类有不同的方法和标准，具体包括以下几种：

1）可变的差错 vs. 固定的差错

可变的差错和固定的差错由 James Reason 提出。如图 2-4 所示，可变的差错（A 模式）在本质上是随机的，而固定的差错（B 模式）遵循某种规律的（然而是错误的）模式。这就意味着固定的差错可以被预见，从而得到控制，而可变的差错不能被预见也就难以控制。如果我们足够了解所完成的任务、了解工作的环境与人的行为表现的关系，以及了解人的特性等，我们就很可能预见差错。

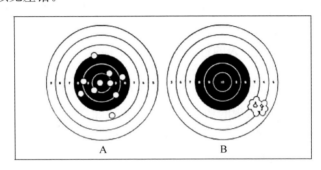

图 2-4　可变的差错与固定的差错

例如，两个人用步枪射击目标，每人 10 发子弹。A 模式没有表现出固定的偏差，而是较为随机的偏差；B 模式显示出比较有规律的偏差，而随机的偏差较小。这就意味着，B 模式将易于被预测和纠正（如校准步枪的准星）。

2）可逆的差错 vs. 不可逆的差错

另一种对差错进行分类的方法是看它们是可逆的还是不可逆的。前者能够被恢复，而后者通常不能。例如，如果飞行员计算错了他应该携带的燃油量，他可以转向一个更近的机场降落；但如果他意外地放光了燃油，他就可能没有更好的选择了。

一个设计良好的系统或者程序应该使航空器维修人员所犯的差错是可逆的。这样的话，即使维修人员错误地安装了一个零件，在航空器被放行投入使用之前它也能通过适当的检查程序被发现和纠正。

3）设计引发的差错 vs. 操作人员引发的差错

在航空界，经常强调的是一线操作人员的差错，包括机组、空中交通管制人员和航空器维修人员。实际上差错可能在航空器起飞前由于设计的原因而存在。这就意味着即使航空器按照规定的要求进行维修和运行，原始设计上的缺陷仍有可能导致飞行事故或者事故征候的发生，另外，航空公司、维修单位及空中交通管制部门有缺陷的程序也可能导致运行中的问题。这就是所谓的设计引发的差错。

3. 人为差错形式

基本差错包括失误、遗忘和错误三种形式：

1）失误（slips）

失误可以被认为是没有按照预定或者计划实施的行为，例如在抄写数字的时候颠倒数字，或者把程序中的步骤弄乱等。

2) 遗忘(lapses)

在工作中因信息追溯或回忆而产生的差错,如机械员给三个螺栓中的两个磅完力矩后,被叫去干其他工作,回到原来的工作时,忘记了将剩余的螺栓磅力矩,直接进行下一步骤。

3) 错误(mistake)

错误是一种由于错误的计划或者意图所带来的特定类型的差错,也就是说,人做了某些自认为是正确的事,而事实上这件事却是错误的,例如在安装飞机风挡的时候,由于错误的判断,选择了错误的螺栓。

一般来说,失误通常发生在工作执行阶段,遗忘通常发生在记忆阶段,而错误通常发生在计划阶段。

4. 人为差错控制

人为差错控制的方法有减少差错、捕获差错、包容差错。

1) 减少差错

(1) 通过提高人员的综合素质,确保其对工作具有高水平的胜任能力;加强维修管理、组织管理等对差错进行控制;

(2) 通过设计与人的特性相匹配的控制器、显示器和工作站,采用容错设计等对差错进行控制;

(3) 通过提供正确、完善的规章、程序、手册、工作单(卡)等对差错进行控制;

(4) 通过减小噪声、振动、极限温度和其他充满压力的条件等对差错进行控制等。

2) 捕获差错

捕获差错是指差错已经发生,但试图在航空器放行前发现差错。捕获差错策略的例子包括:任务中的交叉检查、复查以及事后验证功能与操作测试等。

3) 包容差错(容错)

容错是指系统有能力接受差错而不会产生灾难性(或十分严重)后果。对于航空器维修,容错不仅指航空器设计,还包括维修系统的设计。容错设计的例子:航空器上装有多套液压系统或多套电气系统(这样,单个人为差错只能引起一个系统故障),设计可纠正差错的设备以及能监控、补充和支持人为表现的设备。维修系统容错设计的例子:在多台发动机或多系统的航空器维修中,避免同时完成可能导致危险的维修,这样可以有效降低差错影响和后果。例如装有多台发动机的飞机,不安排在同一次完成磁性堵塞检查清洗工作,就可能避免由于未安装密封圈造成滑油漏光,从而导致一架飞机所有发动机停车的后果。

这三类预防策略中,只有减少差错直接面向差错本身,差错捕获和差错包容策略与系统完整性直接相关。从系统安全角度出发,维修中的人的差错不会直接或立刻引起航空器的不安全,但放行的航空器带有因维修引起的故障,会造成严重的安全隐患。

2.2.2 违规

在维修工作中,比差错危害更大的另一种不安全行为是违规。违规是指故意偏离安全操作程序、标准或规章。违规会对安全构成严重威胁。

1. 违规 vs. 差错

1）共同点

差错与违规都是人的不安全行为,其共同点是差错当事人和违规当事人都不想造成不良后果。

2）不同点

违规与差错的不同点在于:违规当事人是事先知道、有意偏离了安全操作程序、标准或规章;而差错当事人事先不知道,是一种无意行为。

2. 违规行为类型

在航空维修中,多数违规都来源于把工作做好的真实心愿。违规的类型和频度主要取决于我们的工作态度、信念、团队工作习惯和企业安全文化等。

违规行为可分为以下4种类型:

1）习惯性违规(routine violations)

这种违规行为对工作小组(团队)来说习以为常,他们还会为这些习惯找出许多理由。比如抄近路是为了节省时间和体力等。习惯性违规的例子有:在孔探发动机以后不进行试车(因为"从没有泄漏过"),或者在孔探以后不更换发动机齿轮箱驱动衬垫上的"O"形密封圈(因为"从没有被损坏过")等。

2）处境违规(situational violations)

处境违规是由于当时的特殊情况而发生的违规,如不现实的最终期限、很大的工作量、不可操作的程序、缺乏工具设备或较差的工作条件等。如果这些因素都不存在,则不会发生违规,就会按照程序执行。处境违规的例子:在非常紧的时限情况下,按要求维修人员需使用一把特殊的钻孔工具在舱门的扭矩管上钻孔,但没有这种专用工具,于是维修人员决定用手钻打孔。如果他遵守维修手册的规定他就不会完成这项工作,航空器也就不能及时投入运行。

3）乐观性违规(optimizing violations)

为了寻求刺激而违规,这类违规往往是为了逞能、避免单调或者仅仅为了一时的痛快。有些人会利用这种机会来满足个人的需要。例如:要求拖车司机将拖车从地点A开到地点B,司机为了享受某种快感而追求最快的速度,这是肆无忌惮地放纵自己争强好胜的本能。这种违规容易导致差错,而且这差错可能导致严重的后果。违规加上差错意味着灾难。

在维修中,乐观性违规并不像习惯性(走捷径)违规那么普遍,但还是存在。开玩笑或者提出某种倡议都是这类违规的形式。追求快乐等非工作目标可能成为个人工作的一部分,这对于男性青年来说更有可能。因为挑战极限是他们的一种本能。18~25岁年龄段的男性青年发生道路交通事故死亡的危险性最高,这绝非偶然。

4）特例违规(exceptional violations)

这类违规不好定义,是因为当时特定情况才会发生,尽管人们有着很好的愿望,但由于特殊工作或运行环境等使得违规不可避免。

在违规中通常涉及的组织管理因素有:

（1）违规有变成习惯的趋势,因为这些违规可以节省时间,毫不费力。

（2）时间压力和大的工作负荷会增加违规的可能。

(3) 人们通常会估量违规的好处,不幸的是,事实上危险会更大。

(4) 企业安全文化对违规有着非常重大的影响。多数航空公司都会阐述安全绝对是第一位的,但在现实工作中,生产或提供服务却是公司最为关注的。

(5) 当企业发生差错事件后,他们通常的反应是增加一个新程序来预防事件再次发生。经过一段时间后,按照这种书面程序操作变得几乎不可能(缺乏操作性),违规因此不可避免。

(6) 如果管理人员对违规现象视而不见,人们就会觉得这种行为是可以宽恕的(认为领导知道我这样做,却从来没有制止过)。

应该清楚地意识到:违规会严重威胁到安全。如果大家都按照制定好的正确程序或规章去工作,安全体系就能得到保障。但是,如果这种假设前提被破坏了,那么整个安全体系就会处于危险状态。

2.2.3 维修差错

1. 维修差错定义

维修差错是航空维修活动中出现的差错,以下定义可以帮助读者界定维修差错的范畴:

(1) 维修活动。维修活动是指对航空器、航空器部件及维修设施所进行的管理、使用、检查、维护、修理、排故、更换、改装、翻修等活动。

(2) 维修事故。维修事故是指在维修活动中,由于维修责任造成的具有巨大直接经济损失的航空器、航空器部件、车辆、设备、设施损坏和人员重伤或人员死亡的事件。

(3) 维修事故征候。维修事故征候是指在维修活动中,由于维修责任造成的严重威胁飞行安全的事件或具有巨大直接经济损失的航空器、航空器部件、车辆、设备、设施损坏和人员伤残,但其程度未构成维修事故的事件。

(4) 维修差错。维修差错是指在维修活动中,由于维修责任造成的威胁飞行安全,违反适航规章或具有一定直接经济损失的航空器、航空器部件、车辆、设备、设施损坏和人员受伤,但其程度未构成维修事故征候的事件。

2. 维修差错的表现

航空维修工作中的维修差错表现为两种形式:

1) 维修工作中出现差错

航空器在维修工作开始之前并不存在问题,是由于维修才导致差错。如航线可更换件的错误安装;没有在重新装配液压管路之前去除堵盖;为了工作进行接近时由于踩踏而使得空气导管破损等。

航空维修人员在工作中出差错的可能性是极高的。James Reason 指出,在维修工作中,拆除零件通常只有一种方法,而重新安装则可能会出现很多种可能的方法,不正确的安装很容易发生。如图 2-5 所示,一个螺栓上有 8 个螺母(8 个螺母的安装顺序固定)。从螺栓上拆除螺母的方法只有一种,但是,重新安装的方法,除了发生遗漏错误的情况以外,还有大约 40 000 种。

Reason 的发现可能对整个航空维修行业都具有代表性。发生差错有多种原因,例如遗忘是由于偏离程序(无意地或者故意地)或者是分心所致。

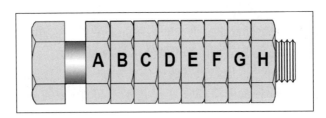

图 2-5　螺栓和螺帽组装示例

2) 维修中未检查出航空器已经存在的问题

航空器某种不期望的或者不安全的状况未被检查到而继续存在,而进行维修工作正是为了探查航空器的这些问题,也就是说,这些问题被忽视了。例如,在目视检查工作中没有注意到的结构裂纹;由于误诊拆除了好的电子设备而将有故障的电子设备遗留在了航空器上。

3. 维修中人为差错的类型

航空维修中的人为差错,具体来说有以下几种类型:

1) 在定期维修工作和低频率维修工作中的差错

大量的维修工作是例行的,例如飞机定期或者周期性的检查。这样的话,工作时会频繁采用某套程序,就如上一节所说,当在繁忙的机库或者航线环境中执行程序时失误和遗忘就可能发生。例如,当维修人员执行重复性任务时,会习惯于完全不看手册。期望他们坚持不懈地查看手册是不切实际的。但是,如果他们不能及时了解这些使用频繁的程序中更新的内容的话,差错就可能发生。

当从事频率较低的工作时,会存在判断错误的可能性。如果维修人员不熟悉如何完成任务或者没有认真地准备完成的任务,他可能会错误地选择不正确的程序或者零件。

2) 归因于个人经验和习惯的差错

当程序允许某些偏离的时候,航空器维修人员经常开发出他们自己的方法或者完成任务的首选途径。一条"好的"规则在过去常被成功运用。这些好的规则成为了维修人员在平时可以采用的"凭经验的方法"。但是,当规则被错误地运用的时候就会发生问题。例如,飞机的导管接头通常是右旋螺纹,但把这个"一般来说正确的规则"运用到氧气管(螺纹不同)上可能就会导致导管损坏。运用基于以前的经验得到的规则也能产生危险,例如在空客和波音的设计理念上就存在差异。这可能是导致空客 320 锁定扰流板事件的一个因素。在扰流板的操纵上空客 320 和波音 767 存在细微差异(维修人员可能更熟悉波音 767 的情况),这也就意味着在波音 767 上是恰当的,而用在空客 320 上则是不恰当的。

另外,维修人员可能会获得一些"不良规则",使他们工作中养成坏习惯。

3) 与目视检查有关的差错

与目视检查有关的差错有两种情况:第一种差错是把一个好的部件错误地认为是有故障的;第二种差错是有故障的部件没有被检查出来而被疏忽。第一种差错实际上并不是个安全问题,只不过会造成资源没被最有效地运用,时间被浪费在对事实上根本没有故障的部件的调查之中。第二种差错是最值得关注的,因为如果故障(例如裂纹)保持着而未被探查到,就可能带来严重的后果(就像阿洛哈事故的情况,裂纹就一直没有被探查到)。

4. 维修差错特征

维修差错的特征有：

(1) 必然性。即某项维修工作,不管发生差错的可能性是多么小,但随着该工作重复次数的增多,差错迟早总会发生。

(2) 突变性。维修差错导致的故障或引发的事故往往与人的一次或数次错误行为相关联,量变过程极短,具有突变性。

(3) 可积性。维修作业中,前一个差错可以诱发后一个差错,后一个差错可以发展前一个差错,即差错可以积累,而且具有跃变和非线性的特征。

(4) 规律性。飞机维修差错有一定的规律性,从广义上讲,差错"峰值"往往容易发生在任何维修工作或某一维修活动的"两端点"和"边界线"上,大略呈"浴盆曲线"分布状态。

(5) 可逆性。即前一个差错可以被后面的行为自觉或不自觉地纠正,二者可以相互抵消。

5. 维修差错类型

按发生差错的主导原因,可以将维修差错分为4种基本类型：

1) 维护作风型

这类差错是维修人员责任心不强、维护作风差、工作马虎、盲目蛮干、违反规章制度及操作规程而发生的维修差错。其主要特征是：

(1) 发生差错者知道工作原理、构造、操作方法和后果,能够正确操作；

(2) 从主、客体相互关系看,维修人员处于主导地位,即只要操作人员认真对待工作,差错完全可以避免。

(3) 熟练维修人员多发。

2) 机能失常型

这类差错是由于维修人员生理机能发生下降,导致对外界干扰的抵抗能力下降,判断能力也随之下降,继而发生差错。其主要特征是：

(1) 发生差错者多为熟练且工作责任心较强的维修人员；

(2) 从主、客体相互关系看,维修人员主体在受到严重干扰后,发生差错的可能性增大。

3) 技术技能型

这类差错是维修人员因缺乏必要的专业知识和操作技能,缺少应有的专业培训,违反了操作程序、技术要求和安全规定而造成的维修差错。其主要特征是：

(1) 差错发生者不懂技术要求和检查方法,在操作中,搞不清怎么做正确,怎么做错误；

(2) 维修人员不能评估自己的行为后果,从主客相互关系上看,维修人员处于被动地位,只要这些人实施维修操作,随时都有发生差错的可能。

(3) 经常发生在不经常做的工作或新的维修人员身上。

4) 组织管理型

这类差错是指由于组织管理不好、分工不清、工作协调不好、工作程序紊乱、不能正确有效地协调维修过程中的人—机—环境各环节相互关系而导致的差错。其主要特征是：

(1) 差错涉及两个或两个以上的环节,其中至少有两个环节违反了客观规律；

(2) 从预防角度来看,管理者和维修人员往往都不能独立控制整体行为的后果,差错能否避免取决于系统的完善程度。

6. 维修差错的管理

尽管航空维修业内应当首先朝着确保差错不发生的方向努力,但要完全根除差错是永远不可能的。因此所有的维修单位应当关注"管理"差错。差错管理是寻求:

(1) 阻止差错的发生;

(2) 消除或者减轻差错的负面影响。

使用困难报告系统能够为维修行业查找可能发生差错的地方,维修单位的安全管理系统(SMS)也提供了识别系统潜在危害的机制,其结果将用于指导培训、制定或者修改公司的程序以及新的防御屏障的引入或者对已有的防御屏障的修改。

Reason 提出的差错管理包括以下措施:

(1) 将个人或者团队犯错误的可能性降低到最小;

(2) 减少特定任务的差错危害;

(3) 发现、评估和消除工作区域内的差错致因因素;

(4) 诊断导致差错因素的组织因素;

(5) 加强差错探查;

(6) 增加工作区域或者系统对差错的容忍度;

(7) 使潜在的不安全状态被运行和管理系统的人员更多地看见;

(8) 改进组织对人的不可靠性的抵御能力。

最有效的预防差错的可能途径之一是确保维修人员遵守程序。鼓励维修人员遵守程序而不是走捷径,必须确保提供的程序的正确性和可操作性,程序便于使用者使用,并且适用于相关的工作。

总之,维修单位必须在实施各种预防、消除或者探查差错的措施与盈利之间保持平衡。一些措施花费不多(例如更换机库里的灯泡),另外一些措施需要花费较多(例如雇用专门人员来完成指定的任务)。发生不安全事件可能会采取短期的减少差错的措施,但如果这个企业长时间没有发生不安全事件(或者发生了但没有被意识到或者没有意识到其严重性),就会存在自满的危险,并使得对付差错的防御屏障逐步降低。Reason 把这叫做"没有触礁的船"(见图 2-6)。

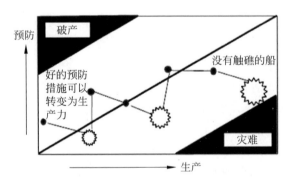

图 2-6 单位的生产与差错预防平衡

单位要在利润和成本之间取得平衡是很重要的,要努力确保为捕获差错所设置的防御屏障都是最有成本效益的,还要防止灾难性的后果出现。

2.3 人为差错模型

人为差错模型可以为我们揭示人为差错发生的规律,不但可用于指导事故原因分析,更可帮助我们在工作中对人为差错进行有效预防与控制。本节主要介绍 MEDA 事件模型、SHEL 模型和 REASON 模型(又称瑞士奶酪模型)。

2.3.1 MEDA 事件模型

MEDA 是美国波音公司主导,联合美国联邦航空局(FAA)、美联航、大陆航调查维修差错致因的辅助工具,全称是"维修差错决断辅助工具"(maintenance error decision aid, MEDA)。在 MEAD 研究过程中,提出了差错模型和违规模型,用于指导航空维修差错的分析(MEDA 实施见附录 A)。

1. 诱因分析

研究表明,员工在工作中,一般不会无缘无故偏离标准程序出现差错或违规行为(极少数例外)。员工在执行工作中,影响其正常工作并有可能导致发生行为偏离的因素,称为诱因(contributing factor),又可称为致因。在 MEDA 最初研究阶段,研究人员认为诱因(一个或多个)会导致员工出现差错,差错最终导致维修事故/征候(可统称为事件"event")发生,如图 2-7 所示。

图 2-7 诱因导致差错和事件模型

在航空维修工作中,差错诱因涉及多个层面,具体包括:飞机设计/构造/零备件层面、初始批准的维修文件层面、公司维修文件层面、器材管理层面、设备工具层面、环境和设施层面、工作任务层面、知识和技能层面、个人因素层面、计划和监督层面、信息沟通层面和组织机构层面。

2. 差错模型

随着对事件诱因的梳理,并深入研究诱因对差错的影响,研究人员认识到,当诱因出现时,差错不是必然发生的,但发生差错的概率会提高,而差错发生后,也不一定会导致事件发生,如图 2-8 所示。

图 2-8 单一诱因差错模型

事故调查显示,由单一诱因引起差错和事件的情况并不多见,一般是多个诱因共同作用,导致差错概率增加,并最终导致事件发生概率增加,如图 2-9 所示。

3. 违规模型

统计数据表明,有 60%~80%事件是在差错和违规的共同作用下导致的,只有 20%~

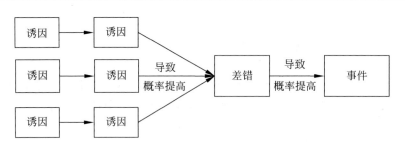

图 2-9 复合诱因差错模型

40%的事件是由纯差错导致发生。因此,在研究事件发生原因时,必须考虑违规的"贡献"。

某机械员在工作时,需要采用力矩扳手执行零件安装工作,但由于工具房距离维修现场较远(诱因)且任务时间较紧(旅客已经在飞机上),因此该员工决定不用力矩扳手,直接采用普通扳手施工(违规出现)。由于未采用力矩扳手,导致该零件没有被正确安装(差错出现)。由于时间紧张,该机械员决定跳过操作检查步骤,直接放行飞机(再次违规),导致未正确安装的差错没有被检查发现。当飞机起飞后,该螺栓在空中松脱,导致飞机返航(事件出现)。违规导致差错和事件的模型如图 2-10 所示。

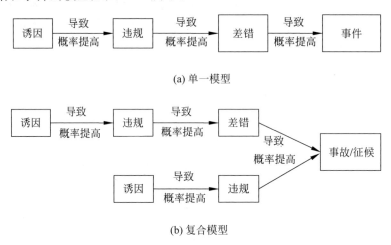

图 2-10 诱因违规模型

4. 综合模型

综上,经过系统的整理和研究,得出 MEDA 事件模型如图 2-11 所示。多个诱因的出现,会导致维修人员在工作出现差错几率增加并诱使员工违规。大量事件研究表明,大部分诱因是可以通过维修单位的程序加以控制的。控制较低层面的诱因,可以防止严重的事故出现。

2.3.2 SHEL 模型

著名的 SHELL 模型的概念首先由 Elwyn Edwards 教授于 1972 年提出,Frank Hawkins 于 1975 年用图表描述了该模型(如图 2-12 所示)。SHEL 模型是根据传统的"人—机—环境"系统发展而来,即可形象地描述航空系统中各因素间的相互关系,并用于研究系统中人为差错的来源。

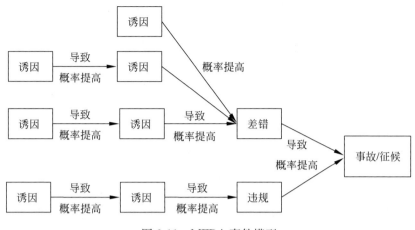

图 2-11 MEDA 事件模型

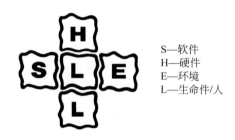

S—软件
H—硬件
E—环境
L—生命件/人

图 2-12 Hawkins 修改的 SHEL 模型

1. SHEL 模型要素

SHEL 模型的名字是由模型中各组成部分的第一个字母 S、H、E、L 构成的：

(1) S：软件(software)。软件(即非结构体)是指用于指导维修工作的技术资料，包括(但不限于)维修方案、维修手册、工卡、检查单等。

(2) H：硬件(hardware)。硬件(即结构体)包括执行维修工作的技术装备，例如维修工具、设备，同时包括被维修的对象，即飞机(包括结构、系统设计、驾驶舱设计、仪表配置和使用特性等)和其他产品(如发动机)。

(3) E：环境(environment)。环境既包括执行维修任务的狭义环境，如机库条件和航线条件等，又可包括广义环境，如自然气候、社会环境、公司文化氛围等。

(4) L：生命件/人(lifeware)。生命件/人在系统中有两个位置，居于核心的人是直接从事维修工作的人员，位于外边的人是指与该维修人员相关的其他人员，例如团队的其他维修人员、维修计划人员、主管、经理等。

2. SHEL 模型差错来源

在 SHEL 模型中，人位于这个模型的中心，是系统中最重要的因素。因此，为了更好地控制人为差错，必须对"人"这个核心因素进行全面研究，包括人体尺寸、外形和人体需求、外部信息获取方式(视觉、听觉)、信息处理机制、响应输出特点和环境忍耐性等。

在实际工作中，人的表现有很大差异，且承受着许多限制，在模型中表现为人与其他方块边界可能存在不匹配因素。在 SHEL 模型中，将方块边缘画成锯齿状的，就是要提醒大家,这个边缘存在匹配的问题,如果不匹配,系统将产生内应力,甚至是分裂。模型中心的人与其他要素的匹配如同方块图形本身的特征一样,有一处不匹配就意味一个人为差错源。既然人是 SHEL 模型的中心,那么其他要素就必须适应它:

(1) 人—硬件界面。人与硬件的界面是指系统中人与结构体之间的界面,这个界面考虑得最多,例如,座位设计要符合人体特点,显示要符合使用者的视觉和信息处理习惯等,人机工程学就是涉及这个界面问题。

(2) 人—软件界面。人与软件的界面是指系统中人与非结构体(如程序、手册、检查单、工作单卡和计算机程序等)之间的界面。

(3) 人—环境界面。人与环境的界面是指各种自然的、非自然的环境因素将通过人—环境界面与人相互作用。

(4) 人—人界面。人与人的界面是最复杂、最微妙的。在这个界面中,应重点考虑领导、班组合作、集体工作和个人之间的相互作用。职员和管理层的关系也在此界面范围内,因为团队合作和公司的工作压力可对人的表现产生很大影响。

3. SHEL 模型关注点

利用 SHEL 模型分析人为差错,应重点关注人与 SHEL 模型中其他元素之间的界面的匹配程度,并从安全角度出发,关注各元素界面可能出问题的地方,具体包括:

(1) 人—软件冲突。人与软件的界面冲突主要表现在人有可能曲解程序,可体现在编写的手册不实用、检查单设计不合理,计算机软件未经测试或难于使用,工作单卡不能满足工作要求等等。

(2) 人—硬件冲突。人与硬件的冲突主要表现在没有足够维修工具、维修设备不适合、飞机的维修性设计差(如部件可达性差)等等。

(3) 人—环境冲突。人与环境的冲突主要表现在工作场地不舒服,如机库空间狭小、温度过高或过低、噪声过大、照明不好等等。

(4) 人—人冲突。人与人的冲突,主要表现在与其他人关系协调方面,比如沟通不良、人力短缺、缺少监督、缺少来自管理层的支持等等。

尽管现代飞机已设计成包含有自检和诊断功能,但航空维修中的以下情况并没有改变:维修任务仍然需由人去完成,然而人是有局限性的。由于人处于模型的中心,所有其他方面(软件、硬件和环境)必须设计成适合于发挥人的能力,并注意人的局限性。如果忽略这两方面,就不能最好地发挥维修人员的能力,从而可能产生差错并危及安全。

随着现代设计和制造业的进步,飞机正变得越来越可靠。然而,重新设计人类是不可能的,人是会犯错误的。但是,我们却能通过提供有效的培训,优化工作程序,完善设备和设施,采用重复检查等预防措施来避免差错和管理差错。学习人为因素的目的就是要帮助在维修工程环境中的所有的人(维修机械员、维修工程人员、维修管理人员等)去认识自己和他人行为表现的局限,并能主动避免易于出错的行为和习惯,发现和纠正差错。

2.3.3 蝴蝶结模型

2004 年,美国联邦航空局(FAA)下属的专业科研技术团队开发了一套"领结图"技术,简称蝴蝶结(bow-tie,BT)模型,并以此作为安全分析的主要机制,同时该理论也被其他负责航空安全管理及高危性产业的安全管理机构所采用,其基本原理如图 2-13 所示。BT 模型是表述一个事故场景最好的图形化方法之一,因为它可以从事故的原因开始描述,直到事故后果。当对一个关键事件进行分析时,BT 左侧是一个事故树,分析引起关键事件的可能原因事件;而其右侧是一个事件树,分析该关键事件安全功能成功或失败可能造成的后果。

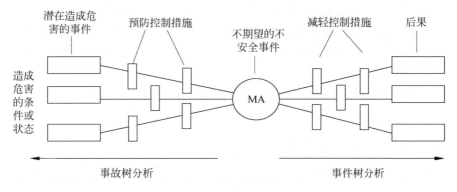

图 2-13　BT 模型示意图

BT 模型特点:
(1) 有助于理解哪些基本事件可能导致事故树中顶层事件的发生;
(2) 有助于理解哪些安全功能故障可使顶事件发展成为事件树中的特定后果。

BT 模型涉及的是按逻辑顺序询问一组结构化的问题。完整的 BT 结模型可以用图示说明危险(源)、顶层事件、风险事件及其潜在结果以及为尽量减小风险而建立的风险控制机构。风险管理就是管控风险,可以通过设置防止一定量的不安全事件发生的屏障方式进行。风险控制可以使为保持理想状态而对不良影响力或意图所采取的措施。在 BT 模型中,含有防止顶层风险事件发生的保护性或前瞻性屏障在顶层事件的左边;同时,纠正或体现控制机构在顶层事件的右边,这些机构用于防止顶层事件产生不必要的结果或减轻该结果的严重影响程度。

欧洲空中航行安全组织将危险定义为诱发事故的任何状态、事件或环境。危险源识别是对故障条件或导致顶层不安全事件发生的征兆进行认定的行为并能按照潜在的安全结果及其影响界定这些顶层不安全事件的性质,相关定义如下:

(1) 危险源:具有伤及员工、损坏设备或结构、导致原料损耗,或降低执行规定功能能力的状态、对象、活动或事件。
(2) 风险事件:单独或与其他风险事件共同导致不良事件发生的故障情况、主要原因、征兆或先导事件。
(3) 后果:由于结果导致的伤害员工、损坏设备或结构、损耗原料或降低执行规定功能能力的程度,后果具有一定的级别。
(4) 风险:包括危险导致的所有潜在影响的频率和严重程度。
(5) 风险控制:为降低与危险相关的风险而设置的系统、活动、行动或程序,风险减轻的内容包括:危险的排除(首选)、危险频率的减少(屏障)、危险结果产生可能性的减小、危险结果严重性的降低。

BT 模型的优点:
在所有事故分析模型中,BT 模型已经被证明是可靠的和有效的工具,部分是由于它能够将一个时间的原因和后果在图形模型中展现出来。它已广泛应用于不同的安全与风险场景,如过程安全分析、事故风险评估、风险管理和安全屏障的实现。

BT模型的缺点:

由于BT模型是由事故树和事件树组成,它同时受到两者的限制。例如:①标准事故树不适用于冗余、常见原因或非独立原因事件发生的场景;②事故树也无法应用于多变量场景,因为它们经常要在过程系统中建模;③更重要的是,由于事故树和事件树的静态结构,它们不能用于动态性的事故。

BT模型的构建最好由2~4人的风险分析小组来执行分析,小组最少有一人熟悉事故树及事件树的分析机理及构建流程。

2.3.4 REASON模型

1991年,英国曼彻斯特大学的James Reason博士通过对世界上发生的重大事故调查分析后,提出了航空事故理论模型即REASON模型。航空生产是有组织的系统活动,这些组织活动可以被划分为不同的层面,如图2-14所示。

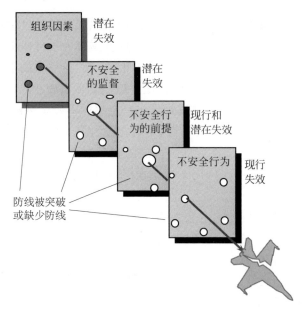

图2-14 REASON模型原型

1. 航空系统组织层面

航空系统是一个综合的生产系统,这个系统由决策者、生产管理层、一线生产层及防护和安全措施构成。决策者,负责确定目标并管理可用资源,以达到和平衡与运营相关的两个目标:安全和效率。生产管理层,它执行上级管理层的决策,使上级管理层的决策和作业线管理的措施行之有效,并变成工作者的生产活动。一线生产层操作正常的前提条件是设备可用并可靠、一线人员技术熟练、有知识并具有工作积极性。最后一个层面是防护和安全措施,其任务是预防可预见的伤害、损坏或运营中断。

从系统的高度来看,各个层面的组织活动与事故的最终发生都有关系,在每个层面上都存在漏洞,不安全因素就像一个不间断的光源,刚好能透过所有这些漏洞时,事故就会发生。这些层面叠在一起,如同有孔的奶酪叠放在一起,因此 REASON 模型也被称为瑞士奶酪模型。

2. 航空事故发生机理

1) 现行失效

不同层面的活动在时间、空间或逻辑上与事故的间隔有近有远。与事故在时间、空间或逻辑间隔上较近的活动对事故发生的影响是直接的、显性的,这些层面上的漏洞被称为现行失效。现行失效通常由一线人员所为,如飞行员或维修人员的疏忽大意、不恰当的处置或故意的违规等。现行失效在事故发生后很容易被确定,并可以马上采取有针对性的补救措施或给予惩罚警告。

2) 潜在失效

潜在失效是指远在事故发生之前所做出的决定或者所采取的措施而导致的结果,通常产生于决策者、管理当局或生产管理部门。

REASON 模型的重要价值在于:它揭示了事故的发生不仅与和事故直接相关的生产活动(现行失效)有关,还与离事故较远的其他层面的活动和人员有关,这些其他层面的缺陷和漏洞被称为潜在失效。潜在失效多为管理决策缺陷,这些缺陷或漏洞在过去已经存在,一直处于潜伏状态。

系统中各个层面上不可避免地都会存在漏洞,而且这些漏洞并不是一成不变的,某些漏洞可能会闭合,在某些层面新的位置可能会出现新的漏洞。在特定的情况下,当这些漏洞恰巧串成一条线的时候,事故才会发生。从统计的角度来讲,各个层面上的漏洞越多,不安全因素光线被某个层面阻挡而不发生事故的概率就越低,不安全因素光线穿透整个系统各个层面而发生事故的概率就越高。

3. 降低事故概率途径

REASON 模型启示,要最大限度地降低事故发生的概率,主要的途径有两种:减少每个层面上的缺陷或漏洞;增加防御屏障。

1) 减少系统漏洞

在航空发展的历史上,我们曾片面地只认识到一线人员的差错(现行失效)对事故的影响,基于这种认识而采取的措施,主要是惩戒直接当事人,如维修人员因疏忽大意而将工具遗忘在发动机内,通过惩罚粗心的维修人员,给其他员工更大压力使其更加警觉,确实具有一定的警戒作用,减少了现行失效层面的差错(即漏洞),在一定程度上减少了维修人员的差错,降低了事故率,保证了航空安全。但这种措施只是减少了现行失效层面的漏洞。随着航空业的发展,我们发现,即使实行严格惩戒制度,仍然有类似的疏忽、遗忘等差错不断发生,这促使航空界进行更深入的研究,人的疏忽、遗忘除了和人自身的生理、心理状况有关外,企业的管理还对其有着潜在的影响。若维修人员的疏忽大意主要是由不合理的倒班休息制度导致的疲劳造成的,不合理的倒班休息制度不改变,维修人员类似的疏忽大意导致的事故就会重复发生,此时,对问题深入的研究使我们认识到:不合理的休息制度对事故的影响是深层次的,属于潜在失效。

进一步的研究还发现:不合理的维修人员倒班休息制度是由于维修人员短缺造成的,

维修人员短缺是因为该企业维修人员的薪酬水平不具有同行业竞争力,使大量维修人员流失。此时,企业战略决策对事故的影响是更深层次的,也属于潜在失效。显而易见,仅仅认识到现行失效,惩罚差错的当事人,只能在一定程度上降低事故率。若要最大限度地降低事故率,必须挖掘在时间、空间和逻辑上远离事故现场的深层次各个层面上的漏洞,并修复它们,这样才能更彻底地完善系统,降低事故率。

2)增加防御屏障

REASON模型还强调了在系统内增加或强化人为差错防御屏障的概念,尤其是深层的防御屏障(如重复检查、飞行员起飞前的功能测试等)。这些防御屏障的增加将进一步降低不安全光线穿过系统的概率,进一步避免人为差错产生的不良后果,减少事故的发生。但防御屏障并不表示可以完全杜绝事故,当这些防御屏障被削弱(漏洞增多)或突破的时候,人为差错将造成事故。在事故调查的时候通常会发现经常是不止一个人犯下了不止一个错误。而这些差错恰巧结合在一起,差错"防御屏障"又被突破了,才会危及安全。

4. REASON模型应用

REASON模型已获得航空业界普遍认可,国际民航组织(ICAO)将REASON模型纳入《安全管理手册》。ICAO将航空系统划分组织、工作场所、工作员工和防御四个层面,并指出防御包括规章、培训和技术三个层面(如图2-15所示)。与REASON原模型的区别是,ICAO模型认为组织中存在的管理决策和组织程序的漏洞(或不足)是事故发生的源头,这些隐患(或不足)可通过两条途径导致事故发生,因此将其称为组织事故性模型。

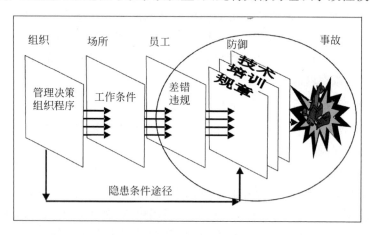

图2-15 ICAO的组织事故模型(REASON模型修订)

组织程序是组织直接控制的活动。典型的组织程序包括政策的制定、计划、沟通、资源配置、监管等等,其中与安全最直接相关的两个组织程序是资源配置和沟通。当组织程序中存在漏洞(或不足)时,可通过以下两条途径对下游产生影响:

途径1:隐患条件

第一条途径称为隐患条件之路。典型的隐患条件包括设备设计不足、标准操作程序的不完整或不正确、培训不足(或失误)等等。隐患条件可分为两大类:

(1)危险源的认定和危险源的安全风险管理不恰当,造成安全风险没有得到控制,使得危险源在系统内流动,最终因员工的操作而被激活;

（2）违规行为的正常化，简单地说在这种操作环境下，例外情况变成了一种常态。在这种情况下资源的配置是极端错误的。在缺乏资源的情况下，那些直接负责实际生产活动的操作人员只能通过采取捷径的方法来完成操作，而这些方法包括不断地破坏规则和程序（也就是违规操作）。

隐患条件可能会打破系统防御。防御通常是遏制隐患条件和人为失误的最后一层安全网。

途径2：工作场所条件

第二条途径是，从组织程序出发到工作场所条件。工作场所条件是那些直接影响航空工作人员效率的因素。工作场所条件很大程度取决于操作人员的直观感受，包括以下条件：工作场所的环境因素如照明、温度、人员资格和经验、士气、管理可信度。工作场所条件出现问题，可使工作人员在生产中出现差错或违规，即现行失效。

因此，从组织角度来说，减少事故首先应从监控组织程序中的漏洞入手，识别系统中的隐患条件，加强现有防御系统或发展新的防御系统；同时努力改善工作条件以遏制现行失效（如图2-16所示）。

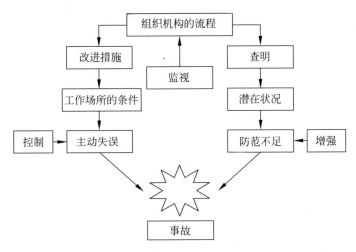

图2-16　组织事故控制途径

第3章 人的行为表现和局限性

在航空维修工作中,维修人员的表现至关重要。维修人员的表现受到多种因素的影响,在某些情况下,会出现表现能力失常,导致维修工作偏离预想的结果。

现实生活中,任何人都不是万能的,如同客观存在;人的行为表现具有局限性。人因为需要体力恢复而感到疲劳;因为感冒而出现身体不适症状;因为用力不当或外力的作用,导致骨折;人的感知能力同样有限,由于缺乏技能和知识而造成判断能力出现偏差。

人的能力还会受到社会和情绪因素的影响,维修人员的差错与飞机的飞行安全息息相关。

作为航空维修人员,认识自身能力和局限性,了解视力、听力、信息处理能力、注意力、记忆力,有助于减少盲目和蛮干;在工作中减少差错,加强自我保护,避免人员不必要的伤害。

3.1 视觉

视觉系统,包括眼睛和神经系统相关部分,是人最重要的感官系统,人们所掌握的外部世界80%以上信息是通过视觉获得的。视觉的好坏取决于多个因素:一些是视觉系统的内部因素,如视力、调节力和聚光性、对光亮和黑暗的适应性、对颜色的判别力等;其他一些是外部因素,包括诸如任务、目标和环境特征等的各种变量,如灯光强度、对比度、大小、位置、移动和颜色。所有这些因素相互作用,确定人的视觉性能的准确度和速度。

3.1.1 眼睛的基本功能

眼睛解剖学,如图3-1所示,有助于了解视力。眼睛的基本结构,类似一架简单的光学照相机,虹膜相当照相机的光圈,晶状体是透镜,视网膜则是感光表面。光通过角膜进入眼睛,然后通过虹膜和晶状体落到视网膜上。光刺激视网膜上的感光细胞,它们再通过视神经把小的电脉冲传导到大脑视觉皮层。在此对电脉冲进行处理并感知了影像。

1)角膜

角膜是在眼睛最前部的清澈的"窗户"。角膜的功能就是一个固定的聚焦装置。聚焦是通过角膜形状使入射光发生折射。人眼70%~80%的聚焦能力都由角膜完成。

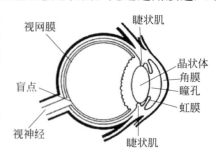

图3-1 人的眼睛构造

2) 虹膜和瞳孔

虹膜,是眼睛中有颜色的部分,控制允许进入眼睛光线的进光量。它通过瞳孔,即:虹膜中心的黑色部分,大小的改变进行控制。瞳孔的大小能够迅速变化以适应光强度的改变。

3) 晶状体

光线通过瞳孔以后便进入晶状体。它的形状可由环绕它的肌肉——睫状肌进行改变,从而使光线最后聚焦调节到视网膜上。晶状体形状的变化叫做适应性调节。为了清楚地看到近的物体,晶状体会变厚。为看到远的地方,晶状体会变平。适应性调节的程度可能受疲劳或老化过程等因素的影响。

当一个人疲劳时,他的适应性调节会降低,导致视力敏锐度下降。

4) 视网膜

视网膜位于眼球的后壁上,它是由连接到视神经上的复杂的神经细胞层构成的。在视网膜上有两种感光细胞——杆细胞和锥细胞。视网膜的中心部位称为中央凹,此部位的感光细胞是锥细胞,视觉映像就是在这里聚焦的。再向外,锥细胞的密度减少,并逐步被杆细胞所取代,直至视网膜外围全部是杆细胞。

锥细胞能在光线充足的情况下起作用,能够辨别微小细节并对颜色敏感。人眼能区分大约1000种微小变化的颜色。杆细胞不能辨别颜色,且辨别微小细节的能力很差,但辨别视场边缘的运动的能力很强,在低亮度下敏感。当光线变暗时,感光的任务就由锥细胞转移到杆细胞。在光线差的情况下,人只能看到黑色,白色和一点灰色。

3.1.2 影响视力清晰度的因素

在良好的条件下,如干净的空气,良好的照明等,眼睛是非常敏锐的。事实上,眼睛从视网膜到负责视力的大脑,大约有120万个神经细胞,而内耳大约只有5万个,这使得眼睛比耳朵敏感24倍。

在考虑影响眼睛的极限和能力的因素前,必须对视力的敏锐性作一叙述。视力的敏锐性是眼睛在不同的距离鉴别微小细节的能力。

按照国际标准视力表,具有1.5(5.2)视力的人和1.0(5.0)视力的人在5m处看清的"E"字形字的线条宽度和线条间距的大小是不同的。表3-1为小数记录折算为5分记录的对应数值。

表3-1 小数记录折算5分记录

小数记录	0.1	0.1	0.2	0.2	0.3	0.3	0.4	0.5	0.6	0.7	0.8	0.9
5分记录	4.0	4.1	4.2	4.3	4.4	4.5	4.6	4.7	4.8	4.9	4.9	5.0
小数记录	1.0	1.2	1.5	2.0	2.5	3.0	4.0	5.0	6.0	8.0	10.0	
5分记录	5.0	5.1	5.2	5.3	5.4	5.5	5.6	5.7	5.8	5.9	6.0	

3.1.3 影响视力的因素

有各种因素能够影响和限制眼睛的视力。包括:

(1) 生理因素,如单眼或双眼的生理机能不完整性、近视、远视、人的年龄。

(2) 摄取外来物质的影响,如毒品、药物、酒、烟。

(3) 环境因素，如光线的亮度、空气的清洁度。

(4) 与被观察物体有关的因素，如物体的尺寸和外形、和周围物体的反差、物体的相对运动、物体离观察者的距离、物体和观察者之间的角度。

1. 生理因素

远视是由于眼球比正常的短所造成的，造成映像成形在视网膜的后面。如果角膜和晶状体不能使用它们的组合聚焦能力来补偿，则在观察近距离物体时，就会导致模糊的视力。图 3-2 为利用凸透镜克服远视的原理图。凸透镜使光线到达角膜前向内弯折，从而克服远视。

近视是由于眼球比正常的长所造成的，造成映像成形在视网膜的前面。如果晶状体的适应性调节不能抵消它，则观察远距离的物体就会模糊。图 3-3 为利用凹透镜克服近视的原理图。凹透镜使光线到达角膜前向外弯折，从而克服近视。

 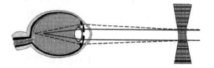

图 3-2　凸透镜克服远视的原理图　　　图 3-3　凹透镜克服近视的原理图

其他视觉问题包括：

(1) 白内障：通常与晶状体浑浊、老化有关；

(2) 散光：角膜畸形使物体映像变得形状不规则；

(3) 青光眼：眼内液体压力增高，可能造成视神经损伤甚至失明。

随着人的年龄增加，睫状肌逐渐失去弹性，从而不能进行充分的适应性调节。这就是老花眼，它是远视的一种形式。因此，随着调节机能的减退，特别是在光线差的情况下，大多数人要佩戴眼镜来看近物。疲劳也可能暂时影响适应性调节，用眼过度时，会造成近距视物模糊。

2. 摄取外来物质

使用毒品和药物、饮酒、吸烟等会对视力产生不利的影响。吸烟时，积聚在血液中的一氧化碳减少了血液向眼睛的输氧量，这就是所谓的组织缺氧，它能迅速削弱杆细胞的敏感性。饮酒也会有类似的影响，甚至会延续到饮酒后的几个小时。

3. 环境因素

眼睛有能力在广泛的光线强度下工作，从微弱的星光到强烈的日光。视网膜是眼睛的感光部分，杆细胞对光的感受性，比锥细胞强 500 倍左右，主要在暗视觉条件下起作用，但是，它不具备锥细胞那样分辨物体细节和辨认颜色的能力。

变化的光线强度下，眼睛需要时间进行调节，因为相关的调节机制是一个光化学过程。当从黑暗到光亮处，眼睛能快速调节，相反，从光亮到黑暗处，眼睛的调节速度慢。

视力可以通过增加照明度来改善，但也有限度，增加照明可能导致眩光。老年人比年轻人更容易受眩光的影响。从很光亮的环境进入黑暗环境，视力会显著下降直到眼睛适应了弱光，这个过程大约需要 30min。长期在黑暗环境中工作，眼睛会慢慢变得适应黑暗，以取得较好的视力敏锐度,从黑暗到明亮的适应,大约需要 7min。因此,如果在晚间在光亮的机库或飞机内部与黑暗区域之间走动,维修人员必须等待他的眼睛进行调节适应。

人眼虽然具有视觉适应的特点,但当视野内明暗变化频繁时,不但容易产生视觉疲劳,影响工作效率,而且容易发生事故。针对这一特点,工作时尽量做到工作面光亮度均匀。

任何空气中的微粒,诸如灰尘、雨或薄雾,都可能影响光线在空气中的传播,使物体映像变形。如佩戴眼镜,环境因素的影响更为明显,因为镜片上容易沾上脏物、湿气、雾气或划伤,这些都会影响到视力的正常发挥;佩戴隐形眼镜的维修人员,应该注意戴镜时间的长短,通常为8~12h;延长戴镜时间可能对眼睛产生影响,例如:眼睛发干和发炎。工作在特别干或多灰尘的环境下尤为重要,因为空气中的微粒也可能对隐形眼镜有影响,必要时应该戴防护眼镜。

4. 被观察物体的特征

与被观察物体有关的许多因素也能影响视力。利用从被观察物体上获得的信息来辨别所看到的事物,这就是视觉提示。视觉提示经常涉及到把已知大小的物体和未知物体进行比较的情况。如果一个物体没有放在一个有明显背景衬托,例如:与周围物体没有明显对比度的地方,就很难区分它的边缘和它的形状。物体的运动和相对运动,以及相对观察者的距离和角度,都会影响视觉。

3.1.4 色觉

虽然色觉对视觉敏锐性没有直接影响,但在航空维修工作中,有些情况需要维修人员有正常的色辨能力。例如:

(1) 识别不同颜色零部件;

(2) 区分不同颜色的导线;

(3) 使用各种测试仪器和设备,识读不同色彩的数据;

(4) 辨别工作场所的各种警示灯光。

色辨缺陷通常是遗传的,虽然在重病后也可能出现暂时的色辨缺陷症状的情况。色辨缺陷,经常被误作为色盲,通常影响8%的男性,而女性只有0.5%。最普通的类型是难于辨别红色和绿色。少数情况,可能混淆蓝色和黄色。

有些人的色辨能力较弱,在良好照明情况下,能够辨别红色和绿色,但在照明情况不充分时,不能辨别红色和绿色,经常看成是一种自然灰色。

老化也会造成色觉的改变,这是晶状体逐步变黄的结果,导致在蓝-黄范围内色辨能力的下降。

维修人员的色辨缺陷,可能会影响某些航空维修工作的正常完成。

3.1.5 视力保护措施

在航空维修工作中,对眼睛的保护是十分重要的,应引起高度重视。在日常的工作中,应注意视力保护。在从事某些特定作业时,根据国家有关规定,应对眼睛采取必要的保护措施。

(1) 从事能够产生碎屑飞溅的机械加工作业或有酸、碱或其他危险液体溅出时,操作人员及相关人员应戴安全保护镜；

(2) 用高压空气进行作业或喷涂或焊接工作时，要求戴护目镜、头盔和面罩；

(3) 在光线不足的区域内作业时，应携带相应的照明工具；

(4) 合理选择和分布光源，避免眩光和视觉疲劳；

(5) 尽可能采用自然光照明。

具有适当的视力以满足任务的需要，对于维修人员来说是重要的。年龄和眼睛本身产生的问题会逐步影响视力。

作为航空维修人员，必须非常清楚如果维修任务要求好的视力，而当我们的视力有暂时的或永久的不利的影响时，如果继续工作会有怎样的可能的后果。

3.2 听觉

3.2.1 人耳的基本功能

人耳要完成两个十分不同的功能。它通过接收空气中的振动来探测声音；其次，它负责平衡和感受加速度。在这两方面中，听觉与维修人员关系更大，因此有必要对人耳如何工作有个基本了解。

由图 3-4 可知，人耳由外耳、中耳和内耳三部分组成。它们的作用是接收来自空气的振动并把这些信号转变成大脑能够识别为声音的神经脉冲。

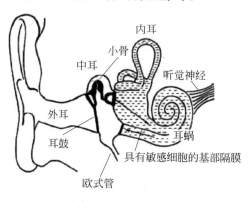

图 3-4 人耳的构造

1) 外耳

耳廓收集声波通过耳道到达耳鼓。声波使耳鼓振动。

2) 中耳

在耳鼓后面是中耳，它把来自耳鼓的振动经过三块小骨传到内耳。中耳还有两块肌肉通过声学或听觉反射来保护耳朵，当接收超过 80dB 的声音时使声音水平下降 20dB。然而，这种保护只能提供最多大约 15min，而且不能对像炮火那样的突然的脉冲噪声提供保护。这说明了为什么人在承受突然的大的噪声后会暂时"变聋"几秒钟。中耳通常充满了空气，通过欧氏管使它和鼻、口的后部连通以使空气不断换新。然而，这个管子也能让黏液流入中耳，黏液堆积后就会影响正常听觉。

3) 内耳

和中耳不同,内耳充满液体。内耳的作用是将机械振动转换成神经脉冲。中耳的最后一块小骨和耳蜗相连。它有一个由类似头发的细胞所覆盖的精细的隔膜,用以感知液体的运动。它们检测到的任何振动都会转变成神经脉冲,经过听觉神经传递到大脑。在耳蜗中检测到的振动量取决于声源的音量和音调。

3.2.2 人耳的能力和限制

人耳的能力和能被听到的声音的范围有关——既和音调或频率有关也和音量有关。年轻人能听到的典型的频率范围是在每秒 20~20000Hz,最大灵敏度在约 3000Hz 处。

声音的音量或强度是用分贝来测量的。表 3-2 列出了各种声音的强度水平。

表 3-2 各种声音的强度水平

活动	近似的强度水平/dB
树叶的沙沙声/耳语	20
2m 远交谈	50
1m 远打字	65
15m 远中速行驶的轿车	70
15m 远中速行驶卡车	75
2m 远动力割草机	90
300m 远螺旋桨飞机	100
300m 远喷气式飞机	110
站在靠近螺旋桨飞机处	120
感觉痛苦的临界值	140
立即导致听力损害	150

3.2.3 噪声对人的表现的影响

噪声在工作场所,会对维修人员产生各种不利影响。例如:

(1) 令人烦躁,如突然的声响、持续的大声等;

(2) 干扰在工作场所人际间的口头交流;

(3) 由于听不清告警信号或信息而造成事故;

(4) 容易疲劳并影响精力集中;

(5) 造成暂时性或永久性听觉损伤。

3.2.4 听觉损伤

即使处于较短时间的噪声中也可能导致听觉损伤。损伤的程度主要受噪声强度的影响。同样等级的间断性和突然的噪声要比连续的噪声影响更大;而高频噪声比低频噪声更有害。

听力损失可能是暂时的,从几秒到几天,或是永久性的。暂时的听力损失可能由短时处于非常大的声音环境中所造成,因为在基部隔膜上的发丝状细胞需要时间来恢复。若有多次的情况发生,恢复的量会逐渐下降,就会变成永久性的听力损失。因此,长期处于高等级噪声中可能会永久性的损伤耳蜗中的发丝状细胞,从而导致不可恢复的听觉损伤。

通常认为超过 8h 的 85dB 噪声可能潜在地损害内耳。当噪声水平超过 115dB 时,即使是短时的,也应当佩戴防护耳罩。

3.2.5 维修工作中听觉防护措施

使用耳塞或防护用品在一定程度上可以起到听觉防护的作用。

使用耳塞可以降低 20dB 的噪声水平,使用防护耳罩则可达 40dB。尽管使用防护用品会干扰口头交流,但使用防护措施是非常必要的。

降低声源的噪声水平或隔离噪声源是一种好的做法,但在航空维修环境中,通常难以做到。在噪声超过 115dB 时,不论持续多长时间,都应采取措施使用听觉防护装置。对照表 3-2,当在发动机正在运转的飞机旁,200~300m 工作时,航空维修人员必须使用某种形式的防护设备。

使用听觉防护装置用品注意事项:

(1) 恰当使用听觉防护用品,例如:需降低 40dB 的噪声时,应使用耳罩,耳塞就不足以;必要时使用耳塞加耳罩;维修人员工作时,阅读手册,应特别重视,手册中的"警告"和"注意"的相关信息。

(2) 注意听觉防护用品的清洁。

(3) 听觉防护用品的使用,做到便捷,随时可用;同时考虑工作安全。

听觉保护是维修人员的自身保护,和自己的健康生活息息相关。加强自我保护,减少不必要的伤害,非常重要。

3.3 信息处理

航空维修工作可以说就是维修人员处理各种信息的过程。信息处理是通过感官接收信息的过程,通过分析使得为之所用。大脑如何处理由感官所收集的信息;人的信息处理系统是否如同视觉和听觉这两个感官,同样存在局限性。以下内容对航空维修人员,认识自身,减少差错是有益的。

3.3.1 信息处理模型

信息处理能够用一个模型来表达。它捕获了过程的主要因素,从经过感官接收信息到类似决策和行动。如图 3-5 所示。

视觉和听觉接收到物理刺激并在感觉存储器中存储短暂的时间。目视信息可以在图像存储器中存储约 0.5s,而声音则可以在声音存储器中存储稍长时间约 2s。这样就能使我们把一个句子记成句子而不仅仅是没有联系的一串孤立的文字,或把一个有情节的影像记成如电影一样而不是一系列杂乱的图像。

3.3.2 注意力和理解

一旦收集到信息,我们的精神资源就会集中在某一特定的事物上,这就是注意力。注意力可以被认为是对感觉或思想活动的全神贯注。

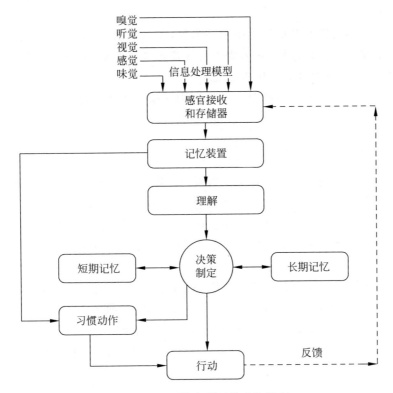

图 3-5　人的信息处理的功能模型

虽然注意力能从一件事很快地转移到另一件事,但在某一时刻它只能处理一件事。注意力可以有选择注意力,分散注意力,集中注意力,持续注意力等形式。

1. 选择注意力

选择注意力出现在当一个人监控几个输入的信息来源时,对其中一个或更多的显得比较重要的信息来源给予更大的注意。一个人在有意识地处理一个信息来源的同时还可能抽取周围的其他信息来源。心理学家称之为"鸡尾酒会效应"。当你全神贯注地和一个人交谈时,如果你无意中听到他人提及你的名字,尽管你并非有意在偷听别人谈话,而你的注意力可能会因此而暂时地转移。分心是选择注意力的消极的一面。

2. 分散注意力

分散注意力在大多数工作情况中是很普遍的,经常会被要求在同一时间去做不止一件事。通常,一件事会受另一件事的影响,当它们实质上相似时则更是如此。这种情况有时也称之为时间共用。

3. 集中注意力

集中注意力是一种把注意力集中到一件事上并避免分心的能力。

4. 持续注意力

持续注意力是指一种能在长时间内,通常是在一件任务上,保持注意力并保持警觉的能力。

注意力是受清醒程度、个人兴趣和压力影响的。根据情况不同,以上因素可能会提高注意力也可能降低它。

理解是对感觉器官感受的信息的组织和解释,抛弃不相关的信息,以使这些保留的信息可被接受。理解是一个复杂过程,它需要现有的知识和经验来判断需要保留什么和需要抛弃什么,以及如何把信息处理成可接受的信息。

理解可以定义成把感觉处理成对事物的有用的精神表现。通过对信息的处理,人们会做出相应的反应,例如表情、音调、手势、幻想等。

3.3.3 决策

决策是根据可用的信息、知识、过去的经验、期望、前后关系、目标、等来产生各种可用行动方案并选择一个首选方案。它也被描述为思考,解决问题和判断。

决策可以在特定情况下决定什么都不做或者决定立即去做某事。例如,火警铃声响起,受过良好训练的人会马上撤离,无须过多思考;反之,不熟悉的警铃声的人可能会继续倾听,以收集进一步的信息,从而决定下一步的行动。

通常我们并不完全了解决策过程和我们用来做决策的信息。但可以利用工具来协助决策过程。例如,在飞机维修工作中,许多文件(例如,《维修手册》,《故障诊断手册》)和程序都可以用来支持基本的决策能力。因此,好的决策是以由书面信息和程序作补充的知识、对观察到的征兆的分析,性能的表现等为基础的。我们应当认识到信息处理的局限性,"依赖现有的知识和过去的经验而进行决策,对一切情况都是足够的"这种想法是危险的。

一经决策,就可进行适当的行动。我们的感官将接收决策的反馈和结果。这有助于从学习经验中扩充知识并改进未来的判断能力。

3.3.4 记忆力

记忆力对我们连续工作的能力和学习新事物是很关键的。没有记忆力我们就不能捕获达到我们感官的"一连串"信息,或提取过去的经验并在决策时应用这些知识。

记忆力可以认为是对信息、经验和知识的存储和保持,以及找出这些信息的能力。

1. 记忆力的三个过程

记忆力取决于以下三个过程:

(1) 输入——信息输入到存储器;

(2) 存储——保存信息;

(3) 输出——储存信息的提取。

2. 记忆力的三种类型

记忆力包括瞬时记忆力(感觉存储),短期记忆力(工作存储)和长期记忆力。

1) 瞬时记忆力

瞬时记忆力,有约 2s 的存储时间,取决于不同感觉形式,起缓冲器的作用,以便有时间来注意感官的输入。

2) 短期记忆力

短期记忆力,用以接收部分已经接收到感觉存储器中的信息,其作用是有足够长的时间来储存信息以便能使用它,因此得名"工作存储器"。它只能在短期内,一般是 10～20s,一次存储较少量的信息,通常说成 7±2 项信息。

短期记忆的时间,可以通过对信息的重复记忆或对信息编码来延长。如 7 个数据元素的限制所适用的项目是那些根据人的经验表现出相互不相关的项目。例如,低压(low pressure)一词具有 11 个不相关的字母,但它们实际是两组或两个短期记忆块。每块中的各个字符组合为一个相关的词组。在任何需要记忆字符串的系统中,人机工程学专家必须以开头字母大写的方式描写,以增强短期记忆。

3) 长期记忆力

长期记忆力被用来存储暂时不用的信息,包括:①常识;②人的经验;③世界观,包括道德规范、价值观、宗教信仰;④习惯动作、解决问题的技能和为从事各种活动的计划;⑤能力、对语言的理解力。

长期记忆力与信息的长期储存和恢复有关。指导和训练是提高记忆的储存能力和恢复能力的有效方法。

在长期记忆中的信息可以分成语义的和事件的两类。

语义记忆涉及我们存储关于世界的一般的实际的知识,如概念、规则、各人自己的语言等。这种信息与获取有关知识的时间和地点没有联系。

事件记忆涉及存储特殊事件,如过去的经验,包括人、事件和物体。通常把这些事的前因后果与之相联系。事件记忆很大程度上会受到期望的影响,因此两个人对同一件事的回忆可能是不同的。

人的记忆能力是人进行信息处理的基础,甚至最简单的系统也不能在无记忆状态下正常工作。由于人的记忆是有限的,短期记忆与长期记忆有着明显的区别。短期记忆允许针对当前活动储存和处理数据,在活动完成后很容易忘记数据。但可以通过反复练习,让信息储存在长期记忆中。

在维修过程中,由于工作中断、精力分配等因素影响,导致记忆差错,这是人的生理限制所决定的。在维修差错案例中,有多起由于维修人员记忆原因,造成漏装、安装未完成、未使系统恢复等差错。在拆装或工作未完成的情况下,坚持挂警示牌制度,是一种有效防止记忆差错措施。

3.3.5 习惯动作

如果经常做某一件事,则最终会变成自动的动作,所需的技能和操作就被存储在长期记忆中。这就是所谓的习惯动作,它是通过实践建立起来的彻底的常规工作。

利用习惯动作可以减轻重要决策的负担。驾驶汽车是一个经常引用的例子:开始时,需要分别做每一个动作,如换挡。但最终各个单独的动作被组合成一个习惯动作并且能在不知不觉中完成。这些习惯动作让我们能够同时做几件事,例如一边开车一边对话。

3.3.6 情境意识

1. 情境意识的定义

在信息处理过程中,情境意识虽然没有在图 3-5 中明确表明,但人们理解和判断的过程应该导致对当前情况的预知。

情境意识是指一个人在信息处理过程中,通过理解和判断,精确地感知环境变化和对未来发展的预知能力。进一步扩展到对不久的将来可能发生的任何紧急情况,制定多个解决方案计划。

情境意识,传统上用在驾驶舱方面,来描述飞行员对周围情况的警觉意识,例如所处的地理位置、空间方位、飞机处于什么工作模式等。在航空维修方面,情境意识涉及以下过程:

(1) 感知,对重要因素的感知,例如,看到螺钉松动或缺失零件,听到口头传送的信息;

(2) 理解,对感知的事物的理解,例如,为什么它是这样的?为何如此?

(3) 推断,就当前状况的未来进行推断,例如,未来对安全、计划、适航的影响。

当维修人员看到机腹上有蓝色痕迹,认为可能是厕所污水排放阀门泄漏。如果他具备良好的情境意识,他应该想到泄漏的蓝水在空中会结冰,脱落的蓝冰会导致机身或发动机损坏。

保持情境意识是一个复杂的过程,主要是由于人对事实的感知,有时与事实本身存在差异。

飞机维修中的情境意识归纳为:

(1) 维修人员正在工作的系统状况;

(2) 所报告的故障和纠正措施之间的关系;

(3) 该项工作对其他系统的可能影响;

(4) 该项工作对其他人正在做的工作的影响以及他们的工作对该项工作的影响。

2. 影响情境意识的障碍

影响情境意识的障碍包括以下几点:

(1) 缺乏沟通;

(2) 疲劳或工作压力过大;

(3) 超负荷工作或工作量不足时;

(4) "集体思想"的思维定式,认为其他人会注意到相关事项;

(5) "急于求成"的心理状态,工作中忽略细节,不遵守程序;

(6) 降低操作条件,不遵守工作标准。

3. 如何克服情境意识的障碍

克服情境意识障碍的方法有以下几点:

(1) 积极的询问与评价;

(2) 必要时采取果断行动;

(3) 连续不断地对情境进行分析和监控。

在飞机维修工作中,整个团队需要情境意识,不仅是对自己所做的事保持情境意识,也要对所在团队的工作保持情境意识。

3.3.7 信息处理局限性

了解信息处理的基本因素,辨别这些因素具有局限性,对航空维修人员更为重要。在航空维修工作中,参考程序和手册,是航空维修人员工作的决策支持和依据。

1. 注意力和感知

如果没有被感知,一部分感觉到的信息可能会丢失。例如,当你专注于其他事情时,你不能感知某人对你说的事,即使这些话已经毫无问题地被你的耳朵所接收。另一方面,尽管有些信息会丢失,但信息处理系统有能力去感知事物。然而,使用自己的知识和经验来充填信息丢失的缝隙是很危险的,这有可能导致错误的结论。

一旦在大脑中形成了对某种情况的固定模式,通常就会去寻找能支持此模式的信息,并且不自觉地拒绝否定此模式的信息。

众所周知,有许多关于感知极限的目视"幻觉"的例子。图 3-6 说明了感知系统是如何误导人们去相信一条线比另一条线长,尽管用尺子丈量已经表明两条线一样长。

图 3-7 表明感知同样的事物会有完全不同的结果(例如字母 B 和数字 13)。说明了前后关系对我们的信息处理的影响。

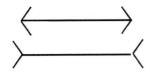

图 3-6 Muller-Lyer 幻想　　　　　图 3-7 前后关系的重要性

当大脑对感受的信息进行处理,并与感情因素、过去所学知识、经验或期望相结合时,就可能会产生含糊和不确定性。这些因素包含在大脑中,一种流行的说法"一个人所看到的就是他所希望看到的",很好地反映了这点。

在航空维修中经常要去翻阅一些维修人员很熟悉的文件。在浏览文件时很可能未能发现文件已经作了细微的更改,而只看到了所期望看到的东西。

2. 决策、记忆和习惯

注意力和感知的缺点能明显影响决策。不正确的感知某事意味着可能做出不正确的决策,导致不适当的行动。图 3-5 也说明了记忆和决策的相关性。前面曾说过,感觉和短期记忆的能力无论从能力上还是从持续时间上都是有限的。所以必须牢记,人的记忆有可能出错。在记忆的三个阶段,都有可能出现错误,例如:

(1) 信息未必会被存储下来;

(2) 信息存储得不正确;

(3) 需要使用信息时,一时可能难于提取出来。

所有这些都与遗忘有关,它或者因信息未被储存,或者因信息无法提取。短期信息特别容易受到干扰,例如,记一个零件号的同时又在回忆一个电话号码。

使用手册或临时备忘录比依赖记忆力要可靠,即使是需记忆或回忆的信息比较简单。例如,某维修人员认为自己可以记住一个扭矩设定值而不必把它写下来。然而,当查阅手册后回到飞机工作,或许在路上和某人进行了交谈,很有可能就把设定值忘掉或搞混了,当成了用于另一项比较熟悉的类似工作的不同的扭矩设定值。因此,当维修人员不能确定记住的信息是否准确,就应该去寻求核实。暂时做点记录就可以避免遗忘或混淆的风险。但是,使用个人笔记本来永久性地记录信息是危险的,因为记录在本子上的信息可能会过时。

3.4 恐惧症、恐高症

工作在狭小空间或高处,确实是飞机维修工作的特点。维修人员经常要进入到很小的空间里,如油箱里工作;拥挤的环境中,如在飞行仪表板下面,脚蹬附近工作;较高位置,如在升降台或工作梯上工作。

3.4.1 幽闭恐惧症

1. 幽闭恐惧症是人的极限表现

当人进入一个封闭或狭小的空间时,会感到不同程度的生理或心理上的不舒服,通常认为这是正常的。当这种不舒服过于严重时,就是所谓的幽闭恐惧症。幽闭恐惧症可以定义为处于封闭空间中的异常感觉。

很可能在开始阶段,维修人员对幽闭恐惧症的感觉并不明显。第一次的这种感觉往往是由于工作在有限空间里发生了麻烦而引起的,例如,由于不能从油箱里脱身而产生的惊恐。如果维修人员遭受过幽闭恐惧症,应该让同事和主管领导知晓。当幽闭恐惧症发生时,同事应当迅速帮助维修人员从受限的空间中解脱出来并给予安慰。维修人员应该工作在一个团队中并在必要时互相帮助,了解维修人员的身材,以便让适合的人员进入某些狭小的空间。

2. 克服幽闭恐惧症的方法

对在任何狭窄空间内,特别是在入口或者出口有限的情况下,如油箱中的工作进行细致的管理。当着工作者的面,作好一切工作准备,有助于消除工作者的紧张和担心;理想情况下,维修人员应当在一名帮助他进出狭窄空间的同事的陪伴下工作;在狭窄空间内的良好照明和通风能减少不适感。此外,在必要时必须使用恰当的安全设备,如呼吸装置。

3.4.2 恐高症

对某些维修人员,在明显的高处工作,尤其在机身的顶部检查时可能是一个问题。有人对类似情况很适应,而另一些人则会感到非常不舒服,紧握扶梯,对高度的关注胜过于手头的工作。在这种情况下,使用安全带是非常重要的。安全带也许未必能解除维修人员对高度的恐惧,但肯定可以帮助其安心并专注于手头的工作。就像幽闭恐惧症一样,来自团队成员的支持和帮助是有益的。

就在Aloha事故(1988年4月,机型为B737-200)发生前不久,在维修中,当必须在机身顶部检查铆钉时,检查员需要绳子接到机库的椽上以防从飞机上摔落下来。在这种情况下不可能保证检查工作进行得十分仔细,就像事后的事故调查所揭示的,检查确实不仔细。NTSB调查报告陈述如下:

"检查铆钉要求检查人员攀登在脚手架上,并随身携带光源沿着机身上部走动;在实施涡流探伤时,检查人员还需要带探头、仪表和一个灯。有时,当必须在机身顶部检查铆钉时,检查人员还要用绳子连到机库的椽上以防从飞机上掉下来。即使温度很舒服,照明也很好,站在脚手架上或在机身顶部,逐个检查铆钉有无微小裂纹的迹象,这一工作仍然非常枯燥乏味。在检查了许多铆钉没有发现裂纹后,很自然地就会开始期望不会发现裂纹。"

经理和主管领导应该使工作尽可能舒适和安全,例如,提供防护垫,保证工作台不摇晃,在封闭空间提供通风等,如果可能应该允许较多次的休息。

第4章 影响工作表现的因素

4.1 个人因素

通过学习航空维修人员的行为表现和局限性,可以减少盲目和蛮干所造成的差错和伤害。其他因素也可能对维修人员造成影响,潜在地削弱他完成工作和达到规定安全水平的能力。这些因素包括身体健康,心理压力,时间压力,工作负荷,疲劳和药物、酒精及毒品的影响。

4.1.1 身体健康

航空维修人员的工作对其身体条件有要求。维修工作可能在不同的物理环境中进行,包括狭窄的空间、极端的温度等。

身体健康与否直接影响人体感觉的敏锐性,人体的感觉,特别是视觉、听觉和触觉,在维修中发挥着重要作用。

1. 日常的身体健康

维修人员的身体健康对工作表现有显著影响。中国民航规章 CCAR-66 部第 66.20 条维修人员执照持有人应当遵守下列规定:在生理或者心理状况不适合行使放行权时,不得行使放行权。

航空维修人员有责任,决定自己是否能够胜任工作。当维修人员身体状况欠佳时,他的同事或者主管应当建议他休息,直到身体恢复。

很多情况都会对维修人员的身体健康产生影响。哪些方面构成"不适合工作",这是一个复杂问题,它取决于疾病或者状态的特质,对个体的影响,所从事工作的类型,环境状况等诸多方面。关键在于维修人员应该意识到,疾病或者健康欠佳将导致工作表现失常和对所维修的飞机安全产生负面影响。

维修人员经常必须完成接近或达到其能力极限的任务。有些任务需要很好的视觉和触觉,如目视检查裂缝或用手指检查毛刺。良好的听觉,对于在维修任务之前或维修过程中获取说明或反馈信息是很必要的。身体状况欠佳时,如头痛和慢性疼痛,可能导致维修差错。饮酒或吸毒以及各种处方药及非处方药的副作用会对感官产生不良影响。患病,如伤风或流感,也会对人体的感觉和注意力的集中产生负面影响,疾病还可导致精力下降,从而产生疲劳感。

维修人员可能认为在人力紧缺的情况下,如果因为疾病不再继续工作,会令他的同事感到失望。从理论上讲,企业管理应该已考虑到疾病等偶然因素。因此当自己不适合工作时,即使没有可行的替代措施,也不应当由个人承担相关的压力。而且,如果个人患有传染性疾病,继续工作,可能会传染同事,将使得人力问题变得更加严重。对于某些签订合同的维修人员来说,可能存在因为疾病不能工作,从而丧失收入,甚至被终止合同的特殊问题。这时他们可能会试图隐瞒疾病,或者不愿意承认自己生病。这样做是不负责任的行为,因为疾病会对所做工作的质量产生负面影响。

2. 积极的健康措施

航空维修人员,可以采取些一般性的措施来维护自己的身体健康。包括:
(1) 保持积极健康乐观的生活态度;
(2) 科学合理饮食,进餐时间有规律,注意饮食结构平衡;
(3) 定期进行有规律的体能锻炼,切忌盲目,一定要适合自身情况;
(4) 戒烟,从尽量减少每日的吸烟量做起;
(5) 饮酒有节制,注意饮酒后8h内不得工作。

3. 亚健康

1) 亚健康的定义

所谓亚健康状态,指无临床症状和体征,或者有病症感觉而无临床检查证据,但已有潜在发病倾向的信息,处于一种机体结构退化和生理功能减退的低质与心理失衡状态。一般来说,亚健康状态由四大要素构成:即排除疾病原因的疲劳和虚弱状态,介于健康与疾病之间的中间状态或疾病前状态,在生理、心理、社会适应能力和道德上的欠完美状态,以及与年龄不相称的组织结构和生理功能的衰退状态。

2) 亚健康的分类及影响

亚健康可划分为:
(1) 躯体亚健康。主要表现为不明原因或排除疾病原因的体力疲劳、虚弱、周身不适等。
(2) 心理亚健康。主要表现为不明原因的脑力疲劳、情感障碍、思维紊乱、恐慌、焦虑、自卑以及神经质、冷漠、孤独、轻率,甚至产生自杀念头等。
(3) 社会适应性亚健康。突出表现为对工作、生活、学习等环境难以适应,对人际关系难以协调,即角色错位和不适应是社会适应性亚健康的集中表现。
(4) 道德方面的亚健康。主要表现为世界观、人生观和价值观上存在着明显的损人又害己的偏差。

3) 亚健康的起因

(1) 过度紧张和压力。研究表明长时期的紧张和压力对健康有害:引发急慢性应激直接损害心血管系统和胃肠系统,造成应激性溃疡和血压升高、心率过快、加速血管硬化进程和心血管事件发生;引发大脑疲劳和认知功能下降;破坏生物钟,影响睡眠质量;免疫功能下降,导致恶性肿瘤和感染机会增加。

(2) 不良生活方式和习惯。如高盐、高脂和高热量饮食,大量吸烟和饮酒,久坐不运动是造成亚健康的最常见原因。

(3) 环境污染的不良影响。如水源和空气污染、噪声、微波、电磁波及其他化学、物理因素污染是防不胜防的健康隐性杀手。

(4) 不良精神、心理因素刺激。

4.1.2 来自家庭和工作的紧张压力

1. 紧张压力的定义

紧张压力对于每一个人,在生活中不可避免。紧张压力是人体自身适应外界环境而产生的一种应变能力。

从人类的观点看,压力是由于需要而做出反应,适应或者采取特定方式的行为来应对或者满足强加于人们的要求而产生的。这些要求从某种角度讲是有激励作用和有效的,但如果这些要求超过了个人的能力,所产生的压力就成为问题。

人类总是生活在理智与情绪之间,与情绪结伴而行。不带任何情绪色彩的人类活动是很少的。情绪往往左右着人们的行为,它犹如一个巨大的力量源泉,影响着维修人员的判断与决策,乃至他的维修技能。紧张压力是维修人员常见的情绪之一,对它是否能够进行有效的管理或控制,直接影响着维修工作的质量,影响着他的生活质量和身心健康。人们常说的"心理素质"好坏问题,在很大程度上便是指紧张压力的管理或控制能力。

紧张压力源于工程学术语。原意是指施加于物体之上的力量所引起的紧张,变形或破裂。对于人类而言,它通常用于描述人体对施加在其身上的各种要求的反应。有些要求是令人愉快的,有的要求却不能引起人的愉快,有的属于生理性的,有的则属于心理性的。如果这些要求所产生的压力过大,人们便会受到不良影响,也就产生了紧张压力,而引起紧张压力的一切原因,称之为紧张压力源。

每一个人对自己的要求,如果未经适当的管理都可能成为潜在的紧张压力源。同样,如果把各个很小的,微不足道的要求加在一起,也可能使人处于压力过大的状态。例如,维修人员利用业余时间参加学习,但在一段时间内频繁加班,几个事件加在一起,就有可能使他处于负荷过载的状况下。由于飞机维修工作的不确定性,使有些维修工作处于时间紧迫状态,这就会使维修人员感到时间压力,从而进一步加重他的工作负荷。

对于维修人员来说,他所面临的要求是多种多样。这些要求包括:遵守维护程序,不漏检飞机故障,排除飞机故障,使飞机处于适航状态。这些要求向大脑的回送反馈便转化为维修人员的自我要求。如果要求过高,人就会处于负荷过载的状态。

适当的压力可提高觉醒水平,使人们进入最佳的激活状态,这是维持良好技能的必要条件。但过大的压力则可能使人们偏离最佳的觉醒状态,而产生恐慌。

然而,人与人之间在应付压力的能力上有着较大的个体差异。当遇到负荷过载的情况时,不同的人所能应付的压力水平是不同的。有的人能承受很大的压力,而另一些人则不能。即使是同一个人,在不同的情况下,对于压力的承受能力也有很大变化。这主要取决于当前的紧张压力水平和产生的时间以及年龄因素等。

紧张压力是人们对感觉到的压力的反应,这就意味着压力的产生必须经过大脑的认知和评价。有时,这些感觉到的压力事实上并不存在,只不过是一些对我们来说至关重要,导致我们过分担心的事情罢了。同样,感觉到的情绪性紧张压力,许多亦是虚幻出来的。只要识别出危险事实上并不存在,紧张压力便会逐渐消失。

2. 紧张压力来源

航空维修人员所承受的紧张压力经常来自家庭和工作两方面。

家庭压力主要是由家庭生活的变化引起的,例如婚姻,孩子的出生,失去一名亲密的家庭成员。航空维修人员工作时,如果不能摆脱来自家庭有关的压力,家庭压力会在整个工作日内存在于脑中,并使得维修人员从工作中分心,不能集中精力。可能会影响维修人员的工作表现。

与工作相关的紧张压力可能有两方面:承担的任务和企业环境。当从事特别有挑战性或者特别困难的工作时会感到有压力。这种压力会因为缺乏相应的指导,时间的紧迫等原因而增加;另一方面,它可以通过细致的管理和良好的培训来降低。

在企业内部,企业文化和管理会对个体产生压力。航空维修人员的工作负荷缺乏控制,倒班的编排,公司的重组和由此产生的工作职位不明朗也是压力产生的原因。

3. 如何管理紧张压力

一旦意识到了紧张压力,通常可以通过两种策略对其做出反应:抵御或者消除。

抵御策略,包括:缓和症状,如服药或者减少焦虑,告诉自己并不存在问题。

消除策略,是指个体应对环境自我调整或者改变外界环境的过程。除了应对表面症状,将工作负荷合理分配,排定任务的优先顺序,将问题分类等;还包括解决产生压力的根源。

航空维修人员应合理地缓解和控制紧张压力,可采取以下途径:

(1) 将自己从紧张情绪中放松,因人而异,阅读、旅游、从事社会公益活动等;
(2) 有规律的睡眠,改善睡眠质量;
(3) 注意调整饮食结构,平缓身心,健康合理;
(4) 进行有规律的体能锻炼;
(5) 交流,通过和朋友、同事交谈,寻求建议,从紧张压力源头着手解决方案。

4.1.3 时间压力和期限

1. 时间压力的来源

时间限制或时间压力对维修人员来说是常见的,必须尽快完成维修任务让飞机能重新服役,这常使维修人员感觉到要完成工作的压力。必须切记:一个人越想尽快完成一项任务,他就越容易出错。

维修工作中潜在的紧张性压力源就是时间压力。当外部力量,如管理者或者主管将期限明确传达给维修人员时,或者维修人员感觉到执行工作任务存在时间期限,即便此时甚至没有明确的完工时限,都会产生现实的压力。以外,在维修人员给自己设定完工时限的情况下,如在休息之前或者换班之前完成某项工作,时间压力也可以是强加于自己的。

管理者有来自客户,保证飞机按合同约定的期限内放行投入使用的合同压力。争取更高的飞机利用率,就意味着更多的维修工作必须在更少的时间内完成,而且这些时间很多是在夜间。如果做不到这点,将对航班正点率和旅客满意率造成冲击。

2. 时间压力和期限的影响

对于压力而言,一般认为,某些时间压力是一种实际上可以改进工作效果的激励因素。但是,几乎可以肯定的是过度的时间压力,不管是现实的还是感觉到的,外部的或者强加于自己的,都可能会导致工作中应予的注意力减少、差错的增加。

感觉到的时间压力可能是导致"机长风挡"事故的原因之一。虽然,该飞机第二天早上没有排计划投入运营使用,但定好了要进行飞机清洗。一周以前曾经约好了清洗小组,然而当时飞机还没有准备好,因为人员短缺,无法按约定时间清洗,这种情况可能再度发生,于是值班经理决定执行风挡玻璃更换工作,以便飞机能按时做好清洗准备。

NTSB的报告摘录显示时间压力可能也是造成阿洛哈事故的因素之一:"阿洛哈的维修工作通常只在夜间进行。飞机能够投入第二天的航班时刻运行被认为是非常重要的。飞机的利用率决定排班,实际上驱动着所要求维修工作的完成。维修人员被迫在时间压力下工作。并且,让飞机尽可能多飞的冲动,是如此强烈,甚至使得维修人员除了绝对必要的情况以外,绝不愿让飞机待在机库中。"

3. 管理时间压力和时限

建立规章是一种潜在的对施加于维修人员的时间压力的管理办法。在设定时限和分配工作任务时,负责人应当考虑如下几个方面:

(1)把需要完成的各项工作,排定优先顺序;
(2)完成工作实际所需的工时,允许员工偶然的生病而缺勤;
(3)员工的合理分配,考虑维修人员的专业、体力和局限性;
(4)维修工作所需零件和备件的可用性。

所有维修人员都可以拒绝不适当的时限,这样做非常重要。安全地工作是最充分理由。在飞机维修中,每一个扮演一定角色的成员都应当分担一定的责任。

4.1.4 工作负荷

适度的紧张压力和时间压力有利于航空维修人员的工作表现,但是过度的压力将降低维修人员工作能力。值得注意的是过少的压力也将成为问题。

在讨论工作负荷之前,首要的是考虑觉醒的最优水平,这与工作表现直接相关。

1. 觉醒水平

觉醒水平是指人对执行工作的准备就绪的情况。这种觉醒的水平因人而异。有的人对同时承担过多任务显得力不从心,而有的人却乐于接受更多挑战。图4-1表明了觉醒水平和工作表现的一般关系。

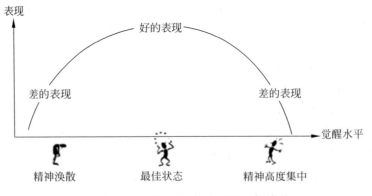

图4-1 觉醒水平和工作表现的一般关系

在觉醒不足的情况下，人们容易精神涣散，行为能力低下，安逸和厌倦随之产生。在曲线的另一端，当觉醒过度时人们表现精神高度集中，会仅仅关注于关键信息，而导致工作表现欠佳。研究发现，最佳的工作表现出现于曲线中间的某点。

在工作场所，觉醒主要缘于工作任务的刺激。但是，例如噪声之类的环境因素也会影响觉醒的水平。

2. 决定工作负荷的因素

一名维修人员通常很容易判断哪些工作是必须做的。工作施加于个体的刺激程度通常取决于工作负荷，这种负荷可以分为生理负荷和心理负荷。

人类处理信息的能力是有限的。人们的视觉敏锐性、力量、灵巧性等生理方面的能力也是有限的。因此，工作负荷反映的是人们完成必需的工作所消耗的心智和体力的程度。工作负荷是主观性的，不同的人有不同的体验，并受到以下方面的影响：

1）工作的性质
（1）它对生理的要求，如所需要的力量等；
（2）它对精神方面的要求，如所要做出的决断的复杂性等。
2）完成该项工作的情况
（1）所要求的完工标准，精确程度；
（2）可以用于完成该项工作的时间，以及由此确定的执行该项工作时必需的速度。
3）在执行该项工作时对同时进行其他工作的要求
（1）感受到的对工作的控制，是否可以自己控制工作的进展情况；
（2）偶尔存在的环境因素，如极端的气温等。
4）人和人的状态
（1）技能，包括生理和心理两方面；
（2）完成工作的经验，特别是对所做工作的熟悉程度；
（3）维修人员的身体健康水平；
（4）维修人员的情感状态，如压力水平、情绪等。

维修人员的工作负荷会改变，他可能会经历负荷过多和负荷过小的不同时期。这是这个行业里某些领域的特点，如航线维修。

3. 超负荷工作

超负荷工作发生在工作负荷处于非常高水平的情况下，此时维修人员精神高度集中。当精神高度集中时，会仅仅关注于关键信息，而导致工作表现欠佳。

4. 工作量不足

工作量不足发生在工作负荷处于低水平的情况下，此时，维修人员精神涣散。对维修人员而言，这与超负荷工作一样，可能会产生问题，并导致工作表现的恶化和差错的增加，例如忽略了某些信息。工作量不足或者工作难度过低都会使维修人员感到厌倦。航空维修行业的性质意味着工作量的大小具有不确定性，取决于每天的时段、维修计划等方面的变动。

5. 工作量的管理

在一个商业的环境中，极少有可能对维修计划进行大量修改，也不太可能消除时间压力。通常航空维修工作量管理包括以下方面：

(1) 确保员工具备在给定的时间内完成工作所需的技能和熟练程度以及从事该项工作的经验；

(2) 确定员工具备完成工作所需的工具和航材；

(3) 把工作分配给能在规定时间内完成的小组或者维修人员；

(4) 对负责做计划的人员进行人为因素培训，以使他们在做计划时能将员工行为表现的局限性考虑进去；

(5) 鼓励维修人员、主管和经理在出现超负荷工作时承认超负荷工作。

如果出现了超负荷工作的情况，有助于缓解这一情况的办法包括：

(1) 寻找完成该项工作的更为简单的方法，既是有效的也是合法的；

(2) 将某些工作委派给其他人以避免某个维修人员超负荷工作；

(3) 为安全地完成该项工作提供更多的时间；

(4) 延期、推迟工作时限并回绝额外的工作。

因此，尽管航空维修中的工作量在变化，维修人员的工作量仍然能够保持适度。这可以通过前期细致的对工作、人力、备件、工具和人员培训的计划来实现。

4.1.5 睡眠、疲劳和倒班

航空维修经常在夜间进行，人们在白天生理与精神上的警惕性高，在夜间更偏爱进行休息或睡眠，当工作需求打乱了这种规律，随之而来的是工作表现欠佳，导致航空维修出现问题。因为安全与无差错的技术人员表现是紧密相关的，在大多数的维修差错事故中，引起事故发生的维修工作缺陷是在夜间值班工作时间内出现的。

1. 睡眠规律

与其他所有生物一样，人类也需要睡眠。尽管进行了大量的研究，睡眠的作用仍然没有被全部知晓。睡眠对于人类恢复和补充身体和大脑的功能是必需的，它是一种包含一系列身体和大脑的生理变化的意识水平降低的自然状态。

人能够暂时抵御倦意，但大脑的各个部分使得睡眠迟早会发生。

有两种主要的睡眠活动，即深睡眠和梦睡眠。睡眠开始的时候，深睡眠组织促使大脑皮层的细胞增加同步运动。深睡眠和梦睡眠交替进行，整个过程为 90～100min，为一个睡眠周期。成年人一次良好的夜间睡眠为 6～8h。

睡眠周期的组成随着不同的夜间时段有所改变。第一个周期中的深睡眠比后面临近早晨的睡眠周期中的深睡眠时间更长。深睡眠出现在睡眠周期的中间阶段。后面的睡眠周期与之前的相比，梦睡眠的时间更长。梦睡眠出现在睡眠周期的结尾阶段。通常会在最后一个夜间睡眠周期结束时的梦睡眠中醒来。梦睡眠的出现则依赖于昼夜时间变化，梦睡眠通常主要出现在黎明时分。

深睡眠，特别是晚上的前两个睡眠周期内的深睡眠，可能起到修复人体组织机能，特别是肌肉组织的作用。在此期间，大脑分泌出大量可测量的生长激素运送到血液中。生长激素可以帮助一个发育完全的成年人修复组织机能，特别是修复肌肉组织。

成年人通常每天要有一次长时间的睡眠。常年执行倒班的维修人员，经常在夜间工作，打乱了睡眠的规律，使睡眠紊乱，白天的睡眠质量下降或缺乏睡眠。大多数工作者没能在休息时从急性疲劳中恢复过来，睡眠不足，疲劳逐渐积累，成为慢性疲劳。睡眠存在个体差异，有的人白天很难睡着或睡眠质量差,出现失眠现象。

使用药物帮助睡眠通常是不可取的,如安眠药、镇静剂(包括具有镇静作用的抗组胺药物),在服用指定剂量的药物后36h内药物存在副作用。酒精是神经系统的镇静剂,它具有催眠作用,但它会打乱正常睡眠规律并使睡眠质量差。

2. 生物节律

除了在清醒和睡眠之间转换以外,人类还有其他内部的循环,例如:体温和饥饿。因为这些循环与日照时长有关,所以被称为生物节律。生物节律是人体内的一种生理和行为功能的变化过程,大约以一天为周期,实际上在人体内大约是25h,如图4-2所示。

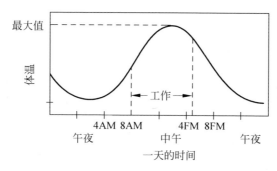

图4-2 人体体温的生理节律

尽管生物节律由大脑控制,但也受到外部环境因素的影响,如光线的影响,并与之同步。

由图4-2可以看出,即使正常的清醒和睡眠模式被打乱了,体温的循环仍然不会改变。体温处于低谷时是最难保持清醒的时刻。研究表明体温在此阶段的低谷与人的警惕性和行为表现的降低相关。

尽管与很多因素有关,但值得关注的是:相当数量的与人为差错有关的重要事件和事故是在黎明前的几个小时发生或者开始的,此时人体体温和行为能力都处于最低谷。

维修人员在这个"低谷"的行为能力可以通过良好的休息、身体健康、有效的激励和对在该点所需使用的技能的良好训练而得到改善。

3. 疲劳

疲劳可以是生理性的疲劳或者心理疲劳。生理疲劳反映了人体对补充和恢复的需要。生理疲劳与最近的体力活动、当前的健康情况、饮酒的情况、生物节律等因素有关。生理疲劳只能通过休息,最终是一定阶段的睡眠才能得到恢复。心理疲劳是个体对感觉嗜睡程度的感受。这不仅与人们何时进行最后一次睡眠及睡眠质量有关,还与其他一些因素,如觉醒程度有关。

疲劳一般是由于睡眠推迟、失眠、与正常的生物节律不同步、体能的阶段性的集中释放或者心理压力阶段性的集中施加等导致的。在工作场所、长时间的工作、在本应睡眠的时间段工作以及倒班工作等都会导致一定程度的疲劳。

人体感受到疲劳,一般会出现以下症状:

(1)感知能力的降低,一般性的注意力下降;

(2)运动技巧降低和反应迟缓;

(3)短期记忆力出现问题;

(4) 集中注意力出现问题,只关注某些并不重要的信息,不能保持全局观念;

(5) 容易被不重要的事物分心;

(6) 判断力和决断能力降低并导致差错增加;

(7) 情绪处于非正常状态,周期性的出现沮丧和兴高采烈,精力旺盛等现象;

(8) 无端地降低自己工作的标准。

工作时间过长和倒班,特别是多次倒班或者超时加班工作,会导致出现问题。维修人员应该非常清楚,由于这些因素使得工作表现不佳所带来的危险以及个人责任。

4. 倒班工作

当今,商务航空运输中,大多数飞机在清晨 6 点至晚上 10 点之间飞行,以满足乘客的需求。航空维修工作则需要夜以继日地运转,航空维修人员 24h 辛勤工作,以保证千百架飞机上的成千上万旅客的安全。

对于航空维修人员,倒班工作通常是不可避免的。有些维修人员一直上同一个班,但大多数人需要轮换不同的班。这就构成了由航空维修企业确定的"早班"、"晚班"和"夜班",或者"白班"和"夜班"。

1) 倒班工作的优点和缺点

倒班工作既有有利的一面,也有不利的一面。一些人乐意接受有规则的倒班工作模式。优点是有更灵活的休息日,不必固定周末休息;可以避免上班途中的交通高峰期。倒班的缺点主要有以下方面:

(1) 由于工作时间与日常工作不同步,与朋友、家庭在一起的时间被打乱,可能会影响到家庭成员的关系;

(2) 在人类行为表现欠佳的时间段工作,如凌晨 2 点到 4 点,导致差错增加;

(3) 与人体通常的生物节律不同步,如睡眠模式不同步,有些人会出现睡眠问题。

2) 夜间工作

倒班意味着维修人员通常不得不在夜间工作,是一直在夜间工作,还是部分工作时间处于夜间,取决于倒班的模式。

夜间工作,由于在人的体温低谷工作,人们很难保持清醒,特别是凌晨 2 点至 4 点。大量研究表明,此时段是差错多发阶段,维修人员工作时,应该时刻提醒自己,保持清醒。另外,由于白天光线和噪声影响,可能会带来白天睡眠问题。

3) 倒班模式

当维修人员倒班工作时,他从一个班转为另一个班次,例如:"白班"倒"夜班",体内的生物节律不会立即重置。体内时钟也会按照以前的清醒-睡眠循环持续几天,直到两者逐步再次同步。然而,在此之前,维修人员可能又倒了下一个班。

通常采用逐步向更晚的班过渡的倒班方式,即:早班—晚班—夜班或者早班—夜班,取代逐步向更早的班过渡的倒班方式,如:夜班—晚班—早班。

4) 工作和倒班交接的连贯性

很多维修工作经常持续超过一个班的工作时间,因而需要将工作从一个班次移交到下一个班次。将要下班的人员在 12h 的倒班工作以后,非常疲劳急于回家。因此,倒班交接是一个发生人为差错的潜在区域。

5. 航空维修人员如何适应倒班工作

大多数成年人在 24h 的周期内需要约 8h 的睡眠,因人而异,有人需要更多的睡眠,而有些人乐于接受少于 8h 的睡眠来完全恢复精力。人们通常能够在几天内做到睡眠时间比所需的要少,产生一个临时的睡眠"赤字"。但是,任何的睡眠赤字都需要弥补,否则人的表现将开始受到影响。

睡眠具有恢复健康的功能,它是精神活动的基础。缺少睡眠和睡眠紊乱能降低警觉性和注意力。在认识到这种现象时,能通过其他的努力至少恢复部分警觉性和注意力。这种现象与安全具有显著相关性。

解决疲劳最好的办法,是确保获得足够的休息和高质量的睡眠。如果必须在白天睡眠,可以使用遮光窗帘遮蔽卧室的光线。睡前的短时间内不应大量进食,但维修人员也应该避免空腹上床睡觉。

当处于倒班的情况下,维修人员严格进餐和睡眠时间非常重要。工作之余的活动也应当合理安排,保证获得应有的足够休息。

航空维修人员的倒班工作模式中,可能包括最后一个夜班之后的较长休息。在这些休息日中,他们可能自愿超时从事一天或者一天以上的额外工作,或者从事另一份工作。维修人员应该意识到在疲倦或者疲劳的情况下会增加犯错误的可能。应确保所有的超时工作都能够保持在一个合理的范围内。

对一个人的表现可以通过观察而做出判断,特别是在加班工作的时候。表现变差是逐步的过程,慢性疲劳首先的征兆就是情绪不佳、头痛、或者发现那些熟悉的工作显得比往常更加复杂。

尽管大多数维修人员能够适应倒班工作,但随着年龄的增加,倒班工作将变得越来越困难。

4.1.6 酒精、滥用药物和毒品

航空维修人员的表现会受到酒精、药物或者违禁毒品的影响。中国民航规章 CCAR-66 部第 66.42 条规定民用航空器维修人员执照、航空器部件修理人员执照持有人在服用毒品或者饮用含酒精饮料后进行维修或者放行工作的,由民航总局或者民航地区管理局责令其停止相关工作并可以给予警告或者暂扣执照或资格证书 3~6 个月的处罚,情节严重的,吊销其执照。

1. 酒精

酒精扮演着中枢神经系统镇静剂的角色,它使意识模糊并延长身体的反应时间。即使很少量的酒精也会导致个体表现的下降,并可能阻碍其判断力。

酒精从血液中消失的速率是固定的,任何方法(如喝浓咖啡)都不能加速这一进程。事实上,饮酒以后睡眠会减慢酒精排出的进程,因为睡眠会使得体内的新陈代谢系统减慢。

航空维修人员即便是少量饮酒以后,也至少应该在 8h 内不得工作,如果饮酒量更大,需更长的时间间隔。

当人疲劳,生病或者服用药物的时候,酒精的影响将会更加严重。

2. 药物

任何药物,不管是否是常用药物,都会对维修人员的工作表现有直接或者间接的影响。药物可以包括任何非处方药和处方药。

如果人对药物或者药物中的某种成分有过敏性的话,这种药物风险将被放大。因此,航空维修人员在第一次服药之前应当特别小心,应当咨询医生所开的药物中,是否存在会对其工作表现产生影响的药物。在从事工作24h之前服用药物是明智的,这样可以确保药物不会在工作时产生负面影响。

药物通常用于缓解某些疾病症状。即便所服用的药物不会对维修人员的表现构成影响,也应该清楚地知道,所患病症是否使得自己暂时不适宜工作。

3. 毒品

违禁药物,例如摇头丸、可卡因和海洛因都会影响中枢神经系统并削弱大脑功能。在航空维修环境中,这些违禁药物对于维修人员的行为表现具有很大的影响。在中国拥有和服食这些药物当然也是非法的。

吸食大麻会影响行为能力达24h。特别是在从事有一定难度的工作时,它会影响注意力的集中、对信息的记忆以及判断力。

4.2 物理环境因素

航空维修人员可能会在不断变化的环境下工作,从"航线"(一般在机库外)到"基地"(一般在机库或者车间内),天气和气象条件多种多样,工作时间可能在白天也可能在夜晚。这主要取决于他所工作的公司和他在公司内履行的职责。所有的物理环境都具有其特定的对人的表现产生影响的各种特性。本节讨论噪声、强烈气味、照明、气候和温度、机械移动和振动以及在限定空间范围内工作的要求等与一般的工作环境有关的问题。

4.2.1 噪声

在"听觉"一节已经讨论过噪声对人的表现一般的影响,下面介绍工作环境噪声对维修工作表现影响。简而言之,工作环境的噪声既有短期的也有长期的负面影响:它能使人烦躁,干扰语言交流并掩盖警示,损害维修人员的听力(暂时的或者永久性的)。

我们已经知道耳朵对某一频段的声音敏感(20Hz~20kHz),听力的强度用分贝(dB)表示,在没有任何保护措施的情况下,在115dB的声强下人耳即使是短时间的暴露其中也是不应该的。这个强度相当于距离一架正在滑行的飞机几百米远的声强。任何干扰声都可以被视作噪声,特别是在声音大,令人感觉不愉快和烦躁的情况下。

一般的背景噪声可以通过大脑的集中注意力而被"过滤"。然而,当噪声问题更加严重时,无论是航线还是机库的维修人员,通常都会采取某些形式的听力保护(如耳塞和耳罩)来帮助其集中注意力。

航空维修人员工作环境中的噪声,可能会发生相当大的变化。例如,在机场跑道或者停机坪,因为飞机发动机或者辅助动力装置(APU)的运转、往返的车辆等等显然噪声比较大。这个噪声通常不会超过85~90dB,如果在超过这个数值的噪声环境下延长暴露时间会导致听力受损。在飞机机库中,由于维修飞机时会使用到各种工具,声音比较嘈杂,但能够导致听力损伤的短时间高强度噪声并不多见。对于航空维修人员,意识到周围噪声的范围非常重要。某些形式的听力保护措施可能任何时候都需要采用,从经验判断,当处于2m之外无法听清楚正常说话的噪声环境中时就应当采取相应的保护措施。

在日常的工作中,航空维修人员,通常需要与同事讨论与工作有关的问题,在倒班结束的时候需要向下一班的维修人员进行交接。在这两种情况下的噪声都不应该削弱他们交流的能力,否则就有安全问题存在。从常识判断也能得出结论,讨论重要问题的时候应当远离噪声区域。

4.2.2 强烈气味

航空维修工作的性质,使维修人员在工作中会接触到各种液体和化学物质。例如,维修人员可能会碰到各种油脂(滑油和润滑油)、液压油、油漆、清洗剂和焊接剂,同时也不可避免地要接触飞机燃油蒸汽和发动机尾气。事实上,维修人员在工作场地很可能同时暴露在多种化学物质下。每一种物质都会散发出能被维修人员吸入的某种形式的蒸气或者烟雾。一些化学物质能够嗅出明显的强烈气味。另外一些物质在多数情况下比较稳定,但在某些特定环境条件下会产生强烈气味(例如过热的润滑油或者滑油、烧焦的绝缘体)。

强烈气味主要影响维修人员的正常呼吸,同时也可能导致其他问题,比如对眼睛造成刺激等。当飞机维修工作有时候不得不在受限的空间内完成时(如油箱内),问题可能会更加严重。在这种环境下强烈气味不容易消散,应当使用呼吸设备。

在航空维修人员的工作场地不可能根除强烈气味,但只要有可能,就应采取措施使强烈气味减到最少。在察觉到存在有害气体时,维修人员应当立即通知自己的同事和上级,以便迅速从该区域撤出,并采取措施查找气味的来源并控制源头。必须避免并远离对健康存在严重影响的有害气体,在这样的气体中工作会影响维修人员的表现,因为他会为了逃离气味环境而赶工。如果确实存在这种情况,维修人员应当加强该地的通风来使气味消散或者使用呼吸设备。

4.2.3 照明

为了让航空维修人员能够安全有效地进行工作,有必要在工作时,提供恰当的照明。眼睛视网膜上的视锥细胞需要足够的光线来识别细节。色觉也需要足够的光线来刺激视锥细胞。不恰当或者不足的光线能够导致工作中犯错误或者增加完成工作所需的时间。照明既包括对整个工作环境的照明,也包括对维修人员在从事工作时所处位置的照明。

当白天在户外从事工作时,维修人员可能会有足够的自然光。但也可能会处于阴影下(可能是由飞机产生的)或者建筑物下面进行工作。夜里,机场在泛光灯和其他机场灯光的照射下可能会显得波光起伏,但这些灯光并不能向正在飞机上工作的维修人员提供足够的照明。这些灯光的设计用途和设置并不适用于这个目的。此时也需要局部的人工照明,可能只需要一把工作良好的手电筒。但是,使用手电筒会使得维修人员只能用一只手进行工作,如果使用固定在头上的灯源就可以解决这个问题。手电筒对维修人员来说是非常有用的,当维修人员去机坪工作时,应当携带一些备用电池,防止电筒的电池耗光。

在机库内,一般的局部照明通常离维修人员工作所在的飞机有一定的距离,通常处在机库非常高的屋顶上。这些灯不易被清洁和维护，容易因为附着灰尘而降低照明效果，一旦出现坏灯泡也很难更换。机库的照明不可能跟自然光一样亮，因此通常需要局部工作照明，特别是从事细致工作时（如目视检查）。

维修人员应当依据工作需要判断是否需要使用补充照明。当使用工作灯光时，应该放置在离工作位置较近的地方，但不应当直射维修人员的眼睛以免产生眩光。同时也必须避免直射维修人员工作场所的反光表面，以防止出现间接的眩光情况。任何种类的眩光都会使工作者分心并可能导致出现错误。

调查发现工作区域较差的环境照明是产生维修差错的一个重要原因。在其他区域的良好照明也同样重要，如办公室和仓库。

BAC 1-11事故的报告指出，在无人值守仓库区域："区域内的环境照明不佳，值班的维修经理不得不在货架和灯源之间奔走以找到相应的零件。他无法看清货架标签，即便他知道所拆的螺栓的件号，他也只是通过将他认为是一样的螺栓放到一起进行比较来进行辨别。"

当光线不足不能看清所做的工作时，维修人员只能依靠触摸进行工作，这将导致工作的可靠性大大减低。在必要时，可采用镜子或者孔探仪等工具帮助维修人员看到不易接近的区域。

4.2.4 气候和温度

人可以在不同的温度和气候条件下进行工作，但恶劣的气候和温度条件会对人的表现产生不利影响。如图4-3所示，当太冷和/或太湿或者太热和/或太潮的情况下，都会对人的工作表现产生不利影响。

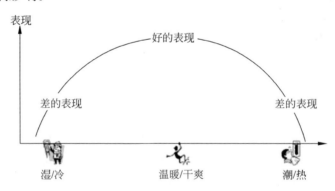

图4-3 气候，温度和表现之间的关系

航空维修人员通常既在机库内也在机库外工作。很可能会遇到各种各样的气候条件。维修人员有可能不得不在夏日的阳光直射下、强风中、大雨中、高湿度条件下、或者隆冬里进行工作。尽管机库中工作会比在露天工作好一些，但仍然需要忍受夏日的炎热和冬季的寒冷，特别是当机库门必须保持打开的情况下。

在中国民航规章CCAR-145部中规定机库和车间应当采取适当的温湿度控制，保证维修工作的质量和维修人员的工作效能。

不能要求维修人员在所有的环境条件下都能严格保证维修工作的质量。CCAR-145部涉及进行工作时所需要的环境条件时，要求："工作环境应当满足维修任务的要求。因气温、湿度、雨、雪、冰、雹、风、光和灰尘等因素影响而不能进行维修工作的,应当在工作环境恢复正常后开始工作。"

事实上,需要加快飞机周转的压力使得某些维修工作在环境条件还没有恢复到适宜工作的情况下就进行了。

环境条件会影响到生理表现。例如,寒冷条件会使得手指麻木,降低维修人员从事精确维修的能力,而强风能够使人分心,特别是需要在高处工作的时候(例如登梯工作)。恶劣的环境条件也能导致生理和心理的疲劳。

对于温度和气候对维修人员产生的影响,并没有简单的解决办法。如有些维修工作需要在机坪完成,维修人员就很难避免恶劣天气的干扰。冬天可以戴手套,但很明显手套本身就会影响活动能力。不论是在太阳直接炙烤下,又或者是在倾盆大雨下,在工作场所设置临时的遮蔽物一般都是不可能的。

4.2.5 移动和振动

航空维修人员经常使用梯子和移动平台来接近飞机的各个部位。当在高处作业时这些设施就容易变得不平稳。当在"升降台"上工作时,用力拧螺栓都可能会使得平台晃动。晃动的程度不仅取决于平台的高度,也取决于其设计和适用性。当维修人员不得不花更多的精力在保持平衡而不是工作上时,任何不稳的感觉都可以使其分心。另外,正确使用移动平台,避免严重伤害,对维修人员来说也是非常重要的。

航空维修工作中的振动通常与旋转和敲击工具的使用、一些类似发电机的辅助设备的使用等有关。低频噪声,例如与飞机发动机相关的噪声,也能产生振动。频率在 $0.5\sim20\,Hz$ 的振动对人影响最大,因为人体会吸收这个范围内的多数振动能量。$50\sim150\,Hz$ 的振动对手最为不利。在这个频率范围内使用的气动工具也会导致振动问题,频繁使用能够使得局部血流减少。振动令人烦躁,可能会扰乱维修人员的注意力。

4.2.6 工作环境

除了以上物理因素外,影响维修人员工作环境的其他物理影响还包括:

(1) 车间的布置和车间总的清洁和整洁情况(例如工具存放设施、手册和信息、检查所有的从飞机上清理下来的工具的方法等);

(2) 安全设备和提示符号的正确使用(例如防滑表面、安全带等);

(3) 有毒化工品的储存和使用(例如将看起来相似的容器贴上标签或者存放于不同的位置来防止混淆等)。

某种程度上,与维修人员的工作地点有关的因素,会对其安全有效的工作能力产生影响。

工作环境由物理环境、社会环境和所需要完成的工作组成。工作环境中的这三方面存在相互作用,例如:

(1) 维修人员通过培训来完成各项工作;

(2) 成功地完成工作需要适合的物理环境;

(3) 不适宜或者令人不愉快的物理环境可能会使人失去动力。

航空维修需要对工作环境包含的三个构成都进行系统管理,以实现一个安全有效的系统。

专业的维修人员都非常注重实效,不管工作环境怎样,都试图尽可能把工作做得最好。好的维修单位应当尽力为维修人员的安全和有效工作提供所必需的环境。

4.3 团队工作

4.3.1 团队的概念

航空器维修是个系统工程,需要许多专业和工种的配合,因此,在维修工作中团队工作相当重要。

1. 团队定义

团队是指一种为了实现某一目标而由相互协作的个体所组成的正式群体,是由员工和管理层组成的一个共同体,它合理利用每一个成员的知识和技能协同工作,解决问题,达到共同的目标。

团队可以是由致力于同一个工作、或者同时值班、或者在同一个车间工作、或者维修同一架航空器的若干个航空维修人员构成。团队成员的级别、背景、专业可能各不相同。

2. 团队基本特征

团队一般应具备以下6个基本特征:

(1) 明确的目标:团队的每个成员可以有不同的目的、不同的个性,但作为一个整体,必须有共同的奋斗目标;

(2) 清晰的角色:有效团队的成员必须在清楚的组织架构中有清晰的角色定位和分工,团队成员应清楚了解自己的定位与责任;

(3) 互补的技能:团队成员要具备为实现共同目标的基本技能,这些技能具有一定的互补性,能够有良好的合作;

(4) 相互间信任:相互信任是一个成功团队最显著的特征;

(5) 良好的沟通:团队成员间拥有畅通的信息交流,才会使成员的情感得到交流,才能协调成员的行为,使团队形成凝聚力和战斗力;

(6) 合适的领导:团队的领导往往起到教练或协调作用,他们对团队提供指导和支持,而不是企图控制下属。

3. 团队构成要素

团队有5个重要的构成要素,分别是目标(purpose)、人(people)、定位(place)、权限(power)和计划(plan),简称为5P。

1) 目标(purpose)

团队应该有一个既定的目标,为团队成员导航,知道要向何处去,没有目标这个团队就没有存在的价值。自然界中有一种昆虫,很喜欢吃三叶草,这种昆虫在吃食物的时候都是成群结队的,排成一队,一个昆虫的头紧跟着另一个昆虫的尾部,由领头的虫子带队去寻找食物,就像一节一节火车车厢。管理学家曾做了一个实验,把这些像火车车厢一样的昆虫连在一起,组成一个圆圈,然后在圆圈中放了它们喜欢吃的三叶草。结果它们爬得精疲力竭也吃不到这些草。这个例子说明,当团队中失去目标后,团队成员就不知道上何处去,最后的结果可能是饿死,这个团队存在的价值可能就要打折扣。

团队的目标必须跟组织的目标一致,此外还可以把大目标分成小目标具体分到各个团队成员身上,大家合力实现这个共同的目标。同时,目标还应该有效地向大众传播,让团队内外的成员都知道这些目标,有时甚至可以把目标贴在团队成员的办公桌上、会议室里,以此激励所有的人为这个目标去工作。

2)人(people)

人是构成团队最核心的力量。3个以上(包含3个)的人就可以构成团队。目标是通过人员具体实现的,所以人员的选择是团队中非常重要的一个部分。

在一个团队中可能需要有人出主意,有人定计划,有人实施,有人协调不同的人一起去工作,还有人去监督团队工作的进展,评价团队最终的贡献。不同的人通过分工来共同完成团队的目标。在人员选择方面要综合考虑人员的能力,技能是否互补、人员的经验等因素。

3)定位(place)

团队的定位包含两层意思:

(1)团队的定位:团队在发展过程中处于什么位置,由谁选择和决定团队的成员,团队最终应对谁负责,团队采取什么方式激励成员?

(2)个体的定位:作为成员在团队中扮演什么角色?是订计划还是具体实施或评估?

4)权限(power)

团队当中领导人的权力大小跟团队的发展阶段相关。一般来说,团队越成熟、领导者所拥有的权力相应越小。在团队发展的初期阶段,领导权是相对比较集中。

团队权限关系的两个方面:

(1)整个团队在组织中拥有什么样的决定权?比如财务决定权、人事决定权、信息决定权。

(2)组织的基本特征:比如组织的规模多大、团队成员数量是否足够多、组织对于团队的授权有多大、它的业务是什么类型。

5)计划(plan)

计划的两层面含义:

(1)目标最终的实现,需要一系列具体的行动方案,可以把计划理解成目标的具体工作的程序。

(2)提前按计划进行可以保证团队的顺利进度。只有按照计划操作,团队才会一步一步地贴近目标,从而最终实现目标。

4.3.2 影响团队工作的因素

影响团队工作的因素如下:

1. 责任

责任是一个人不得不做的事或一个人必须承当的事情,是一种职责或任务。它伴随着人类社会的出现而出现,有社会就有责任,身处社会的个体成员必须遵守的规则和条文,带有强制性。责任有个人的责任和集体的责任。个人的责任指一个完全具备行为能力的人(成年人)所必须去履行的职责。集体的责任指一个集体必须去承担的一种职责。在团队中,每个成员能否承担自己的责任,是影响团队工作的首要因素。

1) 责任基本含义

(1) 责任是指分内应该做好的事,如履行职责、尽到责任、完成任务等。

(2) 责任是指如果没有做好自己工作,而应承担的不利后果或强制性义务,如担负责任、承担后果等。

责任体现了一个人的心态、态度、原则、作风、风格、习惯、思想;责任体现了一个人的心智、格局和胸怀;责任体现着一个人的使命、生活空间和追求。责任是一个人人生观、价值观和世界观的体现,是一个人对待人生和生命环境的态度。

对待人生和生命环境的态度决定了人生观、价值观和世界观;人生观、价值观和世界观决定了心智、格局和胸怀;心智、格局和胸怀决定了使命、空间和追求;使命、空间和追求决定了日常生活中的心态、态度、原则、作风、风格、习惯、思想。同时,日常生活中的心态、态度、原则、作风、风格、习惯、思想又不断积累、反馈、沉淀和形成人生观、价值观和世界观。

2) 责任属性

责任按照其内在的属性可以分为:角色责任、能力责任、义务责任和原因责任。

(1) 角色责任指相同角色共性的责任范畴,可以简单理解为"在角色共性规则下应该做、必须做的事情";

(2) 能力责任指的是,超出共性角色责任要求的责任表现,具有明显的评价性,可以理解为"努力并结合能力做的事情";

(3) 义务责任指的是,没有在角色责任限定范围的责任,可以理解为"可做、可不做的事情";

(4) 原因责任指的是原因直接导致的责任,由于存在各种原因,这些原因可以承担相应的角色责任、能力责任和义务责任。

3) 维修工作责任划分

航空器维修人员承担着航空安全和航空运输效率的责任。在航空器维修中,责任应该分配到参与维修活动的所有人,包括管理者、审核员、维修人员团队以及团队中的每一个成员。

传统的观点更多地认为航空器维修人员的个体应当承担责任,而不是由团队承担。这种情况既有优点也有缺点。优点是每个航空器维修人员很清楚自己被分配有一项或多项工作,自己必须对这些工作负责。这种强调个人责任的做法,促使每个航空器维修人员正确地完成工作,他们知道一旦出现差错,将会承担责任。强调个人责任的缺点则是可能会忽视作为合作的团队相互协作来共同达到目标的重要性。

(1) 个人的责任

所有的个体,无论他们的职责、级别或资格如何都应该尽职尽责地工作;所有的航空器维修人员都应该进行过多方面的训练,都是有技能的个体。这包括在维修单位中持照的维修人员和非持照的维修人员,也包括直接参与维修工作的人员和与维修工作相关的人员,他们都必须能够胜任工作,并对航空器的安全运行负有责任。

(2) 团队责任

强调团队责任有优点也有缺点。优点在于团队的每一个人应该感觉到要对团队的工作负责,而不仅是作为个体只对自己的工作负责,应该为保证团队的"产品"的安全而工作。这就会涉及交叉检查别人的工作(即使并非严格要求这样做),如果你认为事情做得不对就会主动向别人指出等。团队责任的缺点是当责任分散到没有人感觉到应对安全负责的程度,它就可能潜在地危害安全。这里,作为个人也许会采取行动,但是如果是在一个团队里,如果没有一个团队成员这么做,他也许就不会去做,每个团队成员都认为"总有人会去做"。这被称作"责任的分散"。

在航空器维修工程中,责任是一件重要的事情,不仅要通过授权、规章和程序来规定,也要通过培训来明确,力图营造一种共同承担责任而不是分散责任的文化。

2. 动机

动机,在心理学上一般被认为涉及行为的发端、方向、强度和持续性。指由特定需要引起的,欲满足各种需要的特殊心理状态和意愿。引起动机的内在条件是需要,引起动机的外在条件是诱因。

1) 马斯洛层次需求理论

人类的行为及其动机是复杂的,在描述和解释人类行为、动机的各种理论中,马斯洛的层次需求理论(Maslow's hierarchy of needs)是理解人类行为、动机以及研究组织激励时应用的最广泛的理论。

马斯洛层次需求理论的构成基于三个基本假设:

(1) 人要生存、人的需要能够影响人的行为。只有未被满足的需要能够影响行为,满足了的需要不能再成为激励工具。

(2) 人的需要按重要性和层次性排成一定的次序,从基本的需要(如食物和住房)到更高的需要(如自我实现)。

(3) 当人的某一级的需要得到最低限度满足后,才会追求高一级的需要,如此逐级上升,成为推动继续努力的内在动力。

马斯洛层次需求理论把需要分成生理需要、安全需要、社交需要、尊重需要和自我实现需要五类,依次由较低层次到较高层次,图4-4描述了马斯洛层次需求的金字塔形结构。

图 4-4 马斯洛层次需求的金字塔形结构

(1) 基本生理需要：对食物、水、空气和住房等基本生存条件的需要；

(2) 安全需要：对安全保障的需要，需要在生理和心理上免受潜在危险威胁，如不受盗窃和威胁、避免危险事故、职业有保障、有社会保险和退休基金等；

(3) 社交需要：人是社会的一员，需要友谊和群体的归属感，需要人际交往、友情、相互帮助和信任；

(4) 尊重需要：需要受到他人的尊重和自我尊重；

(5) 自我实现需要：发挥自己全部的潜能，实现自己的理想目标。

2）动机与激励

人的特性及行为特点对航空维修工作及航空安全是极为重要的。人的行为是在一定激励下，具有动机和目标的行为。人的动机是由需要所决定的，在航空器维修工程中，需要将"个人需要的满足"同"企业目标的实现"结合起来。

在航空维修领域，维修人员经过相关的培训后，在一定的授权范围内开展维修工作。然而，航空维修人员受激励的水平将在很大程度上决定他们真正的工作表现，因此，激励水平决定了将做什么和能做什么之间差距的大小。

在航空维修工作中，合理地激励团队人员是非常重要的。理想情况下，应该激励团队人员以安全、高效的方式工作。然而现实中，许多因素会导致理想情况无法实现，如一些经济利益的驱动，或寒冷天气中户外工作的消极影响，都会导致对安全的忽视，从而增加冒险抄近路、违规等行为发生的可能性。

在实施激励时，可参考马斯洛层次需求理论：

(1) 航空器维修人员首先要有一定的收入以满足个人和家庭的基本生活需要，物质需要的满足是必需的，没有它会导致不满，但是获得满足后，它的激励作用往往是不能持久的、是有局限性的。

(2) 要调动人的积极性，不仅要注意物质利益和工作条件等基本需要的满足，更要注意工作的安排，量才录用，各得其所，注意对人进行精神鼓励，给予表扬和认可，注意给人以成长、发展、晋升的机会。

(3) 在工作中，更高层次需要的满足可以进一步激励航空器维修人员的积极性和主动性。随着温饱问题的解决，这种内在激励的重要性越来越明显，对促进团队工作，最终保障航空安全也越来越重要。

3. 惯例

惯例是指一个团体或组织典型的行为，团队中的新成员要想成为团队中的一员就必须承认现有的惯例。因此，如果没有人改变这些惯例，它们将一直存在。当团队成员不认可团队中已有的惯例时，将承受来自团队成员的压力。

1）维修中的有害惯例

有害的惯例就有可能成为导致差错乃至事故发生的原因之一，需要管理者的责任和决心来改变这些有害的惯例。在维修工作中，经常可见的有害惯例包括：

(1) 凭着记忆干活而不是依据工卡或手册；

(2) 不使用力矩扳手；

(3) 接头断开不挂标签；

(4) 不穿戴防护服和防护设备；

(5) 凭着经验诊断故障,而不是根据故障隔离手册进行;
(6) 凭着经验导致偏离维护手册或者操作程序;
(7) 拔出电路"跳开关"或者电门时忘记挂上"DO NOT USE"的标签;
(8) 直接跳过功能测试和操作测试;
(9) 没有对工作进行检查就直接在QC检查单上签字;
(10) 交接班日志填写的信息过少。

2) 来自团队成员的压力

在航空器维修中,维修人员不但承受许多外在压力,同时将受到来自团队一起工作的同事的压力,我们称之为从众性压力,即决策和行为的最终结果体现多数人的意志,而不是依据客观的事实或标准。例如,某个维修人员会为了能够按时放行航空器而"抄近路"。他相信同事在同样的环境下也会这样做,这种"抄近路"的压力不是来自管理,而是来自同事,也就是来自从众性心理。

从众性心理和同事压力对个人观点影响程度的大小受以下因素的影响:
(1) 文化:不同国家的人的从众性程度是不同的;
(2) 性别:女人比男人更具有从众性;
(3) 自信:不自信的人比自信的人更具有从众性;
(4) 对事物的熟悉程度:如果对事物不很熟悉,就容易随从多数人的观点;
(5) 团队成员的专业程度:如果对团队比较认可或者认为团队成员知识渊博,就容易随从多数人的观点;
(6) 个人和团队成员的关系:如果认识团队中的某些成员,从众性程度就会增加。

3) 如何消除同事间的压力和从众性

如果个人的观点已经公开,同事压力和从众性心理的影响会减少很多,但这种情况也不多见,因为人们并不愿意显得与众不同。

从众性和文化密切相关。在航空维修中,从众性可以推动也能阻碍企业安全文化建设,这取决于老员工的态度和他们对新维修人员的影响。对于一个维修单位,所有员工对安全持有积极态度是非常重要的,这样同事间的压力、从众性心理将有利于企业安全文化的延续和保持,在这种情况下,同事间的压力显然是一种好事情。然而,情况往往是相反的。例如,老员工以更高效但不利于安全的方式工作,这种情况就使同班组的新员工在无形的压力下而仿效老员工的做法,尽管也许他并不愿意这么做,这样就会逐渐地降低安全标准、损害企业安全文化。

4. 文化

1) 企业文化

企业文化是弥漫于企业各方面、各层次的风气、价值观念、思维方式和行为习惯。它不仅对企业运转是一种必不可少的润滑剂,而且能够创造良好的企业气氛和企业环境,从观念、信仰层次调动企业成员的工作积极性和忠诚度。员工的行为特点反映一个企业的文化;企业文化像一只无形的手,能影响企业员工的行为。企业文化是企业的核心竞争力,是企业管理的最重要内容。企业文化就像人的个性一样,具有根深蒂固不易改变的特征。

2) 安全文化

安全文化属于企业文化的一个组成部分,安全文化是存在于企业和个人的种种素质和态度的总和,它建立一种超出一切之上的概念,即安全问题由于它的重要性一定要得到应有的重视。一个单位的安全文化是个人和集体的价值观、态度、想法、能力和行为方式的综合表现,它决定对安全的承诺、工作作风和对安全承诺的履行。换句话说,企业安全文化就是企业安全价值观、信念、道德、理想、最高目标、传统、风气、行为准则的复合体。加强安全文化建设,可使员工、管理人员、用户和公众尽量少地遭遇危险或伤害。安全文化是保障航空安全的深层推动力。

安全文化相对稳定,安全文化并不总是由企业高层领导驱动,但企业的高层领导能显著地影响安全文化。安全文化不能被简单地认为是企业领导对安全问题的宣言,只有在高层领导的不断努力下,使安全的宣言实实在在地深入员工的思想并落实在每个员工的行为中,才能认为积极的安全文化是存在的。

3) 积极的安全文化特征

一个建立了积极的安全文化的企业应当至少具有以下特征:

(1) 从主要领导到一般群众,都树立了正确的安全观。每个人都把保证安全当作自己的庄严责任,充分认识到安全的重要性,始终保持高度的警惕性,正确处理安全与效益、安全与服务、安全与发展等关系,能够防微杜渐,有正确的是非观。

(2) 人人都能自觉地遵守安全规章、严格执行标准操作程序,遵章守纪形成风气、成为习惯。

(3) 在相互信任的基础上安全信息畅通无阻,能够及时发现安全隐患,预防措施能够得到及时有效地贯彻执行。

积极的安全文化能促使人们在理解的基础上合理地使用设备,自觉地遵守规章。积极的安全文化能够激发人的能动性,可促使人们千方百计弥补设备和规章的不足。在设备、技术存在缺陷,规章、标准尚未覆盖的情况下,激发人的能动性,可以使人发挥出最大潜能,产生强有力的补充作用。表 4-1 列出了不同安全文化的特点。

表 4-1 不同安全文化的特点

特点	失效的安全文化	官僚的安全文化	积极的安全文化
危险信息	被隐瞒	被忽视	积极查找
安全人员	其工作不被肯定和重视	其工作不能胜任而被宽容	受过训练并且工作受到肯定
安全责任	被逃避	不明确和不全面	共同承担
安全信息的发布	不被鼓励	允许但不鼓励	受到鼓励
差错原因	被隐瞒	就事论事而不全面	深入调查并有改进措施
创新思想	被压制	不重视	受欢迎

虽然安全文化是从企业的角度来讨论的,但个人的责任不容忽视。从根本上讲,安全文化是工作在企业中的每个人的态度、信仰和行为的融合,每个人都要为企业文化的建设做出积极的贡献。

4.3.3 有效团队工作的要素

团队工作的实现需要团队成员有机地工作在一起,团队成员需要掌握一定的人际交往技能,包括沟通、合作、组织协调和相互支持。

1. 沟通

航空器维修是个系统工程,需要许多专业和工种的配合。维修工作开始前需要召开会议讨论计划;维修过程中需要相互交换信息,使用维修手册等资料,发现问题要汇报,无法内部解决的技术难题要寻求援助;交接班时必须移交工作;维修工作完成后维修人员要填写技术文件。所有这些都是沟通的内容。可以说维修的过程本身就是沟通的过程。

在维修工作中,维修团队之间以及团队内部沟通是否良好通畅、信息传递是否正确会直接影响维修工作能否顺利进行,甚至影响飞机维修工作质量,最终影响飞机的安全运行。

2. 合作

团队工作的顺利进行需要团队成员的共同努力,团队内公正公开的氛围可以使团队成员互相尊敬,提高团队的凝聚力。同时,领导者必须慎重地处理组员间的冲突。

3. 组织协调

团队工作中组织协调是必需的,团队领导者是组织协调工作的核心。

1) 组织协调范畴

领导者需要知道每个组员都在从事什么工作。需要对工作进行分派,以保证团队所有的资源都能被有效利用。分派的工作需要被监控。团队领导者还要确保分派给组员的工作没有超出这个组员的能力范围。组织协调还包括对工作责任的明确,如谁负责哪项工作,什么时候完成,按工作任务的重要性和紧急程度对工作任务进行排序,也是组织协调的一项重要内容。

2) 领导者能力

领导者需要具备管理、监督和领导的技能。领导能力是指能够领导和协调组员工作,并激励他们作为团队在一起工作的一种能力。

管理和监督都是组织职能的一部分,领导者负责公司政策、商业决策等管理事务,也负责监管整个团队。经理和主管对确保工作能够顺利安全开展承担重要职责,没有他们的支持,就不可能有效培养维修人员的安全意识和最佳安全实践。

3) 领导者责任

在团队中,领导者的责任包括:

(1) 领导和协调团队成员的工作;
(2) 分派任务;
(3) 保证成员理解目标;
(4) 注意力放在问题的关键面上;
(5) 保证成员能够获取工作信息;
(6) 向成员要求相关工作信息;
(7) 向成员提供工作表现的反馈;
(8) 创造和保持专业氛围。

4) 领导者特征

领导者有两种类型:一种是由组织正式任命的;另一种是组织内组员愿意听从并跟随的、自然出现的某个人,这人可能具有很强的能力或魅力。理想情况应该是,组织正式任命的领导者恰好就是大家认可的,领导者的想法和行动应该能够影响组员的想法和行为。在维修工程中，优秀的领导者需要具备以下能力：

（1）激励团队。领导者必须能够有效地激励整个团队，通过有效地沟通确保团队明确所要达到的目标。团队领导者应该详述工作中应该完成的任务，真实、公开地强调可能遇到的问题，并鼓励大家要共同解决问题。

（2）强化好的态度和行为。当团队表现良好（如安全、高效）时，团队领导者必须能感知并使其得到强化，通过向组员表达谢意，或向高层领导报告组员此时的表现都是很好的强化方式。好的领导者还应该通过建设性的批评消除不良的习惯和不适当的行为。

（3）维护团结。团队的组员并不总是能和睦相处，团队领导者应该对团队的内部矛盾和相互关系保持足够的敏感，及时发现并解决组员间的矛盾，鼓励组员之间的合作，创立并维持一定的团队精神，如鼓励组员相互支持并承担对团队工作的责任。

（4）履行管理职责。团队的领导者不能惧怕行使领导职责，如有可能，应该公开地强调领导者的领导权威。团队的领导者是组织的高层领导和一线员工之间的桥梁，负责协调团队日常的各项活动，包括分配任务和明确职责。

在航空维修工程中，管理、监督和领导的技能和技巧在发挥员工的能力，保证维修质量和安全方面发挥着重要的作用。

4. 相互支持

相互支持是团队工作的一项重要特征，团队领导者必须给予支持和鼓励。如果发生差错，应该进行积极的讨论和改正。值得注意的是许多公司的航线维修人员喜欢独立工作，而基地维修人员喜欢团队工作。当一个通常工作在航线的维修人员工作在机库时，相互支持就十分重要。

4.3.4 团队工作与沟通

如前所述，在航空维修工作中，沟通不但会影响团队能否有效工作，更会对航空安全造成重大影响。沟通不畅或者是更为常见的沟通中断，是导致航空事故或事件的常见因素之一。

1. 沟通的定义

沟通是信息从一处传送到另一处的过程，被传送的内容可能是信息、信号或意图。传送的方式包括语言、文字或者行为动作等。信息发出者和信息接收者为了相互理解，在沟通的过程中必须使用共同的代码，以保证信息中包含的意图或信息不会产生差错。

在这里代码是指信息含义的载体，如某种语言、文字或图形，如图 4-5 所示。

维修人员需要对沟通的不同过程有深入的理解，建立有效的沟通渠道和方式，尽量减少沟通中出现的误解，以便维修工作的开展。一个航空器维修人员可能会有规律地对信息、想法、感觉、态度、信念等内容进行沟通。

作为信息的发送者，他会希望从与之沟通的人（接收者）那里得到某种响应，这些响应包括从简单的认可

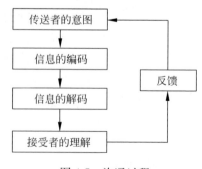

图 4-5 沟通过程

已经收到信息到经过考虑的、详细的回复,这些响应构成了反馈。反馈是正常沟通中的必要步骤,接收者必须向发送者清楚地表明接收的信息的状况以便发送者及时调整沟通的方法、方式和内容。同时接收者的响应程度也表明他对沟通内容是否有兴趣,这也会反过来影响发送者进行沟通的意愿。

2. 沟通的方式

沟通的方式可能有:口头/口语(例如,一段话、嘀咕等)、书面/文本(例如,打印的文字、屏幕上的文字,工作单卡等)、图形(例如,图表、驾驶舱仪表上的指示等)、手势信号(例如,竖大拇指、挥动手臂等)和身体语言(例如,面部表情、身体的姿态等)。以上沟通方式可归纳为两类:语言和书面沟通,身体语言沟通。

1) 语言和书面沟通

通常,说话、交谈和书面沟通都是有目的的。为了使说出或写出的信息能被理解,发送者必须确认:①对方正使用同样的沟通渠道;②对方可识别和理解他使用的语言或文字;③接收方有能力诠释信息中的含义。

沟通的渠道是指传递信息的工具。口头沟通,可能是面对面或通过电话。书面的信息可能是工作单卡、记录、电子邮件。

沟通所使用的信息代码方式也是极其重要的,它必须能被接收者理解,从而对信息进行精确的解码。对维修人员来讲就是必须懂得专业语言、术语、行话和常用缩写。

假设沟通双方使用的沟通渠道和信息代码是相同的,为了提取信息的真实含义,接收者就要去理解信息的内容。这首先要求信息必须是清晰和没有歧义的。信息传递方式必须与工作场所的环境相适合,例如在黑暗的场所应该使用语言沟通而不是书面文字沟通;同时信息的内容应符合接收者的期望,例如在工作场合里突然讲起蔬菜价格,接收者的思维可能无法及时跟上而错过沟通内容。发送者在发送信息时要合理选择当时环境下的传递方式,突然改变沟通内容时要提醒接收者注意。接收者如果对发送者的传递方式和信息的内容存在模糊的时候,应及时反馈进行确认。

(1) 语言沟通

在口头交谈中,影响沟通有四个主要因素:

① 交谈时声音的强度;

② 交谈时声音的频率;

③ 音调的和谐;

④ 交谈时的语速及停顿。

语言沟通的特点:

① 交谈时的声音语调经常能够配合身体语言使用;

② 为使接受者清楚明白,发送者可以经常重复;

③ 接受者常会被期望所干扰而误解发送者的真实意图;

④ 有确定的沟通对象;

⑤ 沟通效率高;

⑥ 反馈及时。

(2) 书面沟通

书面沟通方式也是人们相互传递情况的主要手段。维修工作中的书面沟通内容包括工程部门提供的施工图纸、飞机维修记录、零部件标牌标记，也包括图形信息，例如飞机驾驶舱中的大多数系统都以图形方式来显示信息，等等。书面沟通的优点在于接收者万一遗忘内容时，可以通过重新阅读来得到信息。但是书面沟通并不是最有效的沟通方式，它无法像在交谈中那样使接收者可以直接向发送者反馈信息。有效的书面沟通必须达到以下四个要求：

① 清晰——易于理解，可读性强，避免使用生涩或有歧义的词汇；
② 正确——描述准确，尽量使用数字及可量化的表述；
③ 完整——确定描述覆盖了整个事实；
④ 简洁——直截了当，不拖泥带水，不涉及无关内容。

书面沟通的特点：

① 沟通传递的信息具有可读性、可追溯性；
② 沟通方便，可以在任何时候进行，沟通双方不需要同时在场；
③ 对事物的描述通常比较精确和有逻辑性；
④ 沟通效率通常较低，双方无法及时取得反馈。

2) 身体语言沟通

身体语言沟通一般与口头沟通同时存在，例如在面对面聊天时的微笑点头。身体语言的沟通也可能单独存在，例如在嘈杂的环境对同事做手势来传达意思。身体语言非常微妙，与语言沟通和书面沟通相比，它通常是最有效的。举个例子，如果说"否"时脸上带着微笑，效果与板着脸说同样的话是有很大差别，接收者的心理感觉不同，抗拒程度和反应也不一样。身体语言包括面部表情，常常不由自主地反映了信息发送者的真实情绪，在飞机维修这样复杂工作环境里工作时，维修人员应懂得控制自己的行为，不要把负面情绪通过身体语言传递给工作伙伴。

3. 团队内部沟通

飞机维修是个分工明确，多方配合的工作。这种分工和配合不仅存在于团队内部也同样存在于团队之间。分工和配合自然离不开沟通，沟通不但有助于团队内部和团队之间的信息交流，还有助于大家统一目标保持团队的凝聚力。

飞机维修人员需要在下述情况下进行沟通：

(1) 在工作开始前——制订计划：明确要做什么；
(2) 在工作过程中——执行任务：在进程中进行讨论，向同事提出问题，确认行动计划或意图，确定其他人员都了解维修的状态；
(3) 在工作结束时——总结和汇报：报告工作完成结果并指出存在的任何问题。

在航空器的日常维修中，大多数团队内部沟通是口头沟通。它依赖于信息的明确传递(例如保证信息不会被背景噪声所掩盖或削弱)和接收者的听辨能力(例如保证信息能被明确地听到并进行精确的诠释)。口头信息具有相当大的灵活性和实用性，是维修人员在工作时重要的沟通方式。这种沟通方式的关键是要使用有效的词汇并及时获得反馈以确认信息已被听到并理解。

在团队内部，也有使用书面沟通方式的情况。这种沟通方式常常是通过服务通告、工卡和完成与工作相关的文件等形式来体现。

4. 团队间的沟通

在维修工程中,团队之间的沟通是非常重要的。通过沟通,一个团队将工作传递给另一个团队。这常发生在交接班时或不同专业工种的合作。传递的信息包括:

(1) 对已经完成工作的总结;

(2) 对正在进行中的工作的情况汇报;

(3) 对将要执行的工作的计划;

(4) 相关技术信息的交流。

团队之间的沟通往往是书面沟通,通常是由一个班组的主管将与工作流程有关的书面文件转交给另一个班组主管。理想状态下,除了书面沟通,主管之间应在口头上对细节进行交流以便完善书面文件的内容。同时,不同班组的维修人员之间也应存在口头交流,使各相关人员对工作情况的了解更全面更深入。但在很多时候,团队之间通常缺乏口头交流,造成沟通的缺陷,接手的维修人员只能凭自己的经验和知识去理解和填充文件中缺少的环节,每个人对文字的理解可能都不同,这就会造成沟通的偏差和失真。

在维修实践中,应当要求维修人员在工作交接时尽量做到书面沟通和语言沟通相结合。书面文件(维修工卡、程序、工作指令、日志等)和警告标记/挂签等提供了一种方式来记录已完成的工作和需要做的工作,保证了事件的可追溯性。此外,交接班中的信息传递也确保了良好的工作连续性。为了避免接受者的误解,发送者应注意文字信息的清晰、正确、完整和简洁。

5. 沟通的问题

沟通的问题主要有两种:缺乏沟通和不良沟通。缺乏沟通的例子有维修人员忘记向同事转交相关信息。不良沟通的例子有工作人员没搞清他需要知道什么,从而接收到错误的信息,或者是书面报告无法辨认。这两个问题都会导致人为差错。

有时,当沟通的某一方事先做了某些形式的假设时,沟通也会发生错误。如信息的发送者可能想当然地认为接收者一定能理解他使用的词汇或语言。信息的接收者也可能会认为信息代表了某种意思而其实发送者的本意并非如此。如果信息明确且反馈及时则可以减少假设带来的沟通问题。

以下几点有助于航空器维修人员减少不良沟通:

(1) 在说和写之前想清楚到底要表达什么;

(2) 说或写得尽量准确清楚;

(3) 仔细听或读;

(4) 无论什么情况下,只要不明白就应进行确认。

6. 信息沟通中的障碍

沟通是一个主动的过程,需要信息发送者和接受者在其中发挥各自的作用。沟通双方应该了解在沟通的每个阶段可能出现的问题。

(1) 传送阶段

在传送阶段,出现在传送者环节的问题包括:

① 不了解可能影响沟通的潜在障碍;

② 对发出的信息不能负责任；
③ 不能将注意力集中在接受者身上；
④ 发出不清晰或含糊的信息；
⑤ 在语言或文字等表达方式上有缺陷；
⑥ 被个人问题或焦虑影响。

(2) 信息编码阶段

在信息编码阶段，出现在传送者的问题包括：
① 无意中改变或破坏原有意思；
② 使用过分生僻的技术行话或特殊词汇；
③ 对接受者有先入为主的看法；
④ 对接受者的水平估计过高；
⑤ 过分依赖自己的经验、感觉和学识导致对方无法理解；
⑥ 在语言沟通中内容和语气、语调及身体语言的意思相矛盾；
⑦ 没有考虑周围环境包括噪声照明等的影响。

(3) 信息解码阶段

在信息解码阶段，出现在接受者的问题包括：
① 在语言沟通中缺乏聆听的技巧，例如没有看着说话者，经常打断对方等；
② 不能保持注意的姿态；
③ 受外界环境的影响无法专心；
④ 受个人教育背景和经验水平的限制；
⑤ 因某些原因容易错误理解信息；
⑥ 没有及时发出问题以便澄清。

(4) 反馈阶段

在反馈阶段，出现在接收者的问题包括：
① 经常只给负面的反馈意见；
② 忽略情境因素的影响；
③ 对自己的意思表达不能负责任；
④ 反馈意见拖泥带水，不够简洁；
⑤ 没有想解决问题的态度。

在反馈阶段，出现在发送者的问题包括：
① 对别人的意见过分看重；
② 不能及时发出问题以便澄清；
③ 不能对对方正确的观点表示肯定；
④ 在必要时不能找出证据支持自己的观点；
⑤ 关键时刻不能决定下一步动作。

7. 航空维修工作沟通要求

为了保证航空维修工作中沟通顺畅，并确保对维修工作的可追溯性，航空维修领域中采用工作日志和维修记录作为沟通方式，各国民航管理部门都对维修记录有严格规定。

根据中国民航规章 CCAR-145 部规定："维修工作应当保证记录完整。维修记录至少应当包括填写完整的工作单卡、发现缺陷及采取措施记录、换件记录及合格证件、执行的适航指令和服务通告清单、保留工作、测试记录、维修放行证明等。维修记录的填写应当清晰、整洁、准确,使用钢笔或圆珠笔,测试数据应当填写实测值,任何更改应当经授权人员签署。"

CCAR-145 部"生产控制系统的要求"中规定:"当因休息或者交接班等需要中断正在进行的维修工作时,生产控制系统应当控制工作步骤及记录的完整性,以保证维修工作的连续性。"

CCAR-145 部"维修工作准则"中规定:"逐一及时记录维修工作的完成状态,以保证维修工作的连续性和完整性。"为确保工作的连续性,即使维修人员认为他们可以连续工作完成整个任务,也需要对工作做阶段性记录,进行实时更新,以防在某些情况下因工作移交而出现错漏。这些情况并不仅仅指交接班时,也包括中间休息、疾病或突然需要接受另一项紧急工作等。

8. 确保信息及时有效性

当代航空科技的发展迅速,为获得相应机型的维修知识和技能,航空器维修人员在上岗前应参加规定的培训课程,在培训之后,还要求在规定时间参加复训和再培训。飞机制造商对在服役的飞机会不断进行改良和完善,运营人会根据自己的需要改装各自的飞机,新的机型和衍生型号以及新的维修方式也会被不断引入,维修人员应通过培训不断更新自身的知识和技能。

为了保证知识和技能的现行有效,飞机维修人员应定期更新相关信息,这些信息包括:
（1）新的机型和衍生型号;
（2）新技术和新的航空器系统;
（3）新的工具和维修方式;
（4）与自身工作有关的航空器和系统的改装;
（5）维修程序和方法的更改。

维修人员可以通过下述途径来保持更新:
（1）参加更新课程培训;
（2）阅读简报材料、备忘录和维修通告;
（3）学习维修手册的改版说明。

维修人员的知识水平的更新取决于两个方面,即维修人员自身和他工作的维修单位。维修人员应把保持对专业变化的更新当做自己的事情,在维修实践中注意不要用旧眼光老办法去解决新问题。单位应向维修人员提供适合的培训和复训课程,同时应保证维修人员在从事新型号或新的衍生型号的航空器维修工作前,有充足的时间来参加培训。单位也应当建立适当的渠道使维修人员能够得到相关的书面文件,并鼓励他们传阅这些文件。

4.4 维修任务

航空器维修是复杂的系统工程,其中涉及的工作种类和专业多种多样。按专业分有机械电气、航空电子、钣金结构维修和复合材料维修、无损探伤、焊接、喷漆等。按工作性质分为部件拆装、零件修理、故障排除、系统测试、结构检查等。按技术层次和特点分为简单工作和复杂工作，重复性工作和单次工作。由于航空器维修中不同的维修工作具有不同的特点，维修人员必须了解各种工作的性质和特点，结合自身条件，才能更好地完成工作任务。本章后面将对航空器维修人员所进行的各项工作，包括体力工作、重复性工作、目视检查及复杂系统等的特点进行分析。

4.4.1 体力工作

航空器的设计制造和维修的确是个高科技的行业。但是在维修实践中仍然需要大量体力工作。在许多无法使用机械帮助的地方，维修人员需要人手搬动重物，例如拆装客舱里的座椅、厕所和厨房设备。在飞机上一些难以接近的位置，维修人员需要攀、爬、钻、挤才能到达工作区域，例如燃油箱里的工作、飞机垂直尾翼上的工作等。

1. 体力工作的特点

大多数体力工作除了要求从事该工作的力量和技能以外，还需要良好的运动控制和准确的实施。体力工作有以下特点：

（1）与维修人员的身高、体重和体型有密切关系；

（2）与个体运用体力的方法方式有关；

（3）实际工作中为尽量减少体力工作的负荷，工具设备、工作场所的设计必须满足人体测量学的要求；

（4）体力工作要求发挥团队精神，团结就是力量；

（5）体力工作在飞机维修中一般是技能性工作任务。

从生物力学的角度看，人类的身体就是一系列在某些点相连的能够做出各种动作的物理连接（骨骼）。肌肉提供所有精细的或者粗略的运动的驱动力。这就是所谓的肌肉骨骼系统。任何姿势下的力量取决于肌肉所能提供的力量，载荷所处的相对位置以及关节和肌肉的连接情况。随着维修人员年龄的增大，其肌肉骨骼系统会变得僵硬，肌肉会变得无力。人会更容易受伤而且恢复期也会更长。虽然保持良好身体状态能把年龄的影响降至最低，但年龄的影响仍会出现。

2. 航空维修中的体力工作

如何将飞机的维修任务要求与实际维修人员的身体能力相结合，如何将飞机的维护工作的要求限定在航空器维修人员的生理局限范围之内？这些问题一直困扰着飞机设计制造和维修业的工程师。越来越多的人意识到人的能力是有限的，维修人员无法从事超出人体极限外的工作。现代飞机设计已充分考虑到飞机维修时的"人为因素"，确保飞机能适应大多数的维修人员的生理机能特征，使飞机维修工作方便可行，维修区域更易于接近，工作位置更加舒适安全，方便工作者能使出足够的力气来松开或者紧固零部件。波音公司在设计飞机时，使用一种基于人体性能数据（身体尺寸参数、力量参数、动态参数等）的计算机设计工具，以确保飞机的整体布局、系统布置、零部件的安装位置、勤务接口等设计能适应维修人员的要求（即方便的可维护性）。

很明显，我们在生理特点和力量方面存在个体差异。因此人们的生理极限也就有所不同。一个人在维修中存在的问题不一定会在所有其他人身上发生。对绝大部分人都没问题的维修工作未必对所有人都轻松自如。特别是在体力工作上这些情况尤为突出。体力工作的分配需因人而异,合理分工。工具的使用也能减轻体力上的工作负担,例如试图举起超过身体能力的重物可能会导致受伤,而使用起重机却使工作更容易和轻松。

超过一定时间的体力工作会导致疲劳。如果在两次工作之间有足够的休息和恢复时间,疲劳通常不会是一个问题。但如果身体不能及时恢复,疲劳就可能导致疾病或者受伤。因此,维修人员应当正确使用分配给他们的休息时间。想在某一时间内完成工作任务而赶工不休息,结果却可能适得其反。因为不休息引起的疲劳会降低活动能力、理解力、感受力和工作标准,结果可能使得工作效率变慢并需浪费大量时间纠正各种失误。

维修人员有责任确保其身体健康并保证身体状态处于适合从事他们通常所从事的各类维修工作。

4.4.2 重复性工作

飞机维修过程中存在大量重复性工作,例如钣金结构维修工作中存在的钻孔、扩孔、打钉的工作,特别是在飞机结构改装的过程中,铆钉的拆除和安装要成百上千次的重复。客舱地板的螺钉拆装也是个典型的例子,维修人员需要机械地重复同一工作过程。重复性工作不单存在于拆装过程中,同时也大量存在于检查过程中,例如飞机地板梁的结构检查,维修人员蹲下弯腰站起,一格一格地重复同一检查过程。

1. 重复性工作的特点

重复性工作通常比较乏味,维修人员在从事重复性工作时往往容易降低觉醒水平(即容易厌倦)。重复性工作的特点如下:
(1) 容易让人失去兴趣和耐性;
(2) 维修人员在从事重复性工作时容易自满;
(3) 重复性工作中的事故征候和故障线索通常很难被重视;
(4) 在大量的重复性工作下,维修人员将缺乏警觉性;
(5) 重复性工作在飞机维修中通常是技能性工作任务或程序性工作任务。

重复性工作在飞机维修中是客观存在的,某些维修人员可能擅长于某一方面或某一飞机系统或部件型号的工作,这些专家可能一天之中就要进行几次甚至十几次相同或者相似的工作。值得注意的是这些专家在他们熟悉的重复性工作中也可能犯错甚至更容易犯错。

2. 重复性工作的问题

重复性工作往往使维修人员觉得自己对这些工作已经足够熟练和了解,即使不查看维护手册或者维修工卡他们一样能把工作做得又快又好。可是这样一来,他就可能因为不了解手册内容的更新或工卡要求的改变而造成维修事故。同时这种因过分自信带来的自满也使得维修人员在实际工作中可能跳过一些步骤或者对程序中应予关注的事项不予注意。特别是对那些按个人经验,被认为是在以往的多次检查中极少发现事故征候的工作,维修人员极有可能略过一些重要的工作程序甚至是整个工作过程而签字放行,这就可能会造成严重的后果。目视检查也可能是重复性工作中的一种,下一节中将对目视检查做进一步的讨论。

在阿洛哈事故报告中,NTSB针对当时检查员对飞机蒙皮的裂纹漏检提出了重复性工作的问题:当选择从事明显枯燥的重复性工作的人员的时候,例如进行长时间的NDI检查时,应考虑具备何种特点的人适合这些工作。通常根据资历条件选拔检验员,如果他们具有当检验员意愿,具备相应的知识和技能,他们可以志愿竞聘这个职位,担当这项工作。硬要一名具备技术和知识的人员从事这种明显枯燥和极度令人厌倦的检查工作,而他本人又是万分的不愿意,那么这名维修人员显然不是适合这种重复性极高的工作的最佳人选。

当多次从事过同一工作的维修人员再做此项工作时,脑海里总是会有"哦,那项工作我已经做了十几遍了"的想法,即便离上次做这项工作已有一段时间,但他仍然会有这种想法。可见人是很容易因为从事重复性工作而产生轻视的心态的。维修人员在飞机维修工作中应留意维修手册中维修程序内容的改变或者零件号的变化,即使已做过这工作千百次了,仍然需要保持谨慎小心的态度,记住"熟悉会产生轻视,轻视将带来事故"。

4.4.3 目视检查

目视检查是维修工作中所采用的确保航空器处于适航状态的基本方法。目视检查可以被描述为使用眼睛,仅凭肉眼或者在其他感官或设备的帮助下进行检查并评估航空器的系统或者部件及结构的状况的过程。

1. 目视检查的特点

目视检查的特点如下:

(1) 需要考虑现场照明强度;

(2) 必须考虑视觉的敏锐性;

(3) 通过大脑对取得的视觉、触觉、听觉、嗅觉等信息做综合处理;

(4) 维修人员通过自己的知识水平、经验背景和维修手册要求与检查结果比较做出是否合格的判断;

(5) 目视检查工作中,维修人员可能会因注意力分散而出现漏检现象;

(6) 目视检查工作在飞机维修中通常是程序性工作任务。

飞机维修人员可能使用放大镜或者孔探仪来增强他们的目视能力。维修人员在实施目视检查的时候可以使用他的其他感觉(触觉、听觉、嗅觉等)以便对被检查物体的状况做出更好的判断。例如,他可以通过触觉感受不平坦的程度,或者通过推拉检查对象看看是否会有不应出现的松动。通过无损检查可以查出部件机构内部的缺陷和外部的微小裂纹,但是维修人员仍需要使用目视来确定最终检查的结果。

良好的视力是目视检查的首要条件。维修人员必须定期进行视力检查,包括视觉和色觉。维修人员在必要时必需佩戴眼镜或者隐形眼镜以矫正视力,对有色觉障碍的人员不能从事与颜色有关的维修和检查工作项目。

2. 航空维修中的目视检查

目视检查是判断飞机系统或者部件是否老化或者有无缺陷的基本方法。维修人员不单要靠视觉观察被检查的物件,他还必须对自己所见到的现象做出判断。为了做到这点,他需要接受培训,具备经验和常识,将检查结果与维修手册要求的标准相比较。在目视检查中要求维修人员首先能够发现缺陷,然后能识别出缺陷的类型和严重程度。当然,经验来自于个人实践,或者也可以通过更有经验的同事传授工作技巧和方法。

适航指令、服务通告和服务信函这些技术文件的信息很重要,维修人员可以从这些文件里知道飞机系统或部件存在的已知和潜在的缺陷,吸取他人的经验教训。维修人员应当充分理解技术文件的内容。例如,机身上蓝色水迹在第一眼看到的时候可能会被认为无关紧要,但是阅读过技术通告里有关盥洗室污水系统泄漏形成的"蓝冰"会危害飞机飞行安全的信息的维修人员就会更提高警觉性。

维修人员可以采取以下工作步骤来提高目视检查的可靠性:

(1) 了解所要求检查的区域、部件或者系统(例如工卡的要求);
(2) 使用合适的定位方式,确定在飞机上相应的区域、部件或者系统的位置关系;
(3) 确保周围环境条件有利于目视检查工作的开展,例如照明、温度、湿度、通风、工作空间等;
(4) 实施系统的目视搜索,形成有规律的检查习惯,例如从上到下,从左到右,从内到外,认真观察确保检查范围内所有的零件和结构都被检查到;
(5) 对观察到的任何潜在的老化或者缺陷的征候彻底检查,寻根问底,并判断这是否可能造成后果;
(6) 随时记录所有发现的问题,避免因注意力转移而遗忘。

3. 目视检查中的问题

目视检查需要相当的专注。长时间的检查工作极其枯燥无味,工作者的激励水平将会降低。激励水平低或者缺乏动力常常导致维修人员在检查时不能及时发现潜在的问题或者无法有效识别缺陷。当维修人员心中预期发现缺陷的可能性非常低的时候,例如对一架新飞机进行检查时,心里总认为肯定不会检查到什么问题。这种潜在的心理影响会使目视检查的效果更糟。在日常飞机维护中,目视检查极易受人为因素影响。

通常趁着两项检查工作中间稍事休息对恢复心理和生理状态是很有好处的,例如在检查完机体结构后休息一会儿再投入机翼的检查,在检查完货舱地板结构后停一会儿再检查客舱。在两项检查工作的中间休息比在一项检查任务中途暂停要好得多,有助于维修人员在从事下一检查工作前暂时转移环境,放松心情,也会减少因中断和暂停而引起的漏检。

阿洛哈事故调查报告表述如下:

(1) "调查发现在目视和无损检查中维修人员受到相关的人为因素的影响,这些人为因素使得检验员的表现降低,平时应该被探查到的损伤和裂纹却被忽略。"

(2) "阿洛哈航空公司的管理者没有能够意识到在日常检查中人的行为因素,没有能够采取相应的措施使维修人员能够集中关注于对搭接处等关键部位的检查、腐蚀控制和裂纹探查……"

4.4.4 复杂系统工作

现代飞机的构造非常复杂,飞机由许多系统组成,例如飞行操纵系统、起落架系统、空调系统、液压系统、气动系统、电气系统和自动飞行系统等。系统里可能包含机械、液压、电气、气动等各种元器件。系统内部存在机械或电子信号控制,系统与系统之间也存在着机械或电子信号的交互。

随着航空科学技术的进步,飞机的设计制造和维修也越来越复杂,表 4-2 给出了随着飞机设计的进步,飞行操纵系统中的副翼操纵系统越来越复杂的例子。

表 4-2　增加复杂性的例子——副翼系统

副翼类型	系 统 特 性
简单副翼	驾驶盘和操纵面直接相连；人力直接作动副翼
带伺服片副翼	驾驶盘和伺服片直接相连；人力作动伺服片，伺服片带动副翼
有动力的副翼	通过驾驶盘向伺服活门输出控制信号；液压力作动副翼；引入反馈机制；具有位置指示功能
有动力的副翼/扰流板	与上栏相同，但有扰流板输入系统界面，以提供额外的横滚能力
电传副翼系统	驾驶盘与操纵面之间没有直接连接。电气信号通过电气液压伺服活门作用于作动筒，信号的修正和限制受飞行控制计算机影响

1. 复杂系统工作特点

一个简单系统的用途、构成和功能通常很容易被航空器维修人员所理解。对这样的系统进行故障识别和诊断也相对简单。复杂系统具有多样的信号输入和输出，系统对这些输入进行修正或按照这些输入的要求产生输出。系统的复杂性使维修人员在测试排故时面临步骤繁杂、数据众多的情况。

面对复杂系统，维修人员需要足够的知识水平和清醒的头脑才能避免工作的失误。执行复杂系统工作的特点如下：

(1) 维修人员需要有充分的知觉性，清醒面对复杂问题；
(2) 复杂工作要求维修人员具有良好的信息处理和对有用信息的筛选的能力；
(3) 复杂工作需维修人员在综合处理信息，得出结论后进行判断；
(4) 以往类似工作得到的经验往往对维修人员有很大帮助；
(5) 复杂工作通常是知识性的工作任务。

2. 复杂系统工作要点

1) 维修人员需要面向复杂系统的培训

对复杂的系统，航空器维修人员也许无法具体了解某一部件的详细结构，特别是像现代飞机采用的模块化设计，但是维修人员应当清楚整个系统的工作原理，单个元器件的用途，输入输出及操作过程。维修人员应当熟悉相关系统知识，以便进行有效的测试和排故。为了了解一个复杂系统，维修人员可能需要完成一系列的专业训练，内容包括系统工作原理（以及系统如何失效）和系统的组成（以及部件如何失效）。维修人员除了需要了解某一个部件用途，某一个系统的内部组成，也必须明白飞机的整体功能。专业训练应注意在系统知识、排故分析技能之间达到正确的平衡。

2) 维修工作需要全面的程序和资料

与简单系统的情况相比，复杂系统的工作更需要书面的程序和辅助资料作为工作参考。这些材料综合地描述了完成维修工作的方法，例如检查、校准和测试，具体到每一个步骤和事项。这些材料也描述了一个系统与其他系统的关系，更为重要的是，还提供了警告或者特别的注意事项。在复杂工作中必须强调严格遵守程序，系统内部或与其他系统之间相互关联，偏离程序可能会牵连到系统中或系统间那些大家都没有意识到的部分。当对复杂系统进行工作时，参考恰当的指导材料对于航空器维修人员来说是很重要的。这些材料往往能将系统进行概念性的或者物理性的分解，便于理解，使工作更加方便。

3. 航空维修中的复杂系统工作

在现代飞机上,维护复杂系统的专业工作可能是几个或十几个维修人员共同完成的。因此,电子专业人员和机械专业人员可能需要一起工作并一起检查飞机系统(比如起落架控制和指示系统)。复杂系统工作一般需要几个专业工种的共同配合,这之间就涉及维修人员间的沟通,各工种工作的前后步骤安排等。随着工作环节的增加,由于人为因素而产生人为差错的机会也相应增加。

一种型号的飞机已足够复杂了,很多维修人员往往前后参加几种不同的机型培训,并取得在这几种不同机型上工作的资格,随着飞机型号的增加,维修人员不可能完全熟悉每一个机型,这时候对他而言遵守规定的程序和参考相应的飞机维修手册就更为重要了。在一些不同的飞机上从事非常类似的工作时常会有发生混淆的情况,将一种型号飞机的维修程序和方法误用在另一型号飞机上(例如空客 320、波音 757 和波音 767 的扰流板系统)。当维修手册中无法找到相关参考内容时,这种混淆情况更容易发生。

4.5 危险区域

工作区域内的危险将影响员工在工作时的健康和安全。所有的工作区域都存在危险的可能性,航空器维修工作也不例外。健康和安全某种意义上讲是与人为因素相对独立的问题,因此本节仅对与航空器维修工程相关的一些问题做个非常简单的讨论。

4.5.1 认识和避免危险

1. 航空器维修工程中的潜在危险

维修人员在执行航空器维修作业中,会面对很多潜在的危险,绝大部分的潜在危险是物理性的危害,比如:

(1) 非常强的光线(例如焊接);
(2) 非常大的声音(突然的或者持续的);
(3) 狭窄的或者封闭的区域;
(4) 在很高的高处工作;
(5) 有毒物质(液体,烟雾等);
(6) 极端的温度(太冷或者太热);
(7) 移动的设备、车辆和振动。

2. 工作环境中的安全

每一名飞机维修人员都应当意识到自己所从事的工作会对自己和其他同事的安全产生影响,主要做好两个方面的工作:

1) 确保工作环境的安全

维修场所乱七八糟地摆放物品,随处堆放垃圾等不仅令人感到讨厌,也会构成危险(例如绊倒的危险、火灾的危险等)。除此以外,在航线工作的维修人员还应当小心避免在完成工作的时候将外来物遗留在飞机上,外来物将对飞行安全构成威胁。

2) 关注飞机运动部件的危险

维修人员常需要检查或拆装飞机运动部件或构件(如飞行操纵面、起落架等),这些工作其实很危险,运动部件和构件有可能因为误操作而运动,导致维修人员伤残,这种事故在飞机维修上并不少见。为避免这些运动舵面意外活动,维修人员应事先执行保护程序(如拔出跳开关、关断活门、断开电源等)。在关键位置设置足够的标识,将系统解除的情况通知他人是非常必要的。

4.5.2 紧急情况处理

1. 紧急情况处理原则

危险始终都存在着,为了将紧急情况发生后的危害降至最低,维修人员必须了解紧急情况的处理原则。

1) 紧急情况类型

当出现以下情况时,即可认为发生紧急情况:

(1) 自己或者同事可能受到直接伤害;

(2) 当前情况可能会导致更加危险的潜在伤害(如导致有毒物质泄漏)。

维修单位应当对员工进行恰当的指导和培训,并提供用于处置紧急情况的程序和设备(即应急预案),这些程序和设备情况必须向企业所有人传达到。维修单位应当按要求指派和培训急救人员。

2) 应对紧急情况基本措施

当紧急情况发生时,要记住以下基本措施:

(1) 保持冷静并估计形势;

(2) 观察所发生的情况;

(3) 找到对自己和他人构成的危险;

(4) 不要使自己处于危险之中;

(5) 使本区域变得安全;

(6) 避免更大的危险带来的人员伤亡;

(7) 如果清除危险的行为是安全的,就将危险清除(如出现触电时候切断电源等);

(8) 意识到个人的局限性(例如当火势无法控制的时候不要试图去灭火);

(9) 尽个人的最大能力评估伤亡情况(特别是被授权担任急救员的人);

(10) 打电话求助;

(11) 在保证他人安全的前提下,召集附近的人并向他们寻求帮助;

(12) 尽可能利用当地的紧急设备(如灭火器);

(13) 打电话寻求紧急服务(救护车或者消防队等);

(14) 如果自己觉得能够胜任就向他人提供协助。

2. 典型紧急情况处理方案

训练如何应对危险环境中的紧急情况具有重要价值。航空器维修人员应尽可能参与这种训练。出现紧急情况时知道该怎么做可能会挽救生命。以下针对几种典型的危险讨论紧急情况的处理:火灾、触电、化学品烧伤、高处坠落、挤伤、压伤等。

1) 火灾

火灾紧急处理时应注意以下事项:

(1) 遇有火灾,第一是大声呼救或立即给"119"打电话报警。注意:报警时,要报清火灾位置,并派人等候消防队,以免耽误时间。

(2) 当身上的衣服被烧着时,可用水冲或就地打滚,以达到灭身上之火的目的。注意:绝对不能带火逃跑,这样会使火越着越大而增加伤害。

(3) 遇有浓烟滚滚时的火灾时,用湿毛巾紧捂嘴和鼻,防高温、烟呛和窒息。注意:浓烟通常聚集在离地面30多厘米以上空间内,因此逃生时应采用降低的身体姿势,最好爬出浓烟区。

(4) 逃离时即使忘了该带的东西,也切忌再进入火区。

(5) 机库消防逃生通道不得堆积杂物。

(6) 火灾时容易发生直接或间接的损伤,如玻璃破碎造成各种外伤,以至发生喉咙痛、睁不开眼、咳嗽、呼吸困难和窒息,应及时急救。

2) 触电

触电时由于中枢神经系统受到意外刺激,人会产生脸色苍白、呼吸急促、心跳加快、血压下降、神志不清等现象。如果电流继续作用下去,将会抑制、麻痹呼吸中枢,产生严重的心脏震颤。如不及时抢救即可造成死亡。

发现触电时应立即拉开电闸或用不导电的物品(如木棒或竹竿)拨开电源。在未切断电源以前,急救者切不可接触伤员,以免触电。如发现伤员呼吸心跳停止,应在现场立即行体外心脏按压和口对口人工呼吸,待心跳、呼吸恢复后及时转送就近医院。

3) 化学品烧伤

化学品烧伤往往同时有热烧伤和中毒,受伤者及抢救人员务必弄清化学物质的性质。化学品烧伤的严重程度除与化学物质的性质和浓度有关外,还与接触时间有关。因此,被任何化学物质烧伤者均应迅速脱下被化学物质浸渍的衣服,并立即用大量清水冲洗至少20min以上。头面部烧伤者应优先冲洗眼睛。

4) 高处坠落

高空坠落除有直接或间接器官受伤表现外,还会有昏迷、呼吸窘迫、面色苍白和表情淡漠等症状,可导致胸、腹腔内脏组织器官发生广泛的损伤。面对高处坠落的伤员,紧急处理步骤如下:

(1) 去除伤员身上的用具和口袋中的硬物。

(2) 在搬运和转送过程中,颈部和躯干不能前屈或扭转,而应使脊柱伸直,绝对禁止一个抬肩一个抬腿的搬法,以免发生或加重截瘫。

(3) 应保持伤员呼吸道畅通,同时松解伤员的颈、胸部纽扣。

(4) 快速平稳地送医院救治。

5) 挤伤和压伤

维修人员在维修工作中,手脚等处可能被活动零部件等挤压致伤。当有人出现挤伤或压伤时,救护人员应尽早搬除或松解挤压物,并尽快将伤员移至安全地带。有伤口时应包扎伤口,怀疑有骨折时或肢体肿胀时,应以夹板将关节固定。挤压伤伤员的患肢严禁抬高,按摩,热敷。当出现外伤出血时,可用指压止血或包扎止血。

第5章 维修差错管理工具

5.1 维修差错管理原则

目前的差错管理技术是从 70 多年的商用航空事故调查中发展起来的,大部分技术是为了防止事故征候和事故再次发生。虽然证实是有价值的,但也存在以下局限性:

(1) 仅关注显性失效(谁搞错了)而不是隐性状况(为什么搞错);

(2) 仅针对个人采取措施(培训、处罚、警告和标准操作程序防止差错)而不是采取系统方案;

(3) 倾向于解决已经发生的不安全问题(被动地)而不是事先预防不安全事件的发生(主动地);

(4) 过于相信责备和培训的作用;

(5) 责任追究方法不科学等。

所有的管理实质上都依赖于 Earl Wiener 的 4P 理论:原则(philosophy)、政策(policy)、程序(procedure)和实践(practices)。在差错管理中,原则的价值至少是其他三方面的两倍。没有一套统一的指导原则,我们获得成功的希望将十分渺茫。差错管理应该遵从以下原则:科学对待差错,打破责备怪圈;系统管理差错,不断改进系统;合理调配资源,关注可管理因素。

5.1.1 科学对待差错,打破责备怪圈

人为差错不是道德问题。它的后果可能是令人感到不快甚至极具破坏性,但它的发生就像呼吸与睡眠一样,是人类生活中不可或缺的一部分。人的易错性可以减轻,但永远也不可能消除。

1. 打破责备怪圈

差错是由人的本性所决定的,所以要指望一个人从不犯错误是绝对不可能的。然而,由于受传统观念的影响和制约,我们通常对这个天性都感到非常的遗憾,并且总是错误地认为它是消极的,体现了弱点和失败。当我们听到某人犯了差错,我们倾向于归咎于某些负面的词汇,如愚蠢、懒惰、不小心等等。我们经常会说"这人如此笨,犯这种愚蠢的错误"。

为什么我们如此地倾向责备人自身而不是责备情境(与人相关的外部因素)? 其答案有两个,第一是心理学家所谓的基本归因差错。当我们看到或听到某人工作不够好,我们倾向

于将原因归结于这人的负面特性,如懒惰、不仔细、没能力等等。但是,当问操作人员为什么这样做时,他几乎肯定地告诉你,环境或系统因素如何迫使他这样做。当然,依据 SHEL 模型可以知道,真实的原因可能是两者都有。第二是与自由的幻想有关。我们假定人是行为的控制者,能在正确的和错误的行动路线中作出选择。正是由于这种幻想,驱动了责备怪圈。对于他人所犯的差错,被看作是一种选择的结果,认为有故意的成分,因此应该遭到责备。在受到责备之后,还重复发生此类差错,理所当然更应该受到责备,因为它们似乎是蓄意地、无视警告和不服从制裁。如此这样,责备循环下去,形成了责备怪圈。通常责备包括警告、处罚、教导"工作要仔细"等。但是,实际上人们的行动自由仅仅是幻想。所有成年人的行为在某种程度上都受到自己不能够控制的诸多因素(例如,人们普遍存在从众心理和服从权威)所限制。

2. 差错本质上并不是坏事

事物总是包含两个方面,人为差错也不例外。人为差错不好的一面是它有可能造成不良后果,甚至导致事故,造成人员伤亡和财产的损失。而差错的另一面是十分有用而且能够预防,差错也能帮助我们走向成功。我们可以通过对人为差错的研究来增进飞行安全。没有差错我们就无法学习并获得有效安全工作所必需的技能。正如 James Reason 博士所讲的:差错和智能是同一枚硬币的两面。差错不只是为智能所付出的代价,而是我们智能的一部分,并且成为保证可靠性的基础。差错能让我们"吃一堑长一智"。例如,航空器经历了一百多年的发展,已经达到非常高的安全性和可靠性。可以说航空器的每一次进步可能都是一次血的教训换来的。为防止此类事件的重复发生,对于航空器每次较为严重的机械失效都会进行深入的调查,并以法律文本的形式(即修改适航标准)加以落实,从而预防同样失效的再次发生。

3. 以科学的方式对待差错

在民用航空中差错曾一度是被"禁止"的。我们常常毫无道理的期望那些工作在生产第一线的人有完美的表现。一旦发生差错,他们总是暴露在大众的谴责之下。在此偏见驱使下,以及为了避免被追究责任和处罚,人们对差错往往采取回避态度,不敢把发生差错的真正原因和真实过程讲出来,甚至采取隐瞒不报或大事化小、小事化了的办法。其后果是虽然差错发生了,而我们却不知道真正的原因是什么,也就无法采取有针对性的措施来预防差错的重复发生。因此,我们应该尽可能消除人的感情因素和法律、道义上的"谴责"和"责任",改变将人为差错看成是一种纯粹失败的思维方式,采用一种更全面更有说服力的态度来对待人为差错。我们承认犯错误是人的天性,对差错采取正确态度,鼓励人们报告差错并采取积极的预防措施,这样才能防止差错的重复发生。

目前,中国民航局已经建立了强制信息报告系统和自愿报告系统来收集系统安全信息。所谓强制信息报告系统是对飞行事故、地面航空事故和事故症候要求强制报告。自愿报告系统则是针对航空运行中存在的大量不安全事件、运行差错或运行危险源进行自愿报告。通过鼓励维修人员报告发生在自己工作中的差错、危险源而提醒、帮助其他可能受到同样安全威胁的同行,将工作中的差错转化为对集体、团队和组织的贡献。为了消除报告人担心遭受处罚的心理,必须制定明确的政策来鼓励和保护报告人,提高自愿报告的积极性。

5.1.2 系统管理差错,不断改进系统

当我们看到或者听到同事出现差错(如维修中没有正确安装零部件、工具遗忘在发动机中等差错),我们通常的反应是奇怪,做出这种有重大安全问题的人是多么愚蠢、不仔细、不计后果。我们自然的倾向是找到操作人员并追究他头脑中的原因(即操作人员想得到这样的结果)和直接避免这种差错行为(即操作人员不会做)的措施。通常是指导有问题的操作人员采取补救措施,或处罚他们,或警告他们,或培训他们,或编写补充的程序规范他们的行为。很不幸,这些方法价值非常有限。理由是差错并不是由于操作人员的大脑独立失灵时发生的,它还与现场因素有关,甚至与组织因素有关。也就是说:差错是在系统中发生的,对待差错要采用系统方案。如果能够理解这些系统因素(组织因素和现场因素)的重要性,就会将大脑出错作为一个整体来思考。

1. 差错是结果,不是原因

在一起严重事件之后,人们自然会倾向于追查是谁做错了,并称之为原因。但是根据前面讲到的 REASON 模型,差错事件是由显性失效和隐性状况共同作用发生的。操作人员是处于系统界面的末端,他们并非事故的策动者,而是"已等待中的事故"的承受者。因此,找到发生差错的操作人员只是原因调查的开始而非结束。而且事故调查的目的不是为了追究责任、分摊过失;而是为了防止同样差错的再次发生。因此,调查的首要目的应是找到系统的缺陷,加强系统的防御。从这一点来看,应该将差错视为结果而非原因。

2. 要实现有效的差错管理在于系统的不断改进而非局部的修整

人们总倾向于将注意力集中在发生差错的人身上,并努力确保该事件不会再次发生。然而设法阻止个人差错的再发生,无异于是在打蚊子。打死一只蚊子,其他的蚊子还会来叮咬。解决蚊子问题的唯一方法是将它们赖于繁殖的湿地抽干。不安全的活动在坏设备、恶劣工作条件、商业和运行的压力等"湿地"中繁殖(如图 5-1 所示)。系统的整体改进必须是一个连贯的过程,包括对人们的工作条件进行改造,加强并扩大系统的防御能力等。

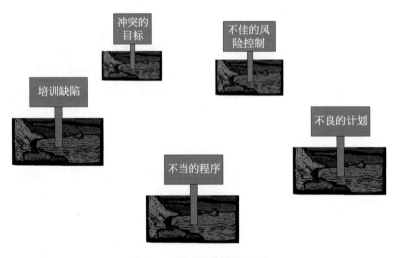

图 5-1 "蚊子"繁殖的湿地

5.1.3 合理调配资源,关注可管理因素

差错管理的关键是以有限的资源来纠正和改进绝大多数可以改进的事情。简而言之,这意味着差错管理是管理可管理的事情。

差错管理中最常见的错误是想要竭力控制不可控的因素。与一个差错直接相关的精神状态(例如,急切、分心、遗忘等)是一系列致因因素中最持续和最难管理的因素。而任务的性质、工具的质量、工作现场的条件、组织机构等要比不可避免的、不可预测的、短暂的精神状态因素更容易被管理。

我们不能改变人的状况,因为人都有瞬间的注意和记忆失效的倾向;我们不能停止有家庭烦恼人的工作;也不能防止工作被中断或工作被分心。我们没有"魔法"来确保操作人员永远地保持警惕,或总能及时地唤起他们的警惕。但是使操作人员有技能、有经验、受到良好激励,改善工作情景和组织是比改善操作人员的状况更容易。针对人为差错问题,措施应该重点放在技术、程序和组织等系统因素上,而非针对操作人员的精神因素。

5.1.4 重视差错管理的重点和目标

1. 解决重复多发差错

差错可能源于各种情况特定的组合,也可能源于反复出现的工作状况。前者是随机差错,就是说差错的发生很难预测;而后者是系统性或重复性差错。大量的人为因素事件都有过先例而且往往多次发生。例如在维修工作中,重新组装的过程中经常会导致遗漏步骤或完成安装后未拆下不需要的部件这样的差错。将这些重复发生的差错类型锁定为解决的目标,是利用有限的资源进行差错管理的最有效方法。

2. 将表现良好的员工变成表现杰出的员工

人们普遍认为大部分差错是少数无能的人造成的。若是如此,差错的解决就相对容易了。我们可以找到易犯差错的人并对其进行培训,或者让他离开危险工作。但是不安全行为更经常是由于情景和任务具有差错倾向,而不是由于人有差错倾向所导致的。大量的统计数据表明,严重事故经常是由那些有着丰富工作经验并且长期以来无不良记录的人导致的(例如,附录 D 中的美国 ALOHA 事故和中国的 Tu-154 事故中,犯差错的维修人员都是优秀的、称职的、人人称赞的维修人员)。

人都会出差错,无人可免。而且,优秀的人往往担负更重大的责任;优秀的人工作压力更大,更容易处于疲劳之中;优秀的人干的工作往往会疏于检查。因此优秀的人的差错通常更可能对系统造成严重的影响。

人们常认为差错管理的目标是让易犯错的人做得更好,但事实并非如此。差错管理的首要目的是使那些训练有素、积极进取的人们变得更为杰出。在任何专业活动中,完美都包括两方面的含义:技术技能以及心智技能。这两方面都要通过培训和实践来获得。多项研究表明,心智技能相对于必要的技术技能,其重要性只会高而不会低。心智技能由很多部分构成,其中最重要的是心理准备。优秀的工作人员会定期在心里演练对各种情况的反应,以此方式让自己在面临那些潜在的挑战性工作时能有所准备。

5.2 HFACS-ME

5.2.1 HFACS 结构体系

REASON 模型将人为差错因素分为四个级别,第一级也是最低级别的人为因素是不安全行为;第二、三、四级分别是:不安全行为的前提条件,不安全的监督和组织影响。不安全行为是显性因素,其直接导致事故发生。对飞行事故来讲,通常指机组和一线工作人员的错误;第二、三、四级属于隐性因素。不安全行为的前提条件是指直接导致不安全行为发生的主客观条件,包括操作者状态、环境因素和人员因素。不安全的监督和组织影响是导致飞行事故发生的潜在根源,如组织过程中错误的决定,监督不充分及运行计划不适当等。REASON 模型从高级别开始向下逐层施加影响,强调最高层的组织因素对事故的影响作用。但是 REASON 模型仅仅是理论上的描述,而不是分析,没有详细定义不安全因素,不能直接应用于实践。

人为差错分析和分类系统(human factors analysis and classification system,HFACS)最早是美国军方为调查和分析航空事故中的人为差错而设计和使用的,它建立在 REASON 模型基础上,定义了 REASON 模型中的隐性因素和显性因素,描述了四个层次的失效,每个层次都对应于 REASON 模型的一个层面。显性因素对应的是机组成员的不安全行为,包括差错和违规。隐性因素对应的是不安全行为的前提条件,不安全的监督和组织影响,并明确地提出了"瑞士奶酪"上的"洞"是什么以及如何识别。HFACS 是一种同时具有科学性和实用性的用于事故调查和分析的工具。近年来该模型被不断应用于各国的民用航空领域,在该领域人为差错的研究中表现出了很高的有效性,其结构体系如图 5-2 所示。

1. 操作人员的不安全行为

不安全行为是在事故发生后最先被人们认知的,就如同冰山露出海平面的那一角。主要包括差错和违章两个大类。

1) 差错

差错有三种基本类型:决策差错、认知差错和技能差错。

决策差错是指由于受主、客观因素的影响,在明知某些行为是不恰当或不安全的情况下而有意为之。虽然人的本意很好,但实际结果却是发生了决策差错。主要包括三种形式:选择程序时的决策差错、选择方案时的决策差错和解决问题时的决策差错。

认知差错是指个人对于客观事物的感知和认识与实际情况发生偏差所导致发生的差错。主要包括:视觉幻觉、方位感缺失、距离、大小、颜色判断失误等。

技能差错是指人员面对特定任务做出本能或习惯性的自发响应时发生的错误。通常分为注意力差错、记忆差错和技巧差错。

2) 违规

违规是指违反规章、程序、标准和制度等行为,根据违规的起因将它可分为两大类:习惯违规和特殊违规。

习惯违规是指操作者为了节约时间、避免工作麻烦、存在侥幸心理等采取的故意违规,或是由于无视安全、无视法规权威的违规。这类违规通常得到了管理部门的宽容。它主要

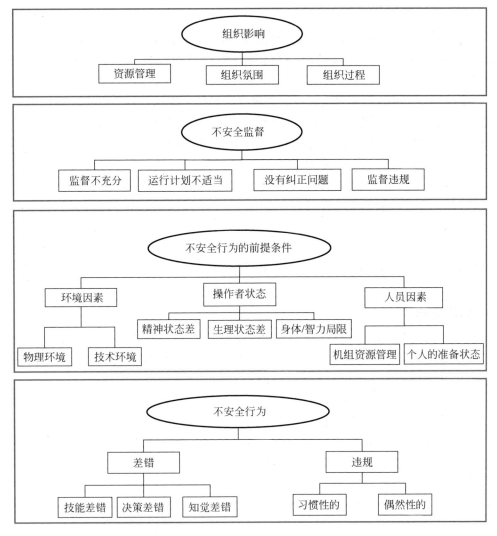

图 5-2 HFACS 结构

包括：未遵守航空规章/国家行业标准/维修管理手册、没有遵守简令、不适当的程序等。

特殊违规表现为孤立偏离规定，通常被视为偶然性违规，不代表人员的典型行为方式。

2. 不安全行为的前提条件

不安全行为的前提是指导致不安全行为的主客观条件以及人员和环境因素等，通常分为两大类：操作者低于标准的状态和操作者低于标准的操作。

(1) 操作者低于标准的状态，包括人的精神状态差、身体状态差和身心限制。显而易见，如果一个人的情绪处于亢奋或低潮或者身体有病等情况都会影响其工作质量；同时一些工作超出了个体的身心极限也会诱发工作出错。

(2) 操作者低于标准的操作，一般分为维修资源管理不善和个人准备不足两类。维修过程中的信息沟通、情景意识、任务分配及领导与决策等维修资源管理问题都会影响工作者的操作。

3. 不安全的监督

许多维修差错不仅与一线工作人员有关,同时还能够在高一级的管理层找到症结,中低层管理上的漏洞通常表现为对系统构成潜在和直接的负面影响。管理监督层的漏洞主要包括以下四种形式:

(1) 监督不充分,指管理者没有按照法规要求对整个维修过程进行全面和仔细的监督,存在遗漏和疏忽等。主要包括:训练管理不当、未跟踪资格能力、缺乏专业指导等。

(2) 计划不恰当,指管理层制定的计划存在可操作性不强、模棱两可、分工不合理等缺陷,主要包括:不适当的工作节奏、人员调配和排班不当、过大的任务风险等。

(3) 问题未正确解决,指监督人员"知道"人员、设备、训练或其他与安全相关领域中存在的缺陷,却允许这些缺陷继续存在。主要包括:未纠正不恰当的行为、未采取纠正措施、未报告不安全趋势等。

(4) 监督违规,指管理者有意忽视法规和规章等对维修活动进行了错误的指导和监督。主要包括:授权不必要的危险做法、未强制执行规则和规章、授权不具资格的人员工作等。

4. 组织影响

最高层的决策和组织错误直接影响到下层的监督管理人员的行动以及操作者的状态和行为。而决策组织差错经常被人们所忽视,它往往是导致事故的根源。在对事故或事件进行调查时需要特别关注。决策组织层的漏洞主要包括以下三个方面:

(1) 资源管理不当,指组织在资源管理、分配与保持上的决策出现错误或偏差。如不重视人员的培训和复训、为节约成本过度缩减开支未购买足够的维修设备和工具等。

(2) 不良组织文化,指组织中盛行的不良风气。如一线人员缺乏提升和发展的机会、为维护各自利益欺上瞒下、忽视小差错和小缺点、忽视交流沟通等。

(3) 运行流程缺陷,指管理组织内部对各类工作所制定的企业决策和规则存在漏洞。如公司对维修人员规定的时间压力太大、公司用人制度缺乏激励机制、缺乏足够的风险管理规定、工作任务分配不平衡等。

5.2.2 HFACS-ME

HFACS 用于捕获维修中的人为差错称为"HFACS-ME"(maintenance extension, ME),可以很方便地识别出下面四个层面预防体系的缺失或存在的不足,甚至不安全的情况:管理状况(组织和监管)、维护者状态、工作情况以及维护者行为,如图 5-3 所示。

利用该框架可以识别目标从而进行干预。不安全的管理、维护者和工作情况都是潜在情况,会影响维护者的表现并导致不安全的维护行为,甚至是显性失效。不安全的维护者行为会直接导致事故或人员受伤、设备损坏,它还会产生不安全的维修状况,使得飞行机组不得不在起飞、飞行或着陆时进行处置(例如,液压管路扭矩过大,飞行中失效造成火灾)。另外,与维修性设计、维护程序和标准维护操作有关的不安全管理状况会造成不安全的维修状况。HFACS 中的每个主要组成要素都有三个层次来反映维修差错发生时从宏观到微观的变化,如表 5-1 所示。

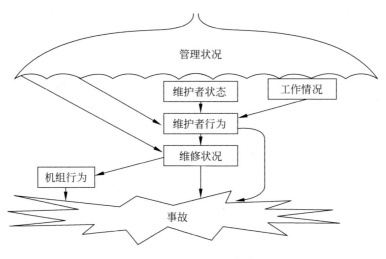

图 5-3 HFACS-ME 框架

表 5-1 HFACS-ME 分类

第一层次	第二层次	第三层次
管理状况	组织	不正确的过程 不正确的文件 不正确的设计 不合适的资源
	监管	不正确的监管 不恰当的操作 未修正的问题 监管不当
维护者状态	身体状态	不良的心理状态 不良的身体状态 不安全的局限性
	团队协调	不良沟通 不自信 不恰当的适应性/灵活性
	准备状态	训练/准备不足 证明/资质不足 个人准备不足
工作情况	环境	照明/光线不足 不利天气/露天 不安全的环境
	设备	损坏/不适航 不可用/不正确 过期/未批准
	工作场所	限制 堵塞 不可接近

续表

第一层次	第二层次	第三层次
维护者行为	差错	注意力/记忆 知识/规章 技能/技术 判断/决断
	违规	习惯性违规 处境违规 乐观性违规 特例违规

1) 不安全的管理状况

造成显性失效的管理状况包括组织因素和监管因素,如表 5-2 所示。

表 5-2　不安全的管理状况

组织因素	监管因素
不正确的过程	不正确的监管
任务复杂/混乱	任务计划/组织
程序不完整	任务委派/分配
非现行有效程序	监管力度
不正确的文件	不恰当的操作
不能理解	不使用信息
无法获取信息	不切实际的期望
矛盾的信息	不正确的任务优先级
不正确的设计	未修正问题
差的布局/配置	手册未更新
接近性不好/不可接近	零件/工具错误标记
容易装错	已知危害没有控制
不合适的资源	监管不当
缺乏航材	不遵循政策/程序
人员配备不足	不执行政策/程序
资金限制	指定不合格的维修人员

2) 不安全的维护者状态

导致显性失效的维护者状态包括身体状态、团队协调及准备状态,如表 5-3 所示。

表 5-3　不安全的维护者状态

身体状态	团队协调	准　备
不良的心理状态	不良沟通	训练/准备不足
同事压力	不标准的手势	新任务或任务变更
骄傲自满	不正确的进出口标识	缺乏技能
生活压力	不正确的交接班	缺乏知识
不良的身体状态	不自信	证明/资质不足
健康/生病	同事压力	工作没有授权
疲劳	职位级别	人员资质标准不完整
生物节律	团队中的新人	无证运营
不安全的局限性	不恰当的适应性/灵活性	个人准备不足
身体尺寸/力量	不改变	服药
视力/听力	相似任务之间的区别	喝酒
范围/视野	漠视规定	休息

3) 不安全的工作情况

导致显性失效的不安全工作情况包括环境、设备和工作场所，如表5-4所示。

表5-4 不安全的工作情况

环　　境	设　　备	工作场所
<u>照明/光线不足</u>	<u>损坏/不适航</u>	<u>限制</u>
自然光不足	不安全/危险	使用工具限制
人工照明不足	不可靠/故障	使用设备限制
傍晚/晚间	不可用/不可控	位置受限
<u>不利天气/露天</u>	<u>不可用/不正确</u>	<u>堵塞</u>
温度	不可获取	目视不可见
降雨	不适用于任务	不可直接目视
刮风	能源不足	部分可见
<u>不安全的环境</u>	<u>过期/未批准</u>	<u>不可接近</u>
高噪声	不可靠/故障	整个不能接近
整洁/清洁度	不可用/不可控	不能直接接近
危险/有毒物质	未经校准	部分可接近

4) 不安全的维护者行为

维护者行为属于显性失效，会直接或间接导致事故的发生，或者导致在飞行阶段需要飞行机组不得不做出反应的潜在维修状况。不安全的维护者行为包括差错和违规，如表5-5所示。

表5-5 不安全的维护者行为

差　　错	违　　规
<u>注意力/记忆</u>	<u>习惯性违规（惯例）</u>
省略程序步骤	不正确的工具/设备
分心/打断	跳过程序/记录
未能识别状况	不使用出版物
<u>知识/规章</u>	<u>违反（隔离）</u>
缺乏任务知识	不正确的工具/设备
缺乏程序知识	跳过程序/记录
缺乏飞机知识	没有使用出版物
<u>技能/技术</u>	<u>特例违规</u>
技能不足	资质限制
不正确的技能	没有使用要求的设备
不正确的技巧	未经检验签字
<u>判断/决断</u>	<u>公然违规</u>
超出能力	资质限制
错误的判断/估计	没有使用要求的设备
误判处境	未经检验签字

5.3 Dirty Dozen

5.3.1 Dirty Dozen 研究起源

1989年3月10日,安大略航空公司一架编号为C-FONF的福克F-28飞机执飞桑德贝至温尼伯航班(即1363号班机)。该航班经停德莱登,在起飞时由于机翼结冰导致失速坠毁,造成全机24人死亡,45人受伤。

空难调查结果显示,该航班的辅助动力装置动力(APU)进行了因故障保留,且德莱登机场又没有地面气源设备,因此飞机发动机不能关闭。所以,加油时采用热加油(加油时一台发动机关闭,一台发动机保持运转)。当时天气下着小雪和冻雨,机长却由于种种原因不能对机翼进行除冰,因为安大略航空公司规定,发动机运转时,不能进行除冰操作,理由是除冰剂蒸汽有毒,除冰剂(除冰剂蒸汽有毒)会被发动机吸入并通过空调系统进入飞机客座舱,对乘客造成伤害。

设计资料表明,福克F-28型飞机的机翼可能会因为翼面上的少量冰雪而造成失速。当时气温很低,油箱内燃油温度很低(约-40℃),导致机翼金属表面温度也很低(此现象称为油箱的"冷浸"),冻雨落在机翼表面即会结成冰。福克F-28飞机自身防冰系统只能对机翼前缘进行防冰,不能除去机翼表面的冰。该航班在第一段航程已经出现延误,在该航段加油后,公司签派调度又安排10名旅客登机,造成飞机超重,机组人员不得不卸掉部分燃油,这导致航班延误进一步加剧。

当时的安大略航空公司处于发展上升期,期望在新引入F-28飞机上获得更多的利润,并希望能够尽可能的降低成本。如果机长决定对机翼进行除冰,必须等从其他机场运来地面气源车,这将导致航班延误更长时间,公司将不得不为旅客安排食宿。当机长在电话中协商此事时,公司要求机长自己想解决办法。最终机长判断当时下雪很小(机长早期得到的气象信息是小雪,但当后来已经出现冻雨),起飞气流应该能把机翼上的雪吹除,决定起飞。

当飞机拉起后失速,撞入跑道前面的树林而坠毁。针对德莱登空难发生的原因,调查委员会提出192项建议,避免同样事故再次发生。虽然该起空难与维修人员没有直接关系,但也引起加拿大运输部对航空维修人为因素的重视。

1993年,加拿大运输部聘请Gordon Dupont教授作为特殊项目协调员,开发《维修中人的表现》(*Human Performance in Maintenance*)课程。1994年,Goulon Dupont研究团队成功识别出在航空维修中,最容易导致航空维修人员出现失误并最终导致维修差错的12条因素,并绘制了12幅宣传画。

Goulon Dupont在1994年举办的首届维修人为表现专题研讨会上向业界展示了他们的研究成果,得到普遍认可,这十二条因素被称为"Dirty Dozen",国内一般翻译为"人为因素十二条""人为因素十二陷阱",也可直接翻译为"一打垃圾"。

5.3.2 Dirty Dozen 内容

Dirty Dozen(人为因素十二条)包括:缺乏沟通(lack of communication)、骄傲自满(complacency)、缺乏知识(lack of knowledge)、精神分散(distraction)、缺乏团队合作(lack of teamwork)、疲劳(fatigue)、缺乏资源(lack of resources)、时间压力(pressure)、缺乏主见(lack of assertiveness)、紧张压力(stress)、缺乏意识(lack of awareness)和不良惯例(norms)。

通过对人为因素十二条的研究,维修人员应能识别潜藏在自己周围的安全陷阱,并且针对每一个安全陷阱,尝试为自己、为同事搭建安全防护网,避免事故在自己和周边的人身上发生。现在很多航空公司、维修单位都将"Dirty Dozen"的宣传画(有些单位采用原版宣传画,有些单位选择自己设计宣传画)张贴在办公室、维修车间,随时提醒员工在工作中能够对这些因素加以防范,自觉主动避免差错。以下逐条介绍人为因素十二条的内容和每条的安全防护措施(即安全网)。

1. 沟通不良(lack of communication)

沟通不良是指缺乏清楚的、直接的陈述并且缺乏良好的积极地倾听技巧。维修差错的原因中经常能够发现沟通不良的问题,因此应该引起维修人员的高度重视。5.3.4 节已经对沟通问题做过较详细的陈述讲解。图 5-4 给出了维修工作中沟通不良的示例。

图 5-4 沟通不良示例

要把由于缺乏沟通而产生的差错减少到最低,推荐的安全措施如下:
(1) 与交接班人员讨论已经完成以及需要完成的工作;
(2) 在交流过程中,不能假设任何事情;
(3) 使用记录本、工作单进行工作交接以消除疑问;
(4) 采用文字交流时,采用简单、清晰、简洁的语言,保证阅读的人正确理解。

2. 骄傲自满(complacency)

骄傲自满是由于自我满足而缺乏风险情境意识。飞机维修具有大量的重复性工作,自满经常会成为一项潜在的风险,应该引起维修人员的重视。人一旦变得自满,对工作的压力和重要感就会减少,出错的可能性就会增加。自满经常与期望联系在一起。我们总是看到自己期望的东西,而不是实际存在的东西。如果这时存在其他的因素,比如疲劳、缺乏资源或压力,那么出错的机会就会变得更大。图 5-5 给出了骄傲自满的示例。

要把骄傲自满产生的差错减少到最低,推荐的安全措施如下:
(1) 通过"这次我会查到故障"进行自我训练,期望在执行任务时能查到故障;
(2) 工作时,正确使用检查单(工作做完一项,签署一项);
(3) 对于没有完成的工作,绝不能签字;
(4) 不要依靠记忆工作;
(5) 从其他人的错误中学习经验教训。

图 5-5 骄傲自满示例

3. 缺乏专业知识(lack of knowledge)

专业知识通常包括技术技能、技术知识、飞机专业知识以及工作程序等方面的知识。维修人员可以从工作中获得,也可以通过培训获得。专业知识是正确完成维修任务所必须具备的。图 5-6 给出了缺乏专业知识的示例。

图 5-6 缺乏专业知识

要把由于缺乏专业知识而产生的差错减少到最低,推荐的安全防范措施如下:
（1）接受针对所从事工作的相关训练；
（2）确保工作中适用的手册和程序是最新修订的；
（3）在工作开始前,先将程序阅读一遍；
（4）如果工作中发现与以往不同,要查明原因；
（5）如果存在疑问,可以询问技术代表或其他知道的人。

4. 分心(distraction)

分心是指心理或情感方面的混乱或干扰。在维修过程中,分心是难以避免的。分心虽然是很普遍的事情,但是如果它发生在某项工作的关键阶段,就可能引发灾难性的后果。心理学家认为：分心是造成遗忘的第一原因。

同自满大意一样,如果这时同时存在其他的因素(如疲劳、压力),那么出差错的可能性就会大大增加。图 5-7 给出了分心的示例。

要把由于分心产生的差错减少到最低,推荐的安全防范措施如下：
（1）工作时,使用详细的检查单；
（2）对没有完成的工作,要做好标记；
（3）离开前要么把工作完成,要么保持接头断开；
（4）尽可能使用保险丝或上紧力矩；
（5）返回重新工作时,从离开时的前三个步骤开始；
（6）完成的工作,由自己或别人再检查一遍。

图 5-7 分心示例

5. 缺乏团队合作(lack of teamwork)

缺乏团队合作是团队缺乏为达到共同目标而一起合作。团队合作对于安全高效地完成维修任务是十分重要。前面章节对团队合作的重要性已经做过详细的陈述。图 5-8 给出了缺乏团队合作的示例。

图 5-8 缺乏团队合作

要把由于缺乏团队而产生的差错减少到最低,推荐的安全防范措施如下:
(1) 通过对工作进行讨论,确保团队成员对工作有统一的认识;
(2) 确定统一的目标,并且每个人都愿意共同实现该目标;
(3) 尊重所有同事和他们的意见。

6. 疲劳(fatigue)

疲劳是由于长时间工作或者没有得到良好的休息等因素使人精神虚弱,暂时丧失反应能力。疲劳经常是维修人员出现差错的原因之一,应该引起维修人员的重视。前面已经对疲劳问题做过较详细的陈述。图 5-9 给出了疲劳的示例。

图 5-9 疲劳示例

要把由于疲劳产生的差错减少到最低,推荐的安全防范措施如下:
(1) 对各种疲劳征候要有警觉,并注意自己和同事的疲劳征候;

(2) 避免在生物节律处于最低点时从事复杂的工作；
(3) 养成规律的睡眠及运动；
(4) 当感觉疲劳时,让别人检查所完成的工作。

7. 资源不足（lack of resources）

资源（resources）是指完成工作所需使用的工具、设备、信息和程序等。资源的缺乏或使用不当是许多事故发生的原因之一。航空人员总是会遇到在资源不充足的情况下设法勉强地完成工作,这就经常导致了差错和违规。图 5-10 给出了资源不足的示例。

图 5-10　资源不足示例

要把由于资源缺乏或使用不当而产生的差错减少到最低,推荐安全防范措施如下：
(1) 如果认为缺乏该资源会降低安全性,则必须获取该资源；
(2) 保持一定的标准,即使有导致飞机停场的可能；
(3) 提前订购、储存预期要使用的备件；
(4) 知道所用可用备件的渠道,安排共享或租借事宜；
(5) 使用风险管理工具,评估万一出现故障的最坏后果。

8. 时间压力（pressure）

时间压力是指不考虑反面因素去敦促某事,而制造危机感或紧迫感。要完成某项工作的时间压力通常会成为我们激发去做这项工作的部分动力,这是人的天性。有时时间压力来自我们自己。即使我们有两周时间去完成一项只需两小时的工作,我们通常会拖到最后时间才去做。原因很简单,因为直到最后时间,压力才会变得足够强大,迫使我们去完成工作。你的领导也许会要求"换班前就要完成这项工作"。但是如果规定的时限不合理,而你又没有提出异议,那么更多责任是你而不是你的领导。前面章节已经对时间压力问题做过较详细的讲解。图 5-11 给出了时间压力的示例。

图 5-11　时间压力示例

要把由于时间压力而产生的差错减少到最低,推荐的安全措施防范如下:
(1) 确定时间压力不是自己引起的;
(2) 把所担忧的事情清晰地表达出来;
(3) 请求额外的帮助;
(4) 超过工作负荷时勇于说"不"。

9. 缺乏主见(lack of assertiveness)

缺乏主见是指缺乏主动、积极地陈述个人的想法、愿望和需要,并且受到挑战时没有陈述和坚持个人的立场。心理学家把人的行为方式分为两类或其两类的组合。一类是关系型,这一类型的人很看重他人的意见,他人的意见在决策过程中起重要作用;另一类是工作型,这一类型的人最先考虑的是工作或目的本身,其次考虑的才是他人意见。

(1) 偏向于关系型行为的人被认为是小心谨慎型。对这类人而言,提高其他人的认可是最重要的。

(2) 偏向于工作型行为的人被认为是主动型。对这类人而言,取得成就达到目的是最重要的。

(3) 既不偏向于关系型也不偏向于工作型行为的人被认为是自主自律型。对这类人而言,获得自信、自我满足是最重要的。

(4) 既偏向于关系型也偏向于工作型行为的人被认为是果断型。果断型具有很强的工作倾向,同时又极大程度地关心周围的人际关系。很显然,行为果断的是最理想的类型,是我们应该努力去达到的。

图 5-12 给出了缺乏主见的示例。

图 5-12　缺乏主见示例

要把缺乏主见的差错减少到最低,推荐的安全防范措施如下:
(1) 明确工作标准,并拒绝在标准上妥协;
(2) 如果涉及安全,必须坚持立场;
(3) 对于非关键问题,可将其记录在工作日志上,并申明自己的立场;
(4) 不是自己的工作,不要签字(维修签字意味着责任,签字比金子还宝贵)。

10. 紧张压力(stress)

紧张压力是由于某种压力源而导致的心理上和有时身体上的状态。压力源可能是仅仅短期存在的,也可能是长期存在的。例如,短期压力源可以是必须尽快完成的一项维修工作,一旦工作完成,压力就不存在。长期压力的例子包括离婚和人事关系问题。无论是短期压力和长期压力,都会影响人的工作和生活表现。你必须妥善处理好。不同的人承受压力的能力是不同的,也会出现不同的压力征兆。图 5-13 给出了紧张压力的示例。

图 5-13　紧张压力示例

要把由于紧张压力而产生的差错减少到最低,推荐的安全防范措施如下:
(1) 要知道紧张压力对工作的影响;
(2) 停下来,理性地分析当前问题;
(3) 制定一份合理的计划,并执行;
(4) 休假或至少休息一会儿,远离压力源;
(5) 和别人讨论;
(6) 请同事监督、检查你的工作;
(7) 适度进行有规律的体育锻炼。

11. 缺乏警觉(lack of awareness)

缺乏警觉也称为缺乏情景意识,即不能及时和正确预测某些行为或者状态可能产生的不利后果。图 5-14 给出了缺乏警觉的示例。

图 5-14　缺乏警觉示例

要把由于缺乏警觉而产生的差错减少到最低,推荐的安全防范措施如下:
(1) 想想当意外发生时会发生什么事情;
(2) 检查目前的工作程序是否与修订的程序一致;
(3) 征询他人意见,能否发现此做法是否存在问题。

12. 不良的惯例(norms)

惯例是指不成文的、默认的有关如何工作的标准和准则。在公司每个部门、每个工作区域总存在一些"工作惯例"影响维修人员的所做、所想。有一些惯例是好的,事实上我们也离不开它们。但是有一些惯例会影响我们的工作,并且对我们安全不利。例如,维修人员站在没有围栏的工作梯顶层工作,这种现象很普遍,这就是不良惯例,因为这样做会威胁到个人安全,而且在梯子上也贴有反对这样做的警告牌。导致不良惯例的原因有很多,包括自满、紧张、缺乏资源等因素。这种看似方便和没有危害的"捷径"做法成为惯例后,将成为工作中的陷阱。引进新观念和创新可能能够改进工作,但是,这些新观念应该得到评估,并且确保它们是"好的惯例",然后被有效地传播,让人人从中受益。图 5-15 给出了不良惯例的示例。

图 5-15 不良惯例

要把由于不良惯例而产生的差错减少到最低,推荐的安全防范措施如下:
(1)要识别不良惯例;
(2)要保持"习以为常的事不一定是正确的"警觉,远离不良惯例;
(3)永远按照工作程序(程序有问题时,将修订程序并获得批准)实施维修工作。

减少人为差错是每一个人的责任,每一名航空器维修人员都要在自己的工作中尽量仔细并要对差错保持警惕。航空器维修人员基本上都对自己工作的重要性非常清楚,通常都在努力避免损伤和伤害,并保障维修的航空器安全。

附录A

维修差错决断辅助工具(MEDA)

MEDA是美国波音公司主导,联合美国联邦航空局(FAA)、美联航、大陆航调查维修差错致因的辅助工具,全称是"维修差错决断辅助工具"(maintenance error decision aid, MEDA)。本书在2.3.1节介绍了MEDA事件模型,本节将讲述MEDA的实施。

1. MEDA理念

MEDA是对维修差错的研究,通过对事故发生原因的大量分析,研究人员提出以下理念:

(1) 任何人在工作中,总是会犯错误的,这是人的能力所决定的。在正常情况下,员工不会故意犯错误;

(2) 维修差错的发生,是由一系列因素诱发的,包括内因和外因。调查维修差错,目的是找出所有诱因,防止差错再次发生;

(3) 大部分诱因可通过维修单位程序加以控制。因此,通过改进管理,完善体系,可以减少人为差错,降低差错造成的后果;

(4) 从较低级别的事件调查入手,通过改进管理,可以预防更严重的事件发生;

(5) 重视系统和组织缺陷而不是个人差错,对明显减少人为差错的发生能起积极作用。因此,特别重视将组织和文化因素作为事故原因和事故预防的因素。

2. MEDA调查流程

人们在调查分析事故源时,经常集中在操作者身上,其结果常会掩盖了产生事故的潜在因素;现在,人们已经普遍认识到,事故的发生是由于多种因素造成的,这些因素,涉及与人相关的复杂过程,诸如认知、组织能动性、个人差异以及这些因素与系统设计之间的相互影响。下述分析流程,将帮助调查者进行全面调查,列出纠正和预防措施,并对这些措施实行闭环控制。MEAD提出的维修差错调查分析流程如图A-1所示。

3. MEDA调查表

MEDA维修差错调查表给出了维修差错调查过程和分析表格,如表A-1所示。

附录A 维修差错决断辅助工具(MEDA) 107

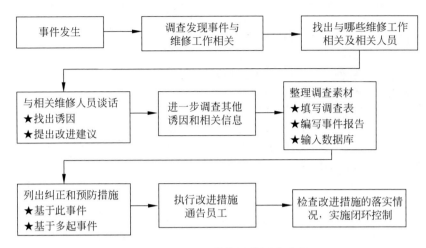

图 A-1 MEDA 维修差错调查流程

表 A-1 维修差错调查表

第一部分：概述

参考号：_____　　　　调查者姓名：_____

公司名称：_____　　　　调查者电话：_____

差错发生地点：_____　　调查日期：_____

差错发生时间：_____　　ATA 章节号：_____

飞机型号：_____　　　　飞机区域/站位/部位：_____

发动机/附件型号：_____　维修类别和等级：_____

注册号：_____　　　　　1. 航线—如果是,何种类型？_____

时间发生班次/任务/地点：_____　2. 基地—如果是,何种类型？_____

事件发生日期：_____　　3. 其他—如果是,何种类型？

上一次相关事件参考_____

第二部分：事件

A. 请检查事件

（ ）航班延误(写明延误时间)：天　小时　分　　　（ ）客舱失密

（ ）航班取消　　　　　　　　　　　　　　　　　（ ）飞机/发动机/附件损坏

（ ）返航/改航　　　　　　　　　　　　　　　　（ ）人员伤/亡

（ ）空中停车　　　　　　　　　　　　　　　　（ ）返工

（ ）空中火警　　　　　　　　　　　　　　　　（ ）其他(解释在下面)

描述导致事件发生的征候/性能衰减/故障的情况

续表

第三部分：维修差错

请选择维修差错类型
1. 安装不当
   - ( ) a. 未装所需设备/零件
   - ( ) b. 装了错误的设备/零件
   - ( ) c. 方向不对/位置不妥
   - ( ) d. 安装未完成
   - ( ) e. 安装了多余部件
   - ( ) f. 接近盖板未关或未关好
   - ( ) g. 未恢复系统/设备
   - ( ) h. 损坏
   - ( ) i. 其他
2. 放行前或工作后遗漏
   - ( ) a. 放行前未取下销子、堵头等
   - ( ) b. 勤务盖板未关
   - ( ) c. 检查、校验后未恢复
   - ( ) d. 其他
3. 检查/测试/故障隔离欠妥
   - ( ) a. 未发现性能下降
   - ( ) b. 未发现潜在故障
   - ( ) c. 未使系统/设备功能恢复/停止
   - ( ) d. 未作适当测试
   - ( ) e. 未将故障隔离
   - ( ) f. 未作适当检查
   - ( ) g. 其他
4. 损坏飞机/发动机
   - ( ) a. 移动/运输/滑行时损坏
   - ( ) b. 被车辆/工作梯撞击损坏
   - ( ) c. 操作/试验时误操作损坏
   - ( ) d. 设备使用不当
   - ( ) e. 使用有故障的航材
   - ( ) f. 机坪上的碎片损坏飞机/发动机
   - ( ) g. 其他
5. 外来物影响安全
   - ( ) a. 将物件遗忘在飞机/发动机内
   - ( ) b. 外物掉入
   - ( ) c. 其他
6. 勤务缺陷
   - ( ) a. 液/气不足或过多
   - ( ) b. 液体型号不对
   - ( ) c. 未按需要加注
   - ( ) d. 除冰(雪)不当
   - ( ) e. 车辆勤务保障不当
   - ( ) f. 其他
7. 修理不当
   - ( ) a. 器材损坏或未正确选用
   - ( ) b. 修理工艺偏差
   - ( ) c. 未完成修理
   - ( ) d. 试验不充分
   - ( ) e. 工具设备缺陷
   - ( ) f. 其他
8. 人员受伤
   - ( ) a. 肌肉僵硬
   - ( ) b. 接触性危险
   - ( ) c. 滑/绊/跌倒
   - ( ) d. 突发的危险
   - ( ) e. 未使用保护设备
   - ( ) f. 其他
9. 其他类型

事件描述：

第四部分：诱因分析

不适用	一、飞机设计/构造/零部件
☐	1. 构型复杂/缺陷　　　　4. 备件标识缺陷 2. 不易接近　　　　　　 5. 防错设计不充分 3. 构型改变　　　　　　 6. 其他 详细说明已选择的<u>飞机设计/构造/零部件</u>是如何导致差错的

不适用	二、初始批准的维修文件
☐	1. 不易理解　　　　　　 4. 不具备/无法得到 2. 不正确/不完善　　　 5. 资料未及时更新 3. 前后矛盾/参考过多　　6. 其他 详细说明已选择的<u>初始批准的维修文件</u>是如何导致差错的

不适用	三、公司维修文件
☐	1. 文件不正确、不完整　　5. 错误地更改制造厂文件 2. 缺少实用文件　　　　 6. 支持信息不及时或丢失 3. 工作单可操作性差　　 7. 必检要求不当 4. 未得到有效文件　　　 8. 其他 详细说明已选择的<u>公司维修文件</u>是如何导致差错的

续表

	第四部分：诱因分析
不适用 □	四、器材管理 1. 缺乏备件　　　　　　　　4. 不具备保管条件 2. 不具备合格标签　　　　　5. 发/领料差错 3. 实用超时限器材　　　　　6. 其他 详细说明已选择的器材管理是如何导致差错的
不适用 □	五、设备和工具 1. 不安全　　　　　　　　　7. 没有说明 2. 不可靠　　　　　　　　　8. 过于复杂 3. 控制器或显示器布局不合理　9. 标识不对 4. 校准缺陷　　　　　　　　10. 用错工具或设备 5. 无法获得　　　　　　　　11. 管理失控 6. 不适使用　　　　　　　　12. 其他 详细说明已选择的设备和工具是如何导致差错的
不适用 □	六、环境和设施 1. 强噪声　　　　6. 风　　　　　　11. 电源 2. 炎热　　　　　7. 光线差　　　　12. 通风 3. 寒冷　　　　　8. 振动　　　　　13. 其他 4. 潮湿　　　　　9. 整洁 5. 雨/雪　　　　10. 危险/有毒物质 详细说明已选择的环境和设施是如何导致差错的
不适用 □	七、工作任务 1. 单调/重复　　　　　　　　4. 与类似的任务不同 2. 复杂/易混乱　　　　　　　5. 时间和人力不足 3. 新任务或任务有变化　　　　6. 其他 详细说明已选择的工作任务是如何导致差错的
不适用 □	八、知识和技能 1. 任务知识不足　　　　　　　4. 公司程序和规定的知识不足 2. 技能不足　　　　　　　　　5. 专业知识不足 3. 任务计划不足　　　　　　　6. 其他 详细说明已选择的知识和技能是如何导致差错的
不适用 □	九、个人因素 1. 身体因素　　　　5. 过于自信　　　　9. 场所干扰 2. 疲劳　　　　　　6. 身材/力量　　　10. 其他 3. 时间限制　　　　7. 个人事物 4. 同事的压力　　　8. 工作中断 详细说明已选择的个人因素是如何导致差错的
不适用 □	十、计划和监督 1. 缺乏分工和提示　　　　　　5. 过多或缺少监管 2. 工作先后次序安排欠佳　　　6. 缺少检验和互检 3. 分配任务欠妥　　　　　　　7. 其他 4. 不现实的态度/期望 详细说明已选择的计划和监督是如何导致差错的

续表

	第四部分：诱因分析	
不适用 ☐	十一、信息沟通 1. 部门之间 2. 人员之间 3. 工作班次之间 4. 员工和领班之间 详细说明已选择的信息沟通是如何导致差错的	5. 领班和经理之间 6. 机组与地面人员之间 7. 缺乏沟通所需的手段 8. 其他
不适用 ☐	十二、组织机构 1. 公司政策缺陷 2. 公司程序和规定缺陷 3. 容忍习惯性做法 4. 员工队伍不稳定 详细说明已选择的组织机构是如何导致差错的	5. 检验员不能正确行使职能 6. 部门间工作任务不平衡 7. 缺乏对人员的全面评估 8. 其他
不适用 ☐	十三、其他（详细解释其他问题是如何导致错误的）	

第五部分：纠正和预防措施

类别	说　　明
1.1 政策和程序	
1.2 技术文件	
1.3 支持性文件	
2.1 持续性培训	
2.2 环境/设施	
2.3 组织机构	
2.4 人力资源	
3 安全文化	
4 其他	

第六部分：纠正和预防措施闭环审计记录

维修差错调查由六部分工作组成，它们之间的相互关系如图 A-2 所示。

4. MEDA 实施

航空公司或维修单位实施 MEDA，最关键是管理层的决心。

1) MEDA 实施流程

（1）设立或指定组织机构

聘任维修差错调查和管理人员。维修差错的管理部门可以单独设立，也可以由安全管理部门或质量控制部门或可靠性部门兼管。

（2）要确定维修差错调查的范围和原则

对事故、事故征候和影响大的差错事件必须进行维修差错调查，一般事件经过评审后确定是否需要调查。为了保证调查质量，各单位都应制订主动报告原则，不处罚和减轻处罚的

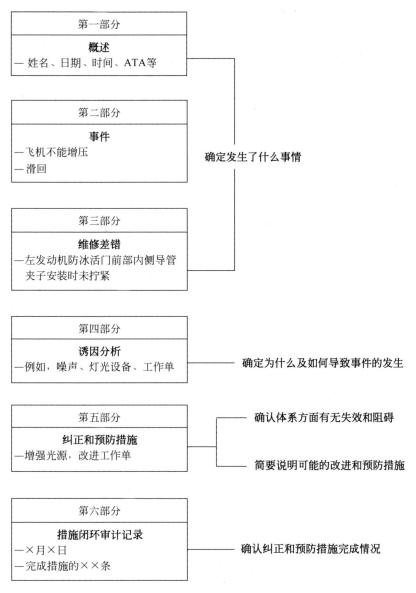

图 A-2　维修差错调查表各部分相互关系

原则等,营造一个自愿报告和主动分析差错的氛围。同时,制订维修差错调查和管理程序。

(3) 培训人员

对维修差错调查和管理人员进行专门培训,使其熟悉调查要求、掌握调查程序,能够按照调查表的要求深入进行事件调查并填写调查表。对调查分析的原始凭证,应及时取证,妥善保存。

(4) 事件调查

调查材料及其纠正和预防措施,应征求有关部门经理的意见并得到确认;或者在维修单位相应的会议上讨论评估,然后经主管领导批准。讨论中应保护不同意见,鼓励实事求是地进行深入分析,找出维修系统中存在的问题,找出企业文化方面存在的问题。对公司政策和程序方面存在的问题,要及时补充修订。

(5) 改进措施的执行

① 维修差错事件相关部门,应根据调查报告中提出的问题,落实纠正和预防措施;

② 将维修差错事件的原因和纠正措施等,及时向员工通报,吸取教训,改进工作;

③ 将维修差错事件调查报告进行整理,列入人为因素持续培训内容;

④ 将调查资料输入人为因素统计数据库,并进行相应的统计分析。

(6) 分析规律和闭环管理

① 每季度或每半年,要对维修差错事件、类型和诱因进行分析,找出本单位存在的规律性问题;

② 每年要进行一次维修差错综合分析和评估,并写出报告;

③ 要定期检查纠正和预防措施的执行情况,跟踪监控,直至全部落实;同时,应在调查表的第六部分做简要记录。

2) MEDA 实施成效

MEDA 理念已经得到各国民航当局的认可。在我国,将 MEDA 纳入咨询通告(AC-121-007),在全国范围推广。国外航空公司实施经验表明,经过采用 MEDA 理念进行航空维修差错管理,取得了以下成效:

(1) 其维修延误减少了 16%;

(2) 更改并改进了维修程序和航空公司的工作程序;

(3) 制定最长当班时间和最短休息时间的规定;

(4) 对运行的纪律文化进行了修改;

(5) 停止责难过程,使文化从"谁"变成了"为什么";

(6) 工具和设备的改进;

(7) 改进了航线维修工作量计划;

(8) 制定了减少工作中发生的事故和伤害的方案。

附录B 航空事故划分标准

航空事故主要分为飞行事故和维修事故两大类。

1. 飞行事故

飞行分为特别重大飞行事故、重大飞行事故和一般飞行事故,此外还有飞行事故征候。

1) 特别重大飞行事故

凡属下列情况之一者:

(1) 人员死亡,死亡人数在40人及以上;

(2) 航空器失踪,机上人员在40及以上。

2) 重大飞行事故(serious flight accident)

凡属下列情况之一者:

(1) 人员死亡,死亡人数在39人及以上;

(2) 航空器严重损坏或迫降在无法运出的地方[最大起飞质量在5.7t(含)以下的航空器除外];

(3) 航空器失踪,机上人员在39人及以上。

3) 一般飞行事故(general flight accident)

凡属下列情况之一者:

(1) 人员重伤,重伤人员在10人及以上;

(2) 最大起飞质量在5.7t(含)以下的航空器严重损坏,或迫降在无法运出的地方;

(3) 最大起飞质量5.7~50t(含)的航空器一般损坏,其修复费用超过事故当时同型或同类可比新航空器价格的10%(含);

(4) 最大起飞质量50t以上的航空器一般损坏,其修复费用超过事故当时同型或同类可比新航空器价格的5%(含)。

4) 飞行事故征候

在航空器运行阶段或在机场活动区内发生的与航空器有关的,不构成事故但影响或可能影响安全的事件,分为严重事故征候和一般事故征候。

(1) 严重事故征候

① 为避免航空器相撞或不安全情况,应做出规避动作的危险接近。发生小于规定间隔事件,且危险指数大于90(含)的飞行冲突;

② 进近发生的可控飞行撞地;

③ 在关闭或占用的跑道,滑行道或未指定的跑道上中断起飞(不包括经批准的直升机

运行);
　　④ 在关闭或占用的跑道、滑行道或未指定的跑道上起飞(不包括经批准的直升机运行);
　　⑤ 在关闭或占用的跑道、滑行道或未指定的跑道上着陆或尝试着陆(不包括经批准的直升机运行);
　　⑥ 在起飞或初始爬升过程中明显未达到预定性能;
　　⑦ 航空器起火冒烟或发动机起火,即使这些火被扑灭;
　　⑧ 需要飞行机组人员紧急使用氧气的情况;
　　⑨ 未被列为事故的航空器损坏或发动机解体,包括非包容性涡轮发动机失效;
　　⑩ 严重影响航空器运行的一个或多个系统出现的多重故障;
　　⑪ 空中飞行机组必需成员在岗位上丧失工作能力;
　　⑫ 因燃油量不足,需要飞行员宣布紧急状态;
　　⑬ A类跑道侵入;
　　⑭ 起飞或着陆事故征候,如冲、偏出跑道或跑道外接地;
　　⑮ 系统故障、天气现象、在飞行包线外飞行或其他情况可能导致的航空器操纵困难;
　　⑯ 空中必需的飞行引导与导航冗余系统中一个以上的系统出现故障;
　　⑰ 类似上述条款的其他事件。

(2) 一般事故征候
　　① 为避免航空器相撞或不安全情况,应做出规避动作的危险接近。发生小于规定间隔事件,且危险指数介于75(含)至89(含)之间;
　　② 航空器安定面配平超出起飞允许的范围、襟翼不在规定的位置继续起飞;
　　③ 操纵面夹板、挂钩、空速管套、静压孔塞或尾撑杆未取下起飞;
　　④ 航空器着陆前未放起落架,高度下降到100m以下;
　　⑤ 起落架机轮(滑橇)之外的任何部位触地(不影响放行的尾橇擦地除外);
　　⑥ 航空器在着陆时超过该机型的使用最大过载(G 值),造成机体结构或起落架受损;
　　⑦ B类跑道侵入;
　　⑧ 飞行中出现失速警告(假信号除外);
　　⑨ 任意一台发动机空中停车;
　　⑩ 仪表进近认错跑道(包括跑道方向)进近,且在决断高度(高)或最低下降高度(高)以下复飞;
　　⑪ 目视进近认错跑道(包括跑道方向)进近,且在机场标高60m以下复飞;
　　⑫ 双向陆空通信联系中断,造成调整其他航空器避让等后果,或者区域范围内双向陆空通信联系中断10min(含)以上,进近或塔台范围内双向陆空通信联系中断3min(含)以上;
　　⑬ 误入禁区、危险区、限制区、炮射区或误出国境。

2. 维修事故

1) 特大维修事故

由于维修造成下列情况之一者为特大维修事故:
(1) 航空器及部件在地面发生损坏,直接经济损失超过事故当时同型或同类可比新航空器(最大起飞质量小于或等于5.7t的航空器除外)整机价格的3%或超过500万元(含),以低限为准;

(2) 在地面发生事故人员死亡 4 人(含)以上；
(3) 重大飞行事故。
2) 重大维修事故
由于维修造成下列情况之一者为重大维修事故：
(1) 航空器及部件在地面损坏,直接经济损失超过事故当时同型或同类可比新航空器(最大起飞质量小于或等于 5.7t 的航空器除外)整机价格的 1% 或直接经济损失 100 万元(含)～500 万元,以低限为准；
(2) 在地面发生事故人员死亡 3 人(含)以下；
(3) 地面设备、厂房设施损坏,直接经济损失 100 万元(含)～500 万元；
(4) 一般飞行事故。
3) 一般维修事故
由于维修造成下列情况之一者为一般维修事故：
(1) 造成航空器及部件在地面损坏,直接经济损失超过事故当时同型或同类可比新航空器(最大起飞质量小于或等于 5.7t 的航空器除外)整机价格的 0.5% 或直接经济损失 50 万元(含)～100 万元,以低限为准；
(2) 地面设备、厂房设施损坏,直接经济损失 50 万元(含)～100 万元；
(3) 人员重伤。
4) 维修事故征候
由于维修造成下列情况之一者为维修事故征候：
(1) 航空器及部件发生损坏,直接经济损失超过 20 万元(含)；
(2) 地面设备、厂房设施损坏,直接经济损失超过 10 万元(含)；
(3) 活塞式发动机在未关磁电机的情况下,扳动螺旋桨；
(4) 未按规定取下航空器的堵塞、管套、销子、夹板、尾撑等,航空器起飞；
(5) 任何系统工作失效,导致需启用应急系统或航空器紧急下降；
(6) 未取得航空器的国籍登记证、适航证和无线电台执照,擅自放行航空器从事飞行活动；
(7) 未按中国民用航空总局适航维修部门批准或认可的维修大纲、维修方案和部件维修手册进行维修或修理民用航空器及部件,并造成航空器不能正常使用；
(8) 航空器加注规格不符合要求的液压油、滑油后起飞；
(9) 航空器在低于规定的最少滑油量、液压抽量时起飞；
(10) 航空器在低于《最低设备清单》和《外形缺损清单》标准的情况下放行并起飞；
(11) 运行中,航空器操纵面、发动机整流罩、舱门、风挡玻璃飞掉,蒙皮揭起或张线断裂；
(12) 运行中,航空器机轮脱落；
(13) 运行中,维护、检查盖板脱落,造成航空器受损；
(14) 航空器在起飞滑跑速度小于抬前轮速度 37km/h(20kn)时至上升高度达到 300m 的过程中,发动机停车;在上升、平飞、下降过程中,三发(含)以上航空器多于一台发动机停车；
(15) 在空中,航空器的主要操纵系统出现卡阻或襟翼、缝翼失效；
(16) 直升机飞行中发生旋翼颤振；
(17) 发动机、起落架舱或操纵系统带外来物飞行；

(18) 直升机飞行中,发生该机型飞行手册规定的需立即着陆的故障;
(19) 凡未达到维修事故等级,但性质严重的其他事件。

5) 维修严重差错

由于维修造成下列情况之一者为维修严重差错:

(1) 人员受伤,脱离原工作岗位 30d(含)以上;
(2) 航空器及部件损坏,直接经济损失超过 10 万元(含);
(3) 地面设备、厂房设施损坏,直接经济损失超过 5 万元(含);
(4) 机动车辆刮碰航空器,造成航空器损伤;
(5) 因未按规定挡轮挡或使用刹车等维修责任,导致地面试车时航空器发生移动,但未造成其他后果;
(6) 在航空器维修工作中漏做工作单(卡)规定的内容;
(7) 加错燃油、液压油、滑油,但未造成后果;
(8) 发动机未加滑油开车,但未造成后果;
(9) 没有整机放行权的人员签署整机放行,并造成航空器起飞;
(10) 因违章维修造成航空器中断起飞或返航;
(11) 航空器使用失效的或复印的航空器国籍登记证、适航证和无线电台执照;
(12) 未经中国民用航空总局适航审定部门批准,擅自在已取得适航证的航空器上进行重大改装工作;
(13) 未经中国民用航空总局适航审定部门批准,擅自在航空器上安装、使用其他机载设备和客、货舱服务设施(非固定式旅客服务设施除外);
(14) 未按规定时间及程序完成中国民用航空总局适航审定部门颁发的适航指令;
(15) 未经批准,航空器时控件超时使用;
(16) 未经批准,航空器偏离维修周期检修;
(17) 在航空器上使用未经批准的航材;
(18) 航空器不带飞行记录本飞行;
(19) 滑油箱加油口盖未盖好,航空器起飞;
(20) 在航空器上升、平飞、下降及着陆接地前,一台发动机停车;
(21) 活塞式发动机停车后,未关磁电机开关;
(22) 因操作不当,使加温机起火、爆炸或伤人;
(23) 维修工作单(卡)中维修工作项目未做完就签字;
(24) 未拔电源插头就移动电源车,造成航空器电源插头或机体损伤;
(25) 重要附件(发动机、起落架、操纵系统)修理及装配中漏检、漏项、漏装和错装,并造成后果(航空器停场、航班延误、增加维修工作等);
(26) 由于维修责任造成发动机温度、转速超过最大允许值及时间限制,导致发动机损坏,需要拆下进行修理;
(27) 在滑跑中,轮胎爆破或脱层,造成航空器及其部件受损或影响飞行操作性;
(28) 凡未达到事故征候等级,但性质比较严重的其他事件。

6) 维修一般差错

由于维修造成下列情况之一者为维修一般差错:

(1) 航空器及部件损坏,直接经济损失超过 5 万元(含);
(2) 地面设备、厂房设施损坏,直接经济损失超过 2 万元(含);
(3) 违章操作致使工具损坏,直接经济损失在 5000 元(含)以上;
(4) 因违章维修造成航空器延误或取消;
(5) 维修过程中丢失工具;
(6) 未按规定系留或挡轮挡致使航空器移动,但未造成后果;
(7) 未取夹板放襟翼,但未造成后果;
(8) 除直升机外,带系留开车;
(9) 使用的维修工具未采用登记或打号注册等有效控制手段,被领取进行维修活动,但未造成后果;
(10) 使用超期计量器具,但未造成后果;
(11) 航空器停留或过夜,未按规定装上堵塞、管套、销子、夹板、尾撑和系留等;
(12) 未按规定的温度要求扳转活塞式发动机螺旋桨;
(13) 部件修理,由于维修人员责任造成零小时返厂;
(14) 凡未达到严重差错等级的其他事件。

附录C

中国民航运输航空器维修差错统计与分析

通过对2007—2010年间中国民航各运输航空公司上报中国民用航空局飞行标准司使用困难报告(SDR)系统的维修差错数据进行统计与分析,能够发现目前维修差错事件中隐含的规律,并提前做到预警和预防。

1. 维修差错总体情况

1) 维修差错数量分布

2007—2010年,SDR系统共收集国内运输航空器维修差错报告共计68份,其中2007年15份,2008年19份,2009年14份,2010年20份。通过统计国外、国内维修单位的维修差错数量以及不同维修工作类别的维修差错数量(如图C-1)可知,维修差错事件多发生于国内维修单位实施的航线维修工作中。

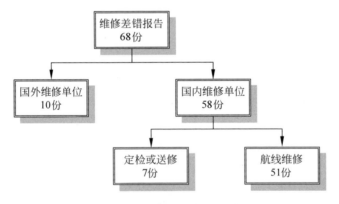

图C-1 维修差错数量统计

2) 维修差错分类统计分析

依据中国民用航空局咨询通告(AC-121-007)《航空人员的维修差错管理》中的"中国民用航空总局维修差错调查表",将维修差错分为"放行前或工作后遗漏"和"安装不当"等9种类型,依据该分类标准,可将2007年以来的维修差错报告分类统计如图C-2所示。从统计结果可看出,维修差错类型排名前三位的依次为放行前或工作后遗漏、安装不当和损坏飞机/发动机,这三类占维修差错报告总数的74%,为主要维修差错类型,具体分析如下。

(1) 放行前或工作后遗漏。该类型分为放行前未取下销子、堵头等,检查、校验后未恢复等4个方面。涉及放行前未取下销子、堵头等11份,占该类型报告总数的58%,主要表

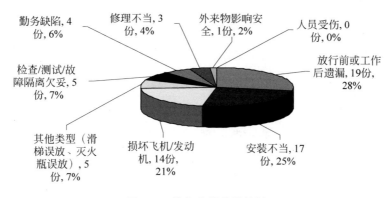

图 C-2 维修差错分类统计

现为起落架安全销未拔或安全销外筒未拔出;涉及检查、校验后未恢复6份,占该类型报告总数的32%,主要表现为修理工作完成后反推液压控制组件(HCU)未解锁;涉及其他2份,占该类型报告总数的10%,均表现为飞机滑行前未撤轮挡。

(2) 安装不当。该类型分为方向不对/位置不妥和未装所需设备/零件等9个方面。涉及方向不对/位置不妥12份,占该类型报告总数的71%,主要表现为起落架刹车管路连接错误导致爆胎、螺杆、螺帽未拧到位以及电插头未安装到位等;另外涉及接近盖板未关或未关好2份,涉及未装所需设备/零件2份,涉及装了错误的设备/零件1份。

(3) 损坏飞机/发动机。该类型分为设备使用不当,操作/试验时等7个方面。涉及设备使用不当6份,占该类型报告总数的43%,主要表现为尾撑或千斤顶损坏飞机;另外涉及被车辆和工作梯碰撞4份,涉及操作/试验时3份,涉及使用有故障的工具1份。

3) 维修差错诱因分析

AC-121-007中的中国民用航空总局维修差错调查表将维修差错诱因分为飞机设计/构造/零备件、公司维修文件和个人因素等13类,依据该分类标准,可将2007年以来的维修差错诱因分类统计如图C-3所示。从统计结果可看出,诱因类型排名前三位的依次为个人因素、知识和技能和计划和监督,具体分析如下。

(1) 个人因素。该类型分为时间限制、场所干扰和其他等10个方面。涉及其他43份,占该类型报告总数的86%,主要表现为机务人员未严格按照手册要求操作,工作作风不严谨、不细致等;另外涉及过于自信4份,工作中断3份,时间限制2份,场所干扰1份,疲劳1份(1份报告可能涉及同一类维修差错诱因中的两个或多个方面,下同)。

(2) 知识和技能。该类型分为任务知识不足、专业知识不足和技能不足等6个方面。涉及任务知识不足3份,占该类型报告总数的33%,主要表现为开关舱门知识不足导致滑梯包误放;涉及专业知识不足3份,占该类型报告总数的33%,主要表现为对飞机零部件工作原理不熟悉造成飞机扰流板腹板支撑座压坏以及误放前货舱灭火瓶等;另外涉及技能不足2份、其他(英语阅读能力不足)1份。

(3) 计划和监督。该类型分为缺乏分工和提示、分配任务欠妥以及缺少检验和互检等7个方面。涉及缺少检验和互检9份,主要表现为自锁螺母、电插头、N2轴人工驱动堵盖未安装到位以及起落架下位锁销插孔内留有起落架下位锁销的外套筒等;涉及缺乏分工和提示以及过多或缺少监管各1份。

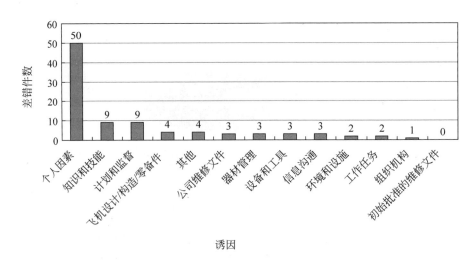

图 C-3　维修差错诱因统计

2. 重复、多发维修差错分析

2007 年以来,国内已发生多起因起落架安全销未拔、尾撑使用不当和机轮刹车液压管路连接错误等维修差错(涉及零部件/工具如图 C-4 所示),具体分析如下。

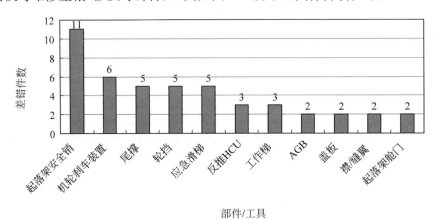

图 C-4　涉及零部件/工具差错分布

1) 起落架安全销

在涉及起落架安全销的 11 份维修差错报告中,起落架安全销未拔导致飞机返航 7 份,主要与机务人员未严格按维修手册操作以及放行压力和工作交接等原因相关。起落架安全销内销拔出,但外套筒留在起落架上导致飞机返航 3 份,其中有 2 份发生于 CRJ-200 型飞机,该型飞机机翼较低,拔安全销时需要蹲在机翼下,容易在拔出时施加力的角度不正,导致外套筒与起落架上销孔壁产生较大摩擦力,使得长时间使用后已存在严重磨损的安全销发生内销和外套筒分离;另 1 份发生于 B737-800 型飞机,安全销内销与外套筒分离的原因为内销和外套筒连接处的紧固装置失效。在地面已拔出前起落架安全销的情况下作起落架收放测试,导致飞机机头触地 1 份,该起事件对飞机造成严重损坏,同时也造成人员受伤,主要与放行压力、未严格按维修手册操作等原因相关。

2) 机轮刹车装置

在涉及机轮刹车装置的 6 份维修差错报告中，机轮刹车液压管路连接错误导致爆胎 3 份，主要与管路防错设计不充分、缺少识别标记以及机务未采取积极措施对管路进行标记后再进行拆装相关。另外 3 份分别为机轮刹车相关电插头插反、未插到位以及在执行机轮刹车系统保留故障时未释放刹车毂中的残留压力导致爆胎，主要与防错设计不充分、任务知识不足、未严格按手册操作和缺少互检相关。

3) 尾撑

在涉及尾撑的 5 份维修差错报告中，尾撑使用不当导致飞机损坏 3 份，主要与机务违反尾撑安全操作规定相关。另外 2 份分别为尾撑工具存在故障导致飞机损伤，以及地面人员在用拖车拖尾撑撤离飞机时，未按规定路线行驶，导致尾撑碰撞飞机。

4) 轮挡

在涉及轮挡的 5 份维修差错报告中，飞机滑行时前轮挡未取走导致飞机前轮受损 2 份，主要与机务未严格按照维修手册操作、公司维修文件不完善相关。在地面有积雪的情况下使用木质轮挡（应使用雪地轮挡）且使用轮挡数量不足导致飞机移动和损伤 1 份，主要与国外协议维修单位机务未严格按维修手册要求操作和选择工具相关。轮挡未紧贴机轮摆放，导致顶升飞机时飞机移动并受损 1 份，主要与摆放轮挡的机务未严格按照维修手册操作相关。轮挡提前取走导致飞机滑动和损伤 1 份，主要与机务和机组缺乏信息沟通相关。

5) 应急滑梯

在涉及应急滑梯的 5 份维修差错报告中，机务误操作导致应急滑梯释放 4 份，主要与任务知识不足、未严格按照应急出口门操作程序操作以及在没有工作安排时擅自操作等原因相关。国内维修单位在对应急滑梯充气瓶组装时卡环未完全安装到位，导致卡环逐渐脱出，造成应急滑梯释放 1 份，主要与维修人员未严格按照维修手册操作相关。

6) 反推 HCU

反推 HCU 未解锁导致反推无法放出维修差错报告 3 份，主要与机务未严格按照维修手册操作和缺少互检相关。

7) 工作梯

工作梯与飞机碰撞导致飞机受损维修差错报告 3 份，主要与机务工作疏忽和工作环境灯光较暗相关。

附录D

与人为因素/人为差错相关的事故及事故征候

1. Aloha 航空 B737 前机身上部蒙皮撕裂

1988年4月,美国夏威夷 Aloha 航空公司的一架 B737-200 飞机在执行 243 航班时发生一起事故,18ft 长的飞机上层结构蒙皮由于结构失效突然与飞机脱离,如图 D-1 所示。

图 D-1 B737-200 飞机前机身上半部蒙皮撕裂(1988年4月)

按照 FAA 规章要求,飞行前曾由两名工程检查员对飞机进行了检查,其中的主检查员有22年的工作经验,另一名检查员有33年的工作经验,两个人在检查中都没有发现任何的裂纹。事故发生后的调查分析指出,在两名检查员检查时,飞机蒙皮上已经有至少240多处裂纹。随后的深入调查确定,是人为因素问题导致了检查的失败。这起事故激起了美国对航空维修中人为因素的研究。

从这些案例中明显看出,在航空维修中的人为因素,是一个重要的问题,值得认真考虑,不容忽视。

2. BAC 1-11 风挡玻璃更换事件

1990年6月10日,一架飞机(BAC1-11型,执行英国航空公司5390航班)从伯明翰国际机场起飞前往西班牙的马拉加,机上共有81名乘客,4名乘务员和2名飞行机组成员。在起飞时副驾驶作为把杆飞行员,一旦稳定爬升,机长按照营运人的正常运行程序操纵飞机。在这个阶段,两名飞行员松开自己的肩带,机长松开其腰部安全带。当爬升到 17300ft 时,飞机发出剧烈爆炸声,并且机身充满很浓的烟雾,情况表明,飞机发生了快速释压。驾驶舱风挡爆裂,机长的部分身体从风挡的裂口处被吸出到机外。驾驶舱门被吹到驾驶舱中,倒在无线电与导航操纵台上。副驾驶立即重新控制飞机,并开始快速下降至飞行高度层。客舱乘务员试图将机长拉回机内,但由于气流效应的阻碍,他们没有成功。直到飞机着陆,他们一直抓住机长的脚踝。副驾驶操纵飞机安全降落在南安普敦机场。经调查确认,左侧风挡是在飞行前更换的,固定风挡的 90 个螺栓中有 84 个比规定的直径小。

事故的起因是在 1990 年 6 月 8 日,夜班维修值班经理早早地来到班上,为了赶上办理交接手续和校对本班工作任务。他刚休息了 4 天,这是他在 5 周中的第一个夜班。

值班经理发现任务很重,特别是因为领班和持照的维修人员都不上班。这个值班经理就是班上唯一持照的维修人员,他必须担当维修、分派工作和帮助其他维修人员的任务。工作计划表明下一个白天班将缺少人手,并且 BAC1-11 飞机的清洗工作必须按时完成。BAC1-11 的机长风挡还需要更换。为了使飞机准备好交给清洗组清洗,值班经理决定自己更换风挡。

大约在凌晨三点,他找出维修手册,查阅更换风挡的程序。他没有戴眼镜,虽然他已有两年没有更换过风挡,但在简单地查阅手册后,他相信这是一项简单的工作,不要求做压力检查或重复检查。

在卸下风挡后,他注意到某些螺栓已损坏或锈蚀,他决定更换这些螺栓。在紧固件货架处光线很暗,而且标签已破损。他知道螺栓正确的件号,但只是将旧螺栓同新螺栓放在一起对比尺寸便认定这是正确的尺寸。他取了 84 只这种螺栓和一些用于边角位置的长螺栓返回飞机,他没有注意到所拿的螺栓比他卸下的螺栓略细。

用于安装风挡的专用扭矩扳手没有经过校准,在没有其他可用工具的情况下,值班经理要求仓库领班将这只未经校准的工具设定在 20b·in(1b·in=0.1130N·m),随即开始安装这些螺栓。

这架飞机当时已被倒拖入机库,机库大门已关闭。关上的机库门使工作梯无法推到机头前方的正确位置。结果他只能将工作梯放在机头的侧面。

这是一个很不恰当的位置,他必须伸手跨过机头作业,这使他在安装时无法看到螺栓,仅能凭借感觉施工。他没有发现螺栓装配到位后埋头比正常的要低,这在正常情况下是很容易看清的。他自己完成了工作并签了字。

两天后,飞机飞到 17300ft 高度,突然一声巨响,机长面前的风挡脱落。

这是一起人为因素在航空维修中的经典案例。这一事故征候与多个人为因素问题有关,包括维修经理在识别更换螺栓时的感知失误、库房内照明不好、没有戴眼镜、生理节奏的影响,工作实践以及可能的机构和设计因素等。

3. Tu-154 飞机自动驾驶仪插错插头

1994 年 6 月 6 日,我国一架 Tu-154 飞机执行航班任务,起飞后发生飘摆,保持不住。飞行员用额定马力保持 400km/h 速度上升,先后报告飞机以 20°、30°坡度来回飘摆,两名飞行员都无法保持飞机的稳定操纵。飞行员采取了短时断开自动驾驶仪等方法进行处理,但未能奏效。此后,飞机速度降至 373km/h,迎角 20°,出现失速警告。再后,飞机突然向左滚转并急剧下俯,最大下俯角 65°,最大左坡度 66.8°,速度达到 747km/h,出现超速警告,高度由 4717m 降到 2884m,航向由 280°左转到 110°,最大垂直过载达 2.7g,最大侧向过载达 1.4g。在高度 2884m 时,飞机开始空中解体、坠落,机上 160 名乘员全部遇难。

调查表明,由于地面机务维修人员在更换安装架时,将自动驾驶仪的倾斜阻尼插头与航向阻尼插头插错,导致飞机操纵性异常,使侧向动稳定性变坏,飞机离地后产生飘摆,随之解体坠毁。

4. B747 飞机发动机反推管路未复原案例

2000 年 4 月 17 日 14:00,一架 B747 飞机执行航班任务,当飞机起飞速度达到 v_1 时,3 号发动机出现火警,其主要仪表指示错乱,而且油门操纵不动,机组人员对该发动机采取灭火、停车措施,使飞机安全返航。

经检查发现,由于维修人员在 4 月 15 日查找 3 号发动机金属碎片而执行工作指令时,错误地断开三通活门反推气源管,并忘记复原,导致飞机在 4 月 17 日飞行中高温高压气体从该处喷出,造成火警,烧坏了附近的导线,使仪表指示错乱,发动机安装马鞍架损坏,油门操纵钢索特氟隆衬套被烤熔将钢索黏结,油门不能操纵。

维修人员为什么会错拆管路又忘记复原呢?

2000 年 4 月 15 日,夜班维修人员负责完成工程指令和排故工作,此项工作由 6 名维修人员完成。该机停在机库 1 号位,为了便于启动 APU 引气检查,需将飞机调转 180°。某维修人员利用等待飞机拖车的时间,凭自己对工作指令中第 3 项"拆开到反推三通活门的气管,检查是否有金属碎片并取出"的理解(工作指令没有提供相关的参考资料或附图),错误地断开了位于发动机左上方的三通活门的反推供气管,并将拆下的固定卡环搭在气管上。大约 30min 后拖车到场,工作被中断,调整飞机到位后,6 人继续工作。该维修人员在工作中断后未进行标识或记录,因此忘记复原拆卸过的管路接头。

维修人员之间缺乏互相交流与沟通,该维修人员错误断开管路接头,其他人都不知道。任务分工不明确,造成有两名机械员同时完成第 3 项工作。

公司维修管理手册规定,完成维修工程指令后,工作执行人员和检查人员应分别签署。此次事故就是因为工作执行人员尚未签署,检查人员就进行了签署,这使得工作人员失去了一次回顾的机会。

5. B747SP 飞机驾驶舱紧急逃离门打不开

1) 事件描述

1999 年 3 月 23 日,一架 B747SP 飞机执行航班任务。航前登机通电检查时发现驾驶舱机组紧急逃离门打不开,两人用力拉也无法拉开。工作人员认为事情严重,不予放行。后拆下此门发现门的边缘四周被黑色胶粘死,清除胶后故障排除,飞机放行。

2) 事件调查

1999 年 2 月 12 日,该机因机组逃离门漏气更换封严条;16 日,该机起飞后机组报告机组逃离门处漏气响声很大,能见外部光亮,客舱增压上不去,飞机返航落地后检查,发现封严条不好,换机飞行;18 日,TLB 反映该机爬升时气流声很大,机务检查并清洁了封严条和门框;20 日,TLB 再次反映相同情况,机务检查发现封严条有一处皱褶,便重新安装了封严条;21 日,TLB 仍反映漏气,检验员在 TLB 盖了三次重复故障监督章,机务、排故工程师、检验员共同检查、研究,发现封严条压得比较严整,只是靠后面的一个锁销孔原位置比较靠下,经调节并清洁封严条及门框后,决定由排故工程师跟班观察排故;22 日,工程师跟班回来仍反映漏气,机务调节了齿板和镜链垫片并进行增压试验,无漏气,需飞行中再观察;23 日,白天飞行中仍反映漏气,地面检查也有漏气,当天夜班时又对齿板做了调节,地面试验直至无漏气为止,待 24 日飞行再观察;24 日,执行航班后 TLB 仍反映漏气,根据 A/O 指令重新对门的封严条和齿板进行调节并在封严条周围涂 BMS5-95 胶,进行增压试验,未发现漏气;26 日航班后 TLB 仍反映漏气声音很大,地面对该门状况进行再次检查,未见异常,研究决定派人跟班观察;27 日航班后,跟班人员及机组仍反映漏气,当班中队长为保证航班正常,在没有技术文件依据、未按 AMM 手册的偏离程序要求或经相关人员批准的情况下,临时使用 A/N51272431GRY 封严胶带对逃离门进行封严,有关人员继续研究方案,待飞机回基地后处理。当班检验员考虑到此胶带为永不固化胶且黏性不大,故同意临时使用。封严后反复进行调节,开关逃离门试验正常,并通知机务进行观察。

3 月 1 日后航班没有反映逃离门漏气。由于完成临时处理后,没有按规定填写地面故障单,TLB 上也没有做出任何说明,MCC 没有及时安排临时处理后的排故工作,QC 检验员没有很好地监督落实该临时处理措施的最终纠正情况,使故障没有在飞机回基地后及时彻底排除,从而导致了 3 月 24 日执行航班时出现紧急逃离门打开困难的故障。

6. 工具房的油壶内装错油

1) 事件描述

1999 年 8 月 24 日 21:00,某公司一机械员去航线工具房 5 号库借襟翼加油壶时,发现加油壶内的油不对。

2) 事件调查

当时为给一架 B737 飞机襟翼加油,航线部机械员到航线工具房 5 号库借襟翼加油壶,检查油壶时,发现油壶内的油颜色是深橙色的,不像是 P/N:MIL-L-7870 牌号的油(因为 MIL-L-7870 号油的颜色是无色透明的)。他马上告诉工具房保管员,说明此壶内的油不对,不能使用。接着领第二个襟翼加油壶,但油壶内没有油,于是他就去航材领了一罐新的 MIL-L-7870 油倒入壶内,将油壶领去使用。

经查工具房 5 号库工具仪器借用记录本,该记录本是从 6 月份开始启用的。8 月 24 日借出加油壶的前一次记录的是 8 月 3 日,由某机械员借出,是给 B747 飞机补加 IDG 滑油,拿了一个襟翼 7870 加油壶,叫徒弟加油。由于加油壶的油量不够,徒弟将飞马 2 号油加入油壶里,当加至两罐时,机械员发现拿错了油壶,于是他把加油壶拿到废油存放处将油倒掉,又重新去工具房 5 号库借了 IDG 加油壶给飞机加油。从调查中发现以下问题:

工具仪器借用记录本记录不完善,造成追溯困难。7 月 24 日、7 月 27 日、8 月 3 日、8 月 24 日、8 月 26 日、8 月 28 日均有 7870 加油壶的借用记录,而 8 月 4 日至 8 月 23 日的 20 天时间里,却没有襟翼 7870 加油壶的记录,此情况可疑。调查中机械员和工具房管理员均反映,此前曾有过机械员因抢时间(指保证飞机航班正常),借出设备时没有登记的现象。前面叙述的某机械员借油壶给 IDG 补加滑油,因徒弟加错油,再次去工具房 5 号库借 IDG 加油壶一事中,再次借油壶在记录本上就没有记录。

工具房放油壶的 5 号库门有时候不锁。调查人员在 8 月 26 日 7:45 调查时,发现工具房存放油壶的 5 号库既没有工具保管员,门也未上锁。

机械员在使用油壶时,出现混油使用的情况。目前,工具房的做法是:在每一个油壶上挂一个小铝牌,牌上都注明壶内油液的名称和件号,墙上贴了告示,提醒机械员注意。每一种油壶配备2~4个,襟翼7870加油壶配置了两个。以前有些机械员在找不到所需要牌号的油壶时,不找工具保管员解决,而是将其他油壶中的油倒出,把工作所需的不同牌号的油倒入壶内,使用后再把剩下的油倒出。在下一次使用时,装上其他指定牌号的油就用,这样做会使不同牌号的油在油壶内混合。调查中得知,一位QC检验员在高检部实习时,因一时找不到"红油"小加油壶,就将襟翼7870小加油壶内的油倒出再加入"红油"使用。

目前,向油壶内加油由车间机械员完成,加什么油工具保管员从不过问。如果前一个机械员为了图方便违反规定,向已标明壶内油液的名称和件号的油壶里加了其他的油液,而后一位机械员不了解情况,仍根据油壶上的油液名称和件号给飞机加油,则极有可能造成给飞机加错油的严重问题。

此次工具房保管的专用油壶内错装滑油的事件就是因为:管理工作有疏漏、机械员不严格按油壶所标油的牌号加油。

7. A320飞机在排故过程中释放了APU灭火瓶

1) 事件描述

2000年3月9日,一架A320飞机在排故中接通飞机电瓶时,APU火警灯亮,警告喇叭响,APU灭火瓶被释放,造成第二天航班不能使用APU。

2) 事件调查

当天,该机排除APU引气渗漏故障。早班交接时反映APU舱内的火警探测线有磨损,接班人员把排故手册等有关资料带到工作现场,开始对APU舱内的火警探测线进行检查。检查没有发现火警探测线有磨损,工作人员就将21WG、22WG两个火警探测线的电插头断开,进行绝缘测试,测试结果也没有发现火警探测线有问题。手册要求,在拆21WG、22WG两个火警探测线的电插头时,要将火警控制器的跳开关拔出,但是工作人员未做这一步。接着对APU引气管上的探测线进行检查,发现16HF和17HF探测线损坏。

23:30,晚班人员接班,中班人员向晚班人员口述了排故中所做的工作,但没有提醒在没接好21WG电插头前不能起动APU。

约次日凌晨00:50时,机械专业介入排故工作,想起动APU检查引气管路是否渗漏。电气员同意并协助机械排故,自己到驾驶舱接通电瓶,准备起动APU。这时APU火警灯亮,警告喇叭响,经检查发现APU灭火瓶已自动释放。其原因是:

(1) 排故过程中没有严格执行手册程序。接班人员没有认真阅读手册,在APU环路火警探测线(21WG、22WG)拆装程序(AMM26-13-15-400-001)里提示,当断开21WG、22WG电插头后,必须把火警探测器的跳开关拔出,他们没有拔出此开关。因为手册中提示,如果A320飞机处于地面状态,当接通主电瓶时,电瓶汇流条向火警控制器供电,火警自动释放电路就会作动,释放灭火瓶。

(2) 技术知识不全面,凭经验办事。在考虑问题时,他们只想到波音飞机在空中状态时才会释放灭火瓶,在地面状态不会释放灭火瓶,没有意识到A320飞机在地面状态时也会释放灭火瓶,混淆了A320飞机与波音飞机构造上的区别。另外,此故障信息在波音飞机上涉及引气和火警两个系统,如果是真信息就是引气系统故障,假信息则是火警系统故障。但A320飞机却不同,它把探测线部分划在引气系统里,晚班人员在排故中只按引气系统故障考虑,没有意识到会释放灭火瓶。此次排故,也反映出员工的技术知识不够全面。

8. MD90 飞机未安装液压堵头

1）事件描述

2000 年 8 月 5 日，一架正在进行 2C 检工作的 MD90-30 飞机做出厂试车。试车时发现发动机下方有液压油渗出，立即关车。打开发动机蒙皮检查，发动机各液压管路和附件均无渗漏。当空调和增压系统工作时，客舱出现了烟雾和液压油烧焦的气味。6 日对该机左发压气机进行检查，发现左发压气机内渗入液压油，使含有液压油成分的发动机引气进入空调系统。飞机停场修理。

2）事件调查

2000 年 7 月 21 日，该机按维修计划停场执行 2C 检工作。22 日，由于另一架飞机左发反推上蒙皮内部损坏，急需从该机左发上串件。值班组长带领工作小组于 7 月 23 日完成了该机左发上蒙皮的拆卸工作。在安装堵头时，发现领出的堵头型号不对，无法安装。后因忙于其他工作将此事忘记。24 日，当该机按照 C 检工作进度进行操纵系统功能试验时，工作人员按有关规定先对驾驶舱进行了检查，未发现任何警告标识。在确认各操作面周围无人和障碍物后，启动了电动液压泵对液压系统增压。随后发现液压压力指示异常，立即关闭电动泵。经检查发现，左发上反推蒙皮液压管未安装堵头，液压油从此管口喷出。

由于当时没能从工具间找到合适的堵头，为确保 C 检进度不受影响，工艺员决定采用拉出驾驶舱灭火手柄切断液压供油管路的方法，继续打泵来观察是否漏油，以便在不漏油的情况下继续进行操纵系统试验。但实际上，拉出驾驶舱灭火手柄并不能切断反推系统供油及回油路。由于采取的方法不当，喷油再次发生。工作人员以为第 7 和第 10 级放气活门是在关位（实际上是在常开位），没有意识到液压油会进入发动机本体，因此仅对活门外部进行了清洁。直到 8 月 5 日发动机试车时，才发现液压油已经进入发动机本体。

9. B737 飞机 APU 滑油箱盖子未盖

1）事件描述

2001 年 6 月 4 日，一架 B737 飞机短停时，机务人员发现 APU 底部有大量滑油，打开 APU 罩子检查，发现 APU 滑油箱盖子未盖。

2）事件调查

6 月 3 日航后，检查该机发现 APU 滑油箱盖子封圈损坏，需要更换。当时两名机械员在原地等待查件结果，想到处理完这个故障后就可以下个早班了，非常高兴。因为从 5 月份以来，他们几乎每次都是通宵加班，非常疲劳，迫切希望下个早班。当得到航材元件的消息后，两人根本没有意识到滑油箱盖子还没有盖上，也没有按维护手册的要求进行检查，就一起罩上 APU 罩子，然后盖上了 APU 外部盖子。

下篇

航空法规

第6章

法规框架

6.1 国际民用航空公约及其附件

当人类的航空梦想逐渐变为现实时,航空的特点和它对社会可能带来的影响也就逐步为人们所认识,相应的航空法令也就产生了。而国际航空法是随着国际航空的实践而产生和发展的。1783年当第一个载人气球(法国蒙特哥尔非气球)升空成功后,法国巴黎警方第二年就颁布命令,规定凡从事气球飞行必须事先获准,方可进行。1903年第一架飞机试飞成功(美国莱特兄弟)后,航空迅速发展。1909年7月25日第一架飞机成功地飞越了英吉利海峡。1919年在巴黎签订的"关于管理空中航行的公约",即《巴黎公约》,是第一部最完整和最重要的国际航空法法典。这个公约第一次系统地以法律形式确定了国际民用航空的一些基本原则。1919年《巴黎公约》签订以后,美国和一些南美国家拒绝参加该公约。美国认为,《巴黎公约》是欧洲的航空公约,美洲必须有自己的航空公约。1928年3月20日,泛美洲联盟在哈瓦那签订了一个"哈瓦那商业航空公约",又叫《泛美商业航空公约》,简称《哈瓦那公约》。在此期间内,英美两国都颁布了其国内管理航空的法规。

1944年11月在美国芝加哥召开了一次商讨国际航空界的商业和法律权利问题的国际会议,《芝加哥公约》是该次会议的主要成果。通过签订公约,签约国同意共同寻求统一的目标、承担一定的义务并建立一个国际组织,这个组织就是现在众所周知的国际民用航空组织(ICAO)。1944年12月7日,52个国家在芝加哥签署了《芝加哥公约》,即《国际民用航空公约》,在第26个国家的批准书交存后30天,即1947年4月4日生效。这个公约统一并取代了原来在国际上并存的两个公约《巴黎公约》和《哈瓦那公约》。《芝加哥公约》再一次确认了国家领空主权原则,对国际航空的航行安全也作了许多规定,成为国际民用航空活动的基本法。1947年4月4日,国际民用航空组织正式开始工作,到2013年10月31日共有191个国家批准或加入。我国也是《芝加哥公约》的签字国和最早的批准国之一。1971年11月19日,国际民用航空组织理事会通过决议,承认中华人民共和国政府是中国唯一合法代表。1974年2月15日我国代理外长致函国际民用航空组织主席和秘书长,承认1944年通过的《芝加哥公约》,并从当日起参加国际民用航空组织的活动。在2004年国际民用航空组织第35届大会上,中国以高票当选为Ⅰ类理事国。

目前《国际民用航空公约》即指《芝加哥公约》,它共有4部分,22章,96条(包括分条共99条)。《芝加哥公约》生效后曾作过几次修改,具有实质性的修改是第83分条,它是随着跨国租赁(包括干租、湿租和潮租等)航空器的大量出现,为落实国家的管理职责所作的修改,即在缔约国的航空器登记国和营运人所在国之间,经过协商达成协议,将登记国对航空器的全部或部分职能和义务转移给另一国。

国际民用航空组织的宗旨和目的在于发展国际航行的原则和技术,并促进国际空中航空运输的规划和发展,以保证全世界国际民用航空安全有秩序地发展;鼓励和平用途航空器的设计和操作技术;鼓励发展用于国际民用航空的航路、机场和航行设施;满足世界人民对安全、正常、有效和经济的航空运输的需要;防止因不合理的竞争而造成经济上的浪费;保证各缔约国的权利充分受到尊重,并且每个缔约国均有公平的机会经营国际空运企业;避免各缔约国之间的待遇差别;促进国际空中航行的飞行安全;普遍促进国际民用航空技术在各方面的发展。

缔约国有责任遵守"为使国际民用航空以一种安全有序的方式发展,在机会均等和健康、经济运行的基础上为国际航空运输业而制定的一些原则和方法"。芝加哥大会上产生的96条公约,规定了成员国的权利和义务。

联合国承认国际民用航空组织为国际民用航空活动管理方面的专门机构。这两个组织之间签署的协议保证它们建立一种有效的工作关系,并且互相承认各自的有效作用。国际民用航空组织不是联合国的下属机构,也不接受联合国的任何命令。

国际民用航空组织的主要机构:

1. 大会

大会是国际民用航空组织的最高权力机构。每3年召开一次,详细审查该组织的技术、经济、法律和技术援助项目,同时就以后工作对国际民用航空组织的下属机构提出指导。大会会议必须有过半数的缔约国构成法定人数。除国际民用航空公约另有规定外,大会决议应由所投票数的过半数票通过。

2. 理事会

理事会由选出的36个成员国的代表组成。理事会成员国分为三类,第一类为在航空运输领域居特别重要地位的成员国,如澳大利亚、巴西、加拿大、法国、日本、德国、意大利、俄罗斯、英国、美国和中国;第二类为对提供国际民用航行设施有突出贡献的成员国,如阿根廷、埃及、印度和墨西哥等;第三类为保证当选后理事会中能覆盖全世界各主要地理区域的那些成员国,如阿尔及利亚、古巴和巴拿马等。

《芝加哥公约》赋予理事会很大的权力,概括起来有:①可以随时修订公约的附件,而这些附件作为国际标准和建议措施,对缔约国有法律约束力。②遇有争端时依照国际法进行裁决。③汇总收集各国向理事会送交的报告,对机场和航行设施进行筹资修建和维护。

3. 秘书处

由理事会任命的秘书长领导的秘书处是国际民用航空组织的行政机构,负责处理国际民用航空组织(ICAO)的日常工作,比如外语服务,还有为会议和专题研究准备文件。下设五局,还设有七个地区办事处。

4. 各种专业技术委员会

根据公约规定,理事会下可设立各种专业技术委员会辅助理事会的各项工作。比较重要的委员会有:

(1) 空中航行委员会。空中航行委员会由19名航空技术领域的专家组成。主要职责是制定并修改国际标准和建议措施。在现有的国际民用航空公约附件中绝大多数是由空中航行委员会制定的。

（2）航空运输委员会。航空运输委员会主要关心的是与机场、航路设施和航空公司税率相关的经济事务。这类信息用于给所有的国际航空承运人提供公正和均等的机会。国际民用航空公约附件9《简化手续》是由航空运输委员会制定的。

（3）财务委员会。由理事会从理事会成员国中选出的成员组成，其中成员不得多于16名，也不得少于12名。

（4）法律委员会。法律委员会对《芝加哥公约》以及公法和私法问题做出解释。它主要关心的一些问题包括：劫机和其他空中恐怖活动、航空承运人的责任以及侵犯国际运行的司法问题。

（5）技术合作委员会。正常情况下，由理事会成员国代表中选出的成员组成，其成员不得多于15名，也不得少于13名。

（6）非法干扰委员会。国际民用航空非法干扰问题委员会和它的办事机构就处理与航空保安相关的事宜给理事会提供支持和咨询。附件17《保安——保护国际民用航空免遭非法干扰行为》是由该委员会制定并修改的。

自国际民用航空组织成立以来，该组织的主要技术成就是在安全、规范和高效的航空服务方面实现了标准化，从而使国际民航的许多领域，尤其是在航空器、机组和地面设施与服务方面的可靠性达到了一个较高水平。

标准化是通过创立、采纳和修订国际民用航空组织公约的附件来实现的，这些附件被称作国际标准和建议措施。标准是指令性的，其统一应用被认为是对国际空中航行安全或正常是必需的，各缔约国应按照公约予以遵守。如果成员国的标准与国际民用航空组织的标准不同，该成员国必须向国际民用航空组织通告不同之处。建议措施是建议性的，不是必需的，其统一应用被认为是对国际空中航行安全、正常或效率是有利的，各缔约国将力求按照公约予以遵守。

国际民用航空公约附件包含了通过国际协商已经采用的标准和建议措施。对其19个附件说明如下：

（1）附件1，人员执照的颁发（Personnel Licensing）：适用于本附件规定的所有执照与等级的申请人和执照与等级更新后的持有人。

（2）附件2，空中规则（Rules of the Air）：航空器在飞行中或在机场活动区的运行必须遵守一般规则。此外，在飞行中并须遵守：目视飞行规则或仪表飞行规则。

（3）附件3，国际空中航行气象服务（Meteorological Service for International Air Navigation）：规定了国际空中航行气象服务的标准和建议措施。本文件中的标准和建议措施指导《地区补充程序》（Doc 7030号文件）的实施，该文件中载有对本附件许可的地区性选择的说明。

（4）附件4，航图（Aeronautical Charts）：规定了航图的标准和建议措施。

（5）附件5，空中和地面运行中所使用的计量单位（Units of Measurement to be Used in Air and Ground Operations）：包括了在国际民用航空空中与地面运行中使用计量单位的标准系统的具体规定。计量单位的标准系统基于国际单位制（SI）和一些被认为对满足国际民用航空特殊要求有必要的非国际制单位。

(6) 附件6,航空器的运行(Operation of Aircraft):这个附件包含以下三部分:

第Ⅰ部分 国际商业航空运输——飞机:适用于经批准从事国际商业航空运输运行的运营人实施的飞机运行。

第Ⅱ部分 国际通用航空——飞机:适用于使用飞机从事的国际通用航空运行。

第Ⅲ部分 国际运行——直升机:适用于从事国际商用航空运输运行或国际通用航空运行的所有直升机,除非该标准和建议措施不适用于从事航空作业的直升机。

(7) 附件7,航空器国籍和登记标志(Aircraft Nationality and Registration Marks):规定了航空器国籍和登记标志的标准和建议措施。

(8) 附件8,航空器适航性(Airworthiness of Aircraft):规定了航空器适航的标准和建议措施。

(9) 附件9,简化手续(Facilitation):规定了简化手续的标准和建议措施。本文件中的标准和建议措施适用于各类航空器的运行,除非某一条专指某类运行而未提及其他类型的运行。

(10) 附件10,航空电信(Aeronautical Telecommunications):第Ⅰ卷无线电导航设备;第Ⅱ卷通信程序-包括具有PAN地位的程序;第Ⅲ卷通信系统(第Ⅰ部分——数字通信系统,第Ⅱ部分——话音通信系统);第Ⅳ卷监视和防撞系统;第Ⅴ卷航空无线电频谱的利用。

(11) 附件11,空中交通服务(Air Traffic Services):规定了空中交通服务的标准和建议措施。本文件中的标准和建议措施适用于缔约国所辖的并提供空中交通服务的那些部分空域;和缔约国接受负责公海上空和主权未定空域,提供空中交通服务的那些部分。

(12) 附件12,搜寻与救援(Search and Rescue):规定了搜寻与救援的标准和建议措施。本文件中的标准和建议措施适用于在缔约国领土内和公海上的搜寻与援救服务的设置、维护与操作以及国家之间对这种服务的协调。

(13) 附件13,航空器事故和事故征候调查(Aircraft Accident and Incident Investigation):规定了航空器事故和事故征候调查的标准和建议措施。本附件的各项规定,除另行说明者外,适用于在任何地方发生事故或事故征候后的各项活动。

(14) 附件14,机场(Aerodromes):提供机场设计和设备的规范。第Ⅰ卷机场设计和运行;第Ⅱ卷直升机场。

(15) 附件15,航行情报服务(Aeronautical Information Services):规定了航行情报服务的标准和建议措施。

(16) 附件16,环境保护(Environmental Protection):该附件由两部分组成,第Ⅰ卷航空器噪声,第Ⅱ卷航空器发动机的排放物。

(17) 附件17,保安——保护国际民用航空免遭非法干扰行为(Security—Safeguarding International Civil aviation Against Acts of Unlawful Interference):每一缔约国必须将附件17中所载的各项标准,并且必须努力将建议措施适用于国际民用航空运行。每一缔约国必须根据国家有关当局进行的保安风险评估,确保在切实可行的程度上,将旨在防止非法干扰行为的措施适用于国内运行。

(18) 附件18,危险物品的安全航空运输(The Safe Transport of Dangerous Goods by Air):规定了危险物品的安全航空运输的标准和建议措施。本附件中的标准和建议措施适用于所有民用航空器的国际运营。

(19) 附件19,安全管理(Safety Management):规定了安全管理的标准和建议措施。本附件所载的标准和建议措施,必须适用于与航空器安全运行有关或直接支持其安全运行的安全管理职责。

一般来说,附件由两部分内容组成:组成附件正文的材料和经理事会批准的与标准和建议措施一起出版的材料。

1) 组成附件正文的材料包括标准、建议措施、附录、定义、表和图。

(1) 标准:凡有关物理特征、结构、材料、性能、人员或程序的规范,其统一应用被认为是对国际空中航行安全或正常是必需的,各缔约国将按照公约予以遵守;如不可能遵照执行,则根据公约第38条必须通知理事会。

(2) 建议措施:凡有关物理特性、结构、材料、性能、人员或程序的规范,其统一应用被认为是对国际空中航行安全、正常或效率是有利的,各缔约国将力求按照公约予以遵守。

(3) 附录:为了方便起见而单独组成的材料,但属于理事会通过的标准和建议措施的一部分。

(4) 定义:对标准和建议措施中所用术语的界定,这些术语由于在字典中找不到可接受的词义,所以不能自明其义。定义本身并无独立的地位,但在使用该术语的每项标准和建议措施中都构成一个重要部分,因为术语含义的改变会影响规范的内容。

(5) 表和图:用于补充或说明标准或建议措施并在文中提及,是有关标准或建议措施的一部分,并具有同等地位。

2) 经理事会批准的与标准和建议措施一起出版的材料包括前言、引言、注、附篇。

(1) 前言:根据理事会的行动所编写的历史性和解释性的材料,其中包括根据公约和决议而产生的各国在应用本标准和建议措施方面所承担的义务的解释。

(2) 引言:解释性材料,列在各部分、章或节的开头,以帮助理解正文的应用。

(3) 注:在正文中适当地方所加的注释,用以说明有关标准和建议措施的事实资料或参考材料,但不构成标准或建议措施的一部分。

(4) 附篇:对标准和建议措施的补充材料,或作为应用标准和建议措施的指南而列入的材料。

6.2 中国民用航空局行政管理和适航维修法规体系

中国民用航空的发展,是国家经济发展和现代化程度的象征。中国民航事业从无到有,发展到现在已初具规模,正向世界航空强国迈进。1949年11月2日,中共中央政治局会议决定,在人民革命军事委员会下设民用航空局,受空军指导,中国民用航空局的成立揭开了我国民航事业发展的新篇章。1950年,新中国民航初创时,仅有30多架小型飞机,年旅客运输量仅1万人,运输总周转量仅157万吨公里。1958年2月27日,中国民用航空局划归交通部领导。1958年3月19日,中国民用航空局改为交通部的部属局。1960年11月17日,中国民用航空局改称交通部民用航空总局。为部属一级管理全国民用航空事业的综合性总局,负责经营管理运输航空和专业航空,直接领导地区民用航空管理局的工作。1962年4月13日,民航局名称改为中国民用航空总局。1962年4月15日,民用航空总局由交通部属局改为国务院直属局,其业务工作、党政工作和干部人事工作等直接归空军负责管理。这一时期,民航由于领导体制几经改变,航空运输发展受政治和经济影响较大,1978年,航空旅客运输量仅为231万人,运输总周转量3亿吨公里。

1980年2月14日,邓小平同志指出:"民航一定要企业化"。同年3月5日,中国政府决定民航脱离军队建制,把中国民航局从隶属于空军改为国务院直属机构,实行企业化管理。这期间中国民航局是政企合一,既是主管民航事务的政府部门,又是以"中国民航(CAAC)"名义直接经营航空运输和通用航空业务的全国性企业。下设北京、上海、广州、成都、兰州(后迁至西安)和沈阳6个地区管理局。1980年全民航只有140架运输飞机,且多数是20世纪50年代或40年代生产制造的苏式伊尔14和里尔型飞机,载客量仅20多人或40人,载客量100人以上的中大型飞机只有17架;机场只有79个。1980年,我国民航全年旅客运输量仅343万人;全年运输总周转量4.29亿吨公里,居新加坡、印度、菲律宾和印尼等国之后,列世界民航第35位。

1987年,中国政府决定对民航业进行以航空公司与机场分设为特征的体制改革。主要是将原民航北京、上海、广州、西安、成都和沈阳6个地区管理局的航空运输和通用航空相关业务、资产和人员分离出来,组建了6个国家骨干航空公司:中国国际航空公司、中国东方航空公司、中国南方航空公司、中国西南航空公司、中国西北航空公司和中国北方航空公司。实行自主经营、自负盈亏及平等竞争。此外,以经营通用航空业务为主并兼营航空运输业务的中国通用航空公司也于1989年7月成立。

在组建骨干航空公司的同时,在原民航北京管理局、上海管理局、广州管理局、成都管理局、西安管理局和沈阳管理局基础上,组建了民航华北、华东、中南、西南、西北和东北6个地区管理局以及北京首都机场、上海虹桥机场、广州白云机场、成都双流机场、西安西关机场(现已迁至咸阳,改为西安咸阳机场)和沈阳桃仙机场。6个地区管理局既是管理地区民航事务的政府部门,又是企业,领导管理各民航省(区、市)局和机场。

航空运输服务保障系统也按专业化分工的要求相应进行了改革。1990年,在原民航各级供油部门的基础上组建了专门从事航空油料供应保障业务的中国航空油料总公司,该公司通过设在各机场的分支机构为航空公司提供油料供应。属于这类性质的单位还有从事航空器材(飞机和发动机等)进出口业务的中国航空器材公司;从事全国计算机订票销售系统管理与开发的计算机信息中心;为各航空公司提供航空运输国际结算服务的航空结算中心;以及飞机维修公司和航空食品公司等。

1993年4月19日,中国民用航空局改称中国民用航空总局,属国务院直属机构。同年12月20日,中国民用航空总局的机构规格由副部级调整为正部级。

众所周知,在过去计划经济体制下,中国民航长期以来一直实行政企合一、高度集中的军事化和半军事化管理体制。党的十一届三中全会以来,民航全行业认真贯彻党的改革开放政策,不断推进民航体制改革,有力地促进了民航业的长足发展。随着社会主义市场经济体制的建立,原有的政企分开的管理体制已难以适应民航行业快速发展的需要。

2002年3月,中国政府决定对中国民航业再次进行重组。民航总局直属航空公司及服务保障企业联合重组后于2002年10月11日正式挂牌成立,资产和人员由民航总局移交国资委管理。原民航总局直属的9家航空公司和4家服务保障企业联合重组为6个集团公司:中国航空集团公司、东方航空集团公司、南方航空集团公司、中国民航信息集团公司、中国航空油料集团公司和中国航空器材进出口集团公司。

按照政企分开、转变职能、加强监管和保证安全的目标,建立与民用航空事业发展相适应的民用航空地区行政管理机构,实行中国民用航空总局和中国民用航空地区管理局(简称民航地区管理局)两级行政管理体制。民航地区管理局根据安全管理和民用航空不同业务量的需要,在所辖区内设立中国民用航空安全监督办公室(简称民航安全监督管理办公室)。民航地区管理局及其民航安全监督管理办公室的内设机构由民航总局根据实际工作需要设置。

在这次改革中,建立了以民航总局、7个民航地区管理局(中国民用航空华北地区管理局、中国民用航空华东地区管理局、中国民用航空中南地区管理局、中国民用航空西南地区管理局、中国民用航空西北地区管理局、中国民用航空东北地区管理局和中国民用航空新疆管理局)和26个民航航空安全监督管理办公室(天津、河北、山西、内蒙古、大连、吉林、黑龙江、江苏、浙江、安徽、福建、江西、山东、厦门、河南、湖北、湖南、海南、广西、深圳、重庆、贵州、云南、甘肃、青海和宁夏)为主体的政企分开和垂直领导的民航行政管理体制。暂保留中国民用航空西藏自治区管理局。民航总局主要职责定位于民用航空的安全管理、市场管理、宏观调控、空中交通管理和对外关系5个方面。民航地区管理局,负责对所辖地域的民用航空事务实施行业管理和监督。民航航空安全监督管理办公室,代表民航地区管理局,负责所辖地域航空公司、机场等民航企事业单位的安全监督和市场管理。

机场实行属地管理。按照政企分开和属地管理的原则,对90个机场进行了属地化管理改革。其中,民航总局直接管理的机场下放所在省(区、市)管理,相关资产、负债和人员一并划转;民航总局与地方政府联合管理的民用机场和军民合用机场,属民航总局管理的资产、负债及相关人员一并划转所在省(区、市)管理。首都机场和西藏自治区区内的民用机场继续由民航总局管理。2004年7月8日,随着甘肃机场移交地方,机场属地化管理改革全面完成,也标志着民航体制改革全面完成。

空中交通管理体制改革的顺利完成,形成了民航总局空中交通管理局,7个地区空中交通管理局,32个空中交通管制中心(站)为一体的民航空中交通管理体系。

第十一届全国人民代表大会一次会议通过的《国务院机构改革方案》,进行民航行政管理部门的改革,"中国民用航空总局"更名为"中国民用航空局",隶属交通运输部管理。这次机构改革适应现代交通和物流发展的趋势和要求,将民航运输和公路、水路和城市公交等运输方式由同一个部门管理,有利于加快形成便捷、通畅、高效和安全的综合运输体系。

2009年3月2日,根据《国务院关于部委管理的国家局设置的通知》(国发[2008]12号),设立中国民用航空局(副部级),为交通运输部管理的国家局。其职责进行了相应调整,将原中国民用航空总局规范管理航空运输业、实施航空安全和空中交通管理、组织协调重大紧急航空运输任务等职责划入中国民用航空局。加强航空安全监管、规范航空运输业、通用航空管理的职责,保障民航安全,促进民航行业协调发展。

中国民用航空局下设7个中国民用航空地区管理局,负责对辖区内民用航空事务实施行业管理和监督。7个民航地区管理局根据安全管理和民用航空不同业务量的需要,共派出39个中国民用航空安全监督管理局和1个安全运行监督办公室(简称运行监督办)(截至2011年10月10日),负责辖区内民用航空安全监督和市场管理。

中国民用航空局经过数次职能调整后,现在的主要职责如下:

(1) 提出民航行业发展战略和中长期规划、与综合运输体系相关的专项规划建议,按规定拟订民航有关规划和年度计划并组织实施和监督检查。起草相关法律法规草案、规章草案、政策和标准,推进民航行业体制改革工作。

(2) 承担民航飞行安全和地面安全监管责任。负责民用航空器运营人、航空人员训练机构、民用航空产品及维修单位的审定和监督检查,负责危险品航空运输监管、民用航空器国籍登记和运行评审工作,负责机场飞行程序和运行最低标准监督管理工作,承担民航航空人员资格和民用航空卫生监督管理工作。

(3) 负责民航空中交通管理工作。编制民航空域规划,负责民航航路的建设和管理,负责民航通信导航监视、航行情报、航空气象的监督管理。

(4) 承担民航空防安全监管责任。负责民航安全保卫的监督管理,承担处置劫机、炸机及其他非法干扰民航事件相关工作,负责民航安全检查、机场公安及消防救援的监督管理。

(5) 拟订民用航空器事故及事故征候标准,按规定调查处理民用航空器事故。组织协调民航突发事件应急处置,组织协调重大航空运输和通用航空任务,承担国防动员有关工作。

(6) 负责民航机场建设和安全运行的监督管理。负责民用机场的场址、总体规划、工程设计审批和使用许可管理工作,承担民用机场的环境保护、土地使用、净空保护有关管理工作,负责民航专业工程质量的监督管理。

(7) 承担航空运输和通用航空市场监管责任。监督检查民航运输服务标准及质量,维护航空消费者权益,负责航空运输和通用航空活动有关许可管理工作。

(8) 拟订民航行业价格、收费政策并监督实施,提出民航行业财税等政策建议。按规定权限负责民航建设项目的投资和管理,审核(审批)购租民用航空器的申请。监测民航行业经济效益和运行情况,负责民航行业统计工作。

(9) 组织民航重大科技项目开发与应用,推进信息化建设。指导民航行业人力资源开发、科技、教育培训和节能减排工作。

(10) 负责民航国际合作与外事工作,维护国家航空权益,开展与港澳台的交流与合作。

(11) 管理民航地区行政机构、直属公安机构和空中警察队伍。

(12) 承办国务院及交通运输部交办的其他事项。

根据职能中国民用航空局设置的职能部门有综合司、航空安全办公室、政策法规司、发展计划司、财务司、人事科教司、国际司(港澳台办公室)、运输司、飞行标准司、航空器适航审定司、机场司、空管行业管理办公室和公安局等。

中国民用航空局自1979年开始,注重法律、行政法规和规章建设。

中国民航工作从航空安全管理到服务质量监督,从政府行业管理到企业依法经营,从保证企业合法权益到维护旅客和货主利益等,涉及错综复杂的法律关系。要把这些关系都纳入法制轨道,必须建立一套完整的中国民用航空法规体系。

中国民用航空法规体系从结构上划分为法律、行政法规和规章三个层次。《中华人民共和国民用航空法》属于国家法律,是制定民用航空法规和规章的依据。

位于中国民用航空法规体系第二层次的是行政法规,包括《中华人民共和国民用航空器适航管理条例》和《中华人民共和国民用航空器国籍登记条例》等。

中国民用航空规章(CCAR)是依据法律和行政法规制定的。用于规范行政程序规则、航空器、航空人员、空域、导航设施、空中交通管理和一般运行规则、民用航空企业合格审定及运行、学校、非航空人员及其他单位的合格审定及运行、民用机场建设和管理、委任代表规则、航空保险、综合调控规则、航空基金、航空运输规则、航空保安、科技和计量标准、航空器搜寻援救和事故调查等十几个方面的法律文件。

除上述法律、法规和规章外，规范性文件在民用航空管理工作中也起到了重要的作用，使法规性文件更具体并具有可操作性。规范性文件是中国民用航空局各职能部门，为了落实法律、法规、规章和政策的有关规定，在其职责范围内制定的、经中国民用航空局局长授权由职能部门负责人签署下发的有关民用航空管理方面的文件。具体的规范性文件有管理程序(AP)、咨询通告(AC)、管理文件(MD)、工作手册(WM)和信息通告(IB)。

中国民用航空规章按照部别分类标示为"中国民用航空规章第 X 部"，英文代码为"CCAR-X"。

涉及适航审定的规章有：
《民用航空产品和零部件合格审定规定》(CCAR-21 部)
《正常类、实用类、特技类和通勤类飞机适航规定》(CCAR-23 部)
《运输类飞机适航标准》(CCAR-25 部)
《运输类飞机的持续适航和安全改进规定》(CCAR-26 部)
《正常类旋翼航空器适航规定》(CCAR-27 部)
《运输类旋翼航空器适航规定》(CCAR-29 部)
《载人自由气球适航规定》(CCAR-31 部)
《航空发动机适航规定》(CCAR-33 部)
《涡轮发动机飞机燃油排泄和排气排出物规定》(CCAR-34 部)
《螺旋桨适航标准》(CCAR-35 部)
《航空器型号和适航合格审定噪声规定》(CCAR-36 部)
《民用航空材料、零部件和机载设备技术标准规定》(CCAR-37 部)
《民用航空器适航指令规定》(CCAR-39 部)
《民用航空器国籍登记规定》(CCAR-45 部)
《民用航空用化学产品适航管理规定》(CCAR-53 部)
《民用航空油料适航规定》(CCAR-55 部)
《民用航空器适航委任代表和委任单位代表的规定》(CCAR-183 部)等；
涉及适航维修的规章有：
《维修和改装一般规则》(CCAR-43 部)
《民用航空器维修人员执照管理规则》(CCAR-66 部)
《民用航空器维修单位合格审定规定》(CCAR-145 部)
《民用航空器维修培训机构合格审定规定》(CCAR-147 部)等；
涉及运行管理的规章有：
《一般运行和飞行规则》(CCAR-91 部)
《小型航空器商业运输运营人运行合格审定规则》(CCAR-135 部)
《大型飞机公共航空运输承运人运行合格审定规则》(CCAR-121 部)等。

第7章 初始适航管理

7.1 概述

适航,即适航性(Airworthiness)的简称,是描述民用航空器某一特殊属性的专用词。一般认为,民用航空器的适航性是指该航空器包括其部件及子系统整体性能,在预期运行环境和使用限制下的安全性和物理完整性的一种品质。这种品质要求航空器应始终符合其型号设计并始终处于安全运行状态。从历史上看,适航性是政府站在维护公众利益的角度提出的,强调政府对民用航空安全的管控。

适航管理一词最早出现于中国,是中国的适航部门在从业过程中根据汉语的语言特点提炼出的一个专门词汇。在国外虽然叫法不同,但其指代的工作内容都是一样的。

通俗地讲,适航管理就是对适航性进行控制。民用航空器的适航管理是以保障民用航空器的安全性为目标的技术管理,是政府适航部门在制定了各种最低安全标准的基础上,对民用航空器的设计、制造、使用和维修等环节进行科学统一的审查、鉴定、监督和管理。

在1987年国务院发布的《中华人民共和国民用航空器适航管理条例》中明确规定民用航空器的适航管理由中国民用航空局负责。

民用航空器适航管理的宗旨是:保障民用航空安全,维护公众利益,促进民用航空事业的发展。

根据管理的阶段不同,民用航空器的适航管理可分为两大类:一类是初始适航管理,另一类是持续适航管理。

初始适航管理是在航空器交付使用之前,适航部门依据各类适航标准和规范性文件,对民用航空器的设计和制造所进行的型号合格审定和生产许可审定。主要目的是确保航空器和航空器部件的设计与制造是按照适航部门的规定进行并获得局方批准,主要管理对象是民用航空器的设计和制造单位。本章将对初始适航管理的主要内容进行梳理和介绍。

持续适航管理是在民用航空器的设计和生产获得局方批准,获得单机适航证并投入运行后,为持续保持它在设计和制造时所达到的基本安全标准或适航水平,始终处于安全运行状态而进行的管理。持续适航管理是对民用航空器的使用和维修的管理。本书的其他章节将介绍持续适航管理的主要内容,包括航空公司、维修单位和维修人员的管理等。

初始适航管理和持续适航管理是适航管理工作的两个有机组成部分,它们的关系是相辅相成、水乳交融的,在进行设计时应考虑使用和维修的便利性,在使用和维修时也要涉及对设计和生产的改进,两者的循环往复构成了航空器全寿命适航管理的闭环管理结构。

从局方工作的角度看,适航管理主要包括三个方面的工作,即立法定标、审查颁证和监督检查。为保证适航管理工作有法可依,局方颁发了相应的适航规章和规范性文件,对相关工作提出了强制性要求和建议措施。从总体上看,初始适航规章(也称审定规章)分为两大类,即明确技术要求的适航标准类规章和针对系统和证件管理要求进行说明的初始适航管理类规章,前者以运输类飞机适航标准(CCAR-25部)为代表,后者以民用航空产品和零部件合格审定规定(CCAR-21部)和民用航空器国籍登记规定(CCAR-45部)为代表。

7.2 适航标准类规章

适航标准是适航部门根据航空工业的发展水平和航空产品的使用类别而制定的最低安全标准,是适航部门进行型号合格审定的依据。民用航空器的设计只有符合了以适航标准为基础的技术要求后才能通过型号合格审定。换句话说,适航标准不规定颁发证件的程序,但规定了获得证件的技术要求。

我国的适航管理工作起步较晚。为了尽快和国际标准接轨,提高我国民用航空产品的安全水平,中国民用航空局于1985年12月31日颁发了我国第一部适航标准——运输类飞机适航标准(CCAR-25部),标志着我国的适航管理走上了与国际接轨的道路。时至今日,我国已建立了一整套与航空产品和零部件有关的适航标准。从管理范围上看,与国外先进国家和地区保持一致,在某些方面有自身的特色。从要求的先进程度上看,我国颁发的适航标准与国外基本一致,但由于国内航空设计和制造业水平与先进国家和地区相比有差距,由国内独立提出的条款或修订不多,其内容基本来自于世界航空产业发展水平最高的美国。从主要管理要求看,国内现阶段适航标准的发展基本处于跟踪世界先进水平的状态。

美国联邦航空局颁发的适航标准属于联邦航空规章(FAR)的一部分,是我国和国际上大多数国家适航标准建立和发展的主要源头,其编号方式也基本被相关国家和地区的民航管理当局所采用。根据国内民用航空工业发展的现实,我国适航管理部门没有采用和FAR同步修订的方法,而是根据需要对相关适航标准实行不定期修订。因此,我国的适航标准一般来说并不反映美国适航标准的最新修订情况,两者具有一定程度的差异。

7.2.1 适航标准简介

以下对国内现行有效适航标准的主要管理范围做一简要介绍,以期加深对适航标准的理解。应说明一点,针对轻小型航空器,如飞艇、滑翔机和轻型运动航空器等,它们的运行范围有限,对公共安全的影响较其他航空产品来说较小,因此国际上的管理方式也不尽相同。在国内,这些航空器的适航审定标准是以规范性文件的形式出现,但从实际审定过程看,其地位等效于适航标准,在这里也一并加以介绍。

1) 正常类、实用类、特技类和通勤类飞机适航标准(CCAR-23部)

这一标准用于颁发和更改正常类、实用类、特技类和通勤类飞机的型号合格证。这些飞机属于通常所说的"小飞机",其中前三类飞机的起飞重量和客座数要求一样,区别主要在所能完成的机动飞行动作上,而通勤类飞机由于载客数较大,许多技术要求已趋同于运输类飞机。各类飞机的区别见表7-1。

表 7-1　CCAR-23 部中各类飞机的类别

飞机类别	飞行限制	座位设置（不包括驾驶员）	最大审定起飞重量/公斤(磅)	发动机
正常类	非特技飞行	9 座或以下	5700(12500)或以下	单发或多发
实用类	有限特技飞行			
特技类	不加限制			
通勤类	非特技飞行	19 座或以下	8618(19000)或以下	螺旋桨驱动的多发动机

2) 运输类飞机适航标准(CCAR-25 部)

这一标准用于颁发和更改运输类飞机的型号合格证。运输类飞机就是我们俗称的"大飞机",如国内正在研制的 ARJ-21、C919 飞机和所有进口的大型飞机(如波音和空客系列飞机)、大型公务机都属于运输类飞机。运输类飞机不限制最大审定起飞重量和乘客座位数,但单台发动机飞机一般不适用该类适航标准。由于该类飞机的载客数和起飞重量较大,运输类飞机适航标准是所有适航标准中对安全性要求最严格的一类适航标准。

3) 运输类飞机的持续适航和安全改进规定(CCAR-26 部)

这部规章是最新颁布的适航标准规章,颁发日期是 2011 年 11 月 7 日。CCAR-26 部主要规定了为支持运输类飞机的持续适航和安全改进所需开展的工作,包括实施评估、制定设计更改、编制持续适航文件(ICA)修订版,并向相关人提供必要的文件资料,其要求主要源自近几十年来对"老龄飞机"相关课题进行研究的成果。

4) 正常类旋翼航空器适航规定(CCAR-27 部)

这一规章用于颁发和更改小型旋翼航空器的型号合格证。

5) 运输类旋翼航空器适航规定(CCAR-29 部)

这一规章用于颁发和更改大型旋翼航空器的型号合格证。该规章和 CCAR-27 部构成了我国直升机型号审定的技术基础。

6) 载人自由气球适航规定(CCAR-31 部)

这一规章用于颁发和更改载人自由气球的型号合格证。

7) 航空发动机适航规定(CCAR-33 部)

这一规章用于颁发和更改航空发动机的型号合格证,内容包含了活塞发动机和涡轮发动机的设计和台架试验要求。

8) 涡轮发动机飞机燃油排泄和排气排出物规定(CCAR-34 部)

这一规章规定了发动机燃油、气态排出物及烟雾排放的标准和测试要求,本规章的相关规定适用于新制造的航空燃气涡轮发动机和在用航空燃气涡轮发动机。

9) 螺旋桨适航标准(CCAR-35 部)

这一标准用于颁发和更改螺旋桨型号合格证,规定了在申请和修改证件过程中应满足的设计和试验要求。

10) 航空器型号和适航合格审定噪声规定(CCAR-36 部)

这一规章规定了相关航空器在申请设计证件和适航证时应满足的噪声要求。

11) 民用航空材料、零部件和机载设备技术标准规定(CCAR-37 部)

这一规章主要针对航空器上常用的各个项目(包括材料、零部件和机载设备),规定了该项目为获得局方的项目标识所应遵守的审定标准(通常包括设计和生产标准两部分)。局方为每一项目单独颁发的审定标准都成为CCAR-37部的一部分。

12) 民用航空用化学产品适航管理规定(CCAR-53部)

这一规章是一部具有中国特色的适航管理规章,适用于民用航空用化学产品适航管理。民用航空用化学产品包括但不限于除/防冰液、厕所卫生剂、清洗剂、褪漆剂、空气清新剂、杀虫剂等。

13) 民用航空油料适航管理规定(CCAR-55部)

这一规章适用于民用航空油料及其供应企业、民用航空油料检测单位和民用航空油料试验委任单位代表的适航审定和管理。

14) 轻小型航空器的适航审定标准

除以上介绍的 CCAR-23、27、29 和 31 部所涉及的航空器外,其他轻小型航空器还包括甚轻型飞机、初级类航空器、滑翔机、飞艇、轻型运动航空器等,以下分别介绍它们各自的审定标准。

(1) 甚轻型飞机的型号合格审定(AC-21-AA-2009-05R1):该咨询通告提供了甚轻型飞机进行型号、生产和单机适航审定的方法,并明确将欧洲联合航空局(JAA)1990年4月26日颁发的《甚轻型飞机欧洲联合航空要求》(JAR-VLA)作为甚轻型飞机进行型号合格审定时可接受的适航标准。

(2) 初级类航空器适航标准-超轻型飞机(AC-21-06):该咨询通告提供了超轻型飞机申请型号合格证所应满足的技术要求,并明确将加拿大适航当局1991年12月颁布的TP10141E《超轻型飞机设计标准》作为可接受的初级类航空器-超轻型飞机的适航标准。

(3) 固定翼滑翔机与动力滑翔机的型号合格审定(AC-21-AA-2009-07R1):该咨询通告提供了滑翔机和动力滑翔机进行型号合格审定时应满足的技术要求,明确将JAR-22《滑翔机与动力滑翔机适航要求》作为局方可接受的滑翔机适航审定标准。

(4) 飞艇的型号合格审定(AC-21-AA-2009-09R1):该咨询通告提供了飞艇进行型号合格审定时应满足的技术要求,并明确可采用FAA P-8110-2《飞艇设计准则》或其他准则作为局方可接受的飞艇适航审定标准。

(5) 轻型运动航空器适航管理政策指南(AC-21-AA-2015-25R1):该咨询通告提供了进行轻型运动航空器型号、生产和单机适航审定时所需的适航管理政策,这些政策主要来源于美国试验和材料标准协会(ASTM)的现有标准。

(6) 初级类航空器(AC-21-AA-2009-37):该咨询通告提供了初级类航空器进行型号、生产和单机适航审定时的要求。

7.2.2 运输类飞机适航标准(CCAR-25部)的主要内容

CCAR-25部是中国民用航空局颁发的第一部适航规章,颁发时间是1985年12月31日,历史上经过4次改版,最新版本于2011年11月7日颁布。

作为要求最严格的适航标准,CCAR-25部的内容和形式在所有适航标准中具有代表性。CCAR-25部的主要内容包括两部分,即正文和附录,其中正文包括9个分部:A分部总则,规定了适用范围等一般性要求;B分部飞行,规定了飞行、操纵性和稳定性等方面的性能要求;C分部结构,规定了载荷、强度和疲劳评定等方面的要求;D分部设计与构造,规定了对操纵面、起落架、载人和装货设施及应急设备等的要求；E 分部动力装置，规定了对动力装置安排、控制与操纵等方面的要求；F 分部设备，规定了各种机载设备的安装和可靠性要求；G 分部使用限制和资料，规定了航空器性能等方面的使用限制和对相关手册内容的要求；H 分部电气线路互联系统(EWIS)，规定了对 EWIS 进行设计时应遵守的各项要求，如识别、防火、隔离、电路保护和可达性等要求；I 分部附则，规定了规章的施行时间。从总体看，CCAR-25 部的主要内容以专业进行划分，这也与设计人员日常的工作划分相适应。

CCAR-25 部包括 14 个附录。其中附录 A、B 规定了图解外型尺寸；附录 C 为结冰条件；附录 D 为确定最小飞行机组的准则；附录 E 为助推动力飞机相关要求；附录 F 为各类燃烧试验相关要求，主要用于确定各种舱室内饰材料和旅客座椅等的阻燃性能；附录 G 为连续突风设计准则，主要用于 B 分部中的载荷计算；附录 H 为持续适航文件要求，这也是维修工作中所使用的各类手册的主要来源，其中明确要求"适航性限制"应作为单独部分进行编排；附录 I 起飞推力自动控制系统(ATTCS)安装；附录 J 为应急撤离演示要求；附录 K 为延程运行(ETOPS)要求；附录 L 为 HIRF(高强度辐射场)环境和 HIRF 设备测试水平要求；附录 M 为燃油箱系统降低可燃性的措施；附录 N 为燃油箱可燃性暴露和可靠性分析要求，最后两个附录均与燃油箱防爆的要求有关。

7.3 初始适航管理类规章

7.3.1 民用航空产品和零部件合格审定规定(CCAR-21 部)

适航管理从管理方法上看是一种证件管理，其中大多数初始适航管理证件的要求均来源于 CCAR-21 部，因此，CCAR-21 部在初始适航管理工作中具有提纲挈领的地位。根据 CCAR-21 部的定义，民用航空产品指民用航空器、航空发动机和螺旋桨；零部件则指任何用于或拟在民用航空产品上使用及安装的材料、仪表、机械、设备、零件、部件、组件、附件及通信器材等。航空产品和零部件是 CCAR-21 部的主要管理对象。

CCAR-21 部涉及的证件共有 16 种，从审定阶段来看可划分为四类，即型号设计审定证件、生产审定证件、单机适航证件和涉及多个审定阶段的零部件审定证件。从单一证件的审定程序看，都包含申请、受理、审定、颁证和证后管理 5 个阶段。以下按不同的审定阶段对上述 16 个证件进行简要介绍。

1. 型号设计审定证件

航空产品设计是影响航空产品运行安全的重要因素，从时间序列上看，也是适航管理涉及的首个控制阶段，之后的生产和使用阶段，都要严格按照设计资料来实施。新产生的对原有设计资料的改变也要根据一定程序来进行严格管理，同时反映到后续的生产和使用过程中。根据管理的对象不同，现有的型号审定证件有以下 7 种。

1) 型号合格证(TC)

根据 CCAR-21 部的规定，正常、实用、特技、通勤和运输类航空器，载人自由气球，特殊类别航空器，航空发动机和螺旋桨的申请人，在满足局方的相关要求后，可获得局方颁发的型号合格证，该证件表明申请人的设计满足局方确定的审定基础，也就是具有设计符合性。这里的特殊类航空器指局方确定的尚未颁发适航规章的某些种类航空器，包括滑翔机、飞艇和其他非常规航空器。

除局方吊扣、吊销或另行规定终止日期外,型号合格证长期有效。

型号合格证持有人享有的权利包括:经局方批准,型号合格证书持有人可以转让其型号合格证书;符合 CCAR-21 部有关规定后,可以取得适航证和生产许可证等。

型号合格证持有人必须承担的责任包括:当产品出现故障、失效和缺陷时,应按规定向局方报告;在航空器交付时,向用户提供持续适航性文件、飞行手册等文件。

2) 型号设计批准书(TDA)

根据 CCAR-21 部的规定,初级类和限用类航空器可以申请型号设计批准书。其中初级类航空器是指满足特定条件的轻小型航空器,例如座位数(包含驾驶员座位)不超过4座;客舱不增压;使用一台自然吸气发动机或无动力驱动;失速速度和最大重量都较小等。限用类航空器指仅供专门作业用的航空器,如从事农业、航测、森林保护、空中广告等的航空器。

3) 补充型号合格证书(STC)和改装设计批准书(MDA)

为保证各类航空产品的适航性,其型号设计一经局方批准,相关的设计、生产、使用和维护单位不得随意更改。如需更改,基本管理原则是,所有设计更改都需获得局方的批准。

从型号设计的角度看,设计更改主要分为"小改"和"大改"。"小改"指对产品的重量、平衡、结构强度、可靠性、使用特性以及对产品适航性没有显著影响的更改;"大改"指除"小改"和"声学更改"以外的其他更改。

型号设计的"小改"应当按局方规定的方式批准。

局方对型号设计"大改"的批准方式包括:

a. 申请新型号合格证件;

b. 型号合格证件及其数据单的更改;

c. 颁发补充型号合格证或改装设计批准书。

上述批准方式中,前两种主要由航空产品初试设计证件的持有人来申请,而除设计证件持有人之外的任何人,均可根据 CCAR-21 部的规定申请补充型号合格证和改装设计批准书来对产品进行设计大改。常见于航空公司或维修单位通过申请补充型号合格证或改装设计批准书对航空产品进行各类加改装。

补充型号合格证书仅适用于国产民用航空产品,如欲对中国注册的进口民用航空产品进行设计改装,则应申请改装设计批准书。

4) 型号认可证(VTC)或补充型号认可证(VSTC)

进口民用航空产品应当取得民航总局颁发的型号认可证或补充型号认可证。这两种证件的颁发前提有两个,一是中国和该民用航空产品的出口国签署了相关的民用航空产品进出口适航协议或其他等效文件,二是该产品获得了出口国当局颁发的型号合格证或补充型号合格证。应注意的是,型号认可证或补充型号认可证不得转让。

5) 设计批准认可证(VDA)

首次单独进口的民用航空器上的主要材料、零部件或机载设备,其设计应获得局方颁发的设计批准认可证,与其他涉及进出口的适航管理证件一样,该证件的颁发前提是中国与相关出口国已签署航空产品进出口适航协议或其他等效文件。

2. 生产许可审定证件

当航空产品完成型号设计,经过审定获得局方颁发的型号设计证件后,将进入航空产品的生产阶段,为保证航空产品的生产符合经批准的型号设计,局方将对生产单位进行许可审定,确认单位具有各项生产及控制能力,主要审定对象是厂家的质量控制体系。在审定完成后,局方将根据不同情况向厂家颁发相关的生产许可审定证件,主要包括以下两种。

1) 生产许可证(PC)

CCAR-21部规定,型号合格证、型号设计批准书、补充型号合格证、改装设计批准书的持有人和权益转让协议书持有人,均可申请生产许可证。

局方对申请人的质量控制资料、组织机构和生产设施进行审查,如确认申请人所建立的质控体系能保证持续生产出符合经批准的型号设计的民用航空产品,则可向申请人颁发生产许可证。如航空产品具有相似的生产特性,可允许在一个生产许可证下生产多于一种型号的民用航空产品。

除了民航局吊扣、吊销生产许可证,民航局另行规定终止日期或生产许可证持有人的制造设施地址变迁等情况外,生产许可证长期有效。

除局方要求适航性检查外,生产许可证持有人无须进一步证明即可获得航空器的适航证或发动机、螺旋桨的适航批准书并将其安装在经过合格审定的航空器上。

生产许可证不得转让。

2) 生产检验系统批准书(APIS)

在航空产品的设计审定完成后,如厂家暂未取得生产许可证,也可以仅依据型号合格证书进行生产,但此时,制造人应当确保每一产品均可供局方检查并进行必要的试验或生产试飞。在型号合格证书颁发一年后如欲继续生产民用航空产品的,应向局方申请生产检验系统批准书。生产检验系统批准书的审查内容主要集中于对生产过程中材料、工艺、检验、图纸和记录保存等的要求,其主要目的也是保证生产过程中对设计要求的符合性。

生产检验系统批准书有效期2年,不得转让。

3. 单机适航证件

航空产品和零部件完成生产后要投入使用,可能交付国内的使用人,也可能出口至国外,为保证其在使用过程中的适航性局方将视情进行单机适航检查并颁发相关证件,主要包括以下5种。

1) 适航证和外国适航证认可证书

适航证适用于民用航空器。CCAR-21部规定,具有中华人民共和国国籍的民用航空器的所有人或占有人可以申请该航空器的适航证;合法使用具有外国国籍和适航证的民用航空器的中国使用人,可以申请该航空器的外国适航证认可书。

适航证分成以下两种类别:

a. 标准适航证。对按CCAR-21部规定取得型号合格证或型号认可证的航空器颁发标准适航证。

b. 特殊适航证。对a项规定范围以外的取得型号设计批准书的航空器,或局方规定的其他情况,颁发特殊适航证,特殊适航证分初级类和限用类两种。

如欲获得适航证或外国适航证认可书,应按CCAR-21部的要求提交相关申请表格和资料。局方经过适航检查,如确认航空器满足适航要求,可向申请人颁发相关证件。

除非被暂扣、吊销或局方规定终止日期,在中国注册登记期间,航空器如能保持适航性,其适航证长期有效并可随航空器一同转让。外国适航证认可书的有效期由局方规定。

2) 适航批准标签

适航批准标签适用于航空发动机、螺旋桨和零部件。对于发动机和螺旋桨,申请人应按规定提交申请,局方进行适航检查,如确认该民用航空产品满足适航要求,即可颁发适航批准标签。

3) 特许飞行证

当航空器不具有有效的适航证或其状态暂时无法满足适航性要求时,为在一定安全限制下飞行,应取得局方颁发的特许飞行证。

特许飞行证分两类。从事下列飞行之一的尚未取得有效适航证的民用航空器,应当取得第一类特许飞行证:

a. 为试验航空器新的设计构思、新设备、新安装、新操作技术及新用途而进行的飞行;

b. 为证明符合适航标准而进行的试验飞行,包括证明符合 TC、TDA、STC 和 MDA 的飞行、证实重要设计更改的飞行、证明符合标准的功能和可靠性要求的飞行;

c. 新飞机的生产试飞;

d. 制造人为交付或出口航空器而进行的调机飞行;

e. 制造人为训练机组而进行的飞行;

f. 为航空比赛或展示航空器的飞行能力、性能和不寻常特性而进行的飞行,包括飞往和飞离比赛、展览、拍摄场所的飞行;

g. 为航空器市场调查和销售而进行的表演飞行;

h. 局方同意的其他飞行。

从事下列飞行之一的尚未取得有效适航证或目前可能不符合适航要求但在一定限制条件下能安全飞行的航空器,应当取得第二类特许飞行证:

a. 为改装、修理航空器而进行的调机飞行;

b. 营运人为交付或出口航空器而进行的调机飞行;

c. 为撤离发生危险的地区而进行的飞行;

d. 局方认为必要的其他飞行。

航空器的所有人或占有人可申请航空器特许飞行证,局方接到申请后开始检查,如满足条件,可颁发明确类别和相关使用限制的特许飞行证。特许飞行证的有效期由局方规定。

4) 出口适航证

出口的民用航空产品及零部件按其性质可分为三类。已具有型号合格证件的完整航空器、发动机和螺旋桨为Ⅰ类民用航空器产品;其破损会危及Ⅰ类民用航空产品安全的主要部件,如机翼、机身、起落架、动力传动装置和操纵面等及按局方颁发的技术标准规定(详细内容见下文 CTSOA 一节)生产的材料、机载设备和零部件为Ⅱ类民用航空产品;Ⅰ、Ⅱ类民用航空产品之外包括按局方接受的技术标准制造的标准件在内的民用航空产品属于Ⅲ类民用航空产品。

民用航空产品出口时,对Ⅰ类民用航空产品颁发出口适航证,但不得作为批准航空器运行的文件。对Ⅱ、Ⅲ类民用航空产品颁发适航批准标签。

4. 零部件审定证件

根据 CCAR-21 部的规定，材料、零部件、机载设备的适航批准方式包括：

a. 颁发零部件制造人批准书（PMA）；

b. 颁发技术标准规定项目批准书（CTSOA）；

c. 随民用航空产品的型号合格审定、型号设计批准合格审定、补充型号合格审定和改装设计批准合格审定一起批准；

d. 随民用航空产品的型号认可合格审定或者补充型号认可合格审定一起批准；

e. 颁发设计批准认可证（VDA）；

f. 民航局规定的其他方式。

上述批准方式中的 c、d、e 三种方式仅对零部件的设计进行批准，其中的 c、d 两种方式统称随机审定。而 a、b 两种批准方式，即 PMA 和 CTSOA 则包含了设计和制造两方面的批准。以下对这两种批准方式分别加以介绍。

1) 零部件制造人批准书（PMA）

零部件制造人批准书是对零部件进行适航批准的常见方式，其批准包含了对零部件设计、生产和安装的批准。生产 PMA 件的主要目的是在已经获得型号合格证书的产品上进行加改装或更换，因此 PMA 件也常被称为替换件。若这些替换用的零部件之前未获局方批准，则可按 CCAR-21 部的规定和程序取得零部件制造人批准书后进行生产。

应当说 PMA 这种批准方式是对主流零部件批准方式，即随机审定（主机厂常用的零部件批准方式）的一种补充，因此在使用中应排除在下述零件的适航审定中使用 PMA 方式：

a. 根据型号合格证书或生产许可证生产的零部件；

b. 根据民航局颁发的技术标准规定项目批准书生产的项目；

c. 符合民航局认为适用的行业技术标准或国家技术标准的标准件（如螺栓、螺母等）；

d. 航空器的所有人或占有人按照局方批准的其他方式为维修或改装自己的航空器而生产的零部件。

PMA 件的最明显特征是其每一零部件上应显著标明 CAAC-PMA 标记，此外还应标明制造商名称、商标或代号、零部件型号、系列号及安装产品的型号。对于体积太小无法有效标记上述内容的零部件，应当在该零部件或其包装箱上附一个包括上述内容的标牌。

除民航局吊扣、吊销或另行规定终止日期外，零部件制造人批准书长期有效。

零部件制造人批准书不得转让。

2) 技术标准规定项目批准书（CTSOA）

技术标准规定是民航局颁布的民用航空器上所用的某些材料、零部件或机载设备（以下称项目）的最低性能标准。FAA 颁布的技术标准规定用 TSO 表示。为了与之区别，中国适航部门颁布的技术标准规定用 CTSO 表示。对应于每一个项目均单独颁布一个标准。常见的 TSO 项目包括自动驾驶仪、安全带、轮胎、座椅组件、刹车组件、机械紧固件等。CTSO 主要依据 FAA 的 TSO 来编写，根据国内的生产情况按需颁发。

技术标准规定项目批准书包含对相应项目的设计和生产批准，但不包括装机批准，如果要安装到航空器上使用，还必须得到局方单独的装机批准。获得技术标准规定项目批准书的申请人有权使用民航局批准的 CTSO 标记标识其项目，并在每一项目上标注持久而清晰的下列内容：

a. 制造人的名称和地址；
b. 项目的名称、型号、零部件号或型别代号；
c. 项目的序列号和制造日期；
d. 局方批准的 CTSO 号码。

技术标准规定项目批准书不得转让。

除民航局吊扣、吊销或另行规定终止日期外，技术标准规定项目批准书长期有效。

7.3.2 民用航空器国籍登记规定（CCAR-45 部）

航空器投入运行后应具有唯一的标识，以便在运行中与其他航空器区分，这一点在航空器的国内、国际运行和航空器的事故调查中具有重要的意义。为此，中国民用航空局于 1990 年 12 月首次颁发了民用航空器国籍和登记的规定（CCAR-45 部），对民用航空器的国籍登记要求和程序做出了具体规定。现行的 CCAR-45 部于 1998 年 6 月改版后颁发，名称也相应改为民用航空器国籍登记规定。

根据 CCAR-45 部的规定，在中华人民共和国领域内飞行的民用航空器，应当具有规定的国籍标志和登记标志或临时登记标志，并携带国籍登记证书或临时登记证书。

下列民用航空器应当依照 CCAR-45 部进行国籍登记：

(1) 中华人民共和国国家机构的民用航空器；
(2) 依照中华人民共和国法律设立的企业法人或事业法人的民用航空器；
(3) 在中华人民共和国境内有住所或者主要营业所的中国公民的民用航空器；
(4) 民航局准予登记的其他民用航空器。

自境外租赁的民用航空器，承租人符合上述规定，该民用航空器的机组人员由承租人配备的，可以申请登记中华人民共和国国籍；但是必须先予注销该航空器的原国籍登记。

民用航空器不得具有双重国籍。未注销外国国籍的民用航空器，不得在中华人民共和国申请国籍登记；未注销中华人民共和国国籍的民用航空器，不得在外国办理国籍登记。

局方在收到国际登记申请后进行审查，符合相关规定的，在中华人民共和国民用航空器国籍登记簿上登记该民用航空器，并向申请人颁发中华人民共和国民用航空器国籍登记证书。民用航空器国籍登记证书的有效期自颁发之日起至变更登记或注销登记之日止。

民用航空器国籍登记证书应当放置于民用航空器内显著位置，以备查验。

对未取得民用航空器国籍登记证书的民用航空器，申请人应当在进行下列飞行前 30 日内，向民航局申请办理临时登记：

(1) 验证试验飞行；
(2) 生产试验飞行；
(3) 表演飞行；
(4) 为交付或者出口的调机飞行；
(5) 其他必要的飞行。

民航局准予临时登记的，应当确定临时登记标志，颁发临时登记证书。临时登记证书在其载明的期限内有效。载有临时登记标志的民用航空器不得从事上款以外的飞行活动。

航空器上的标志和标识包括国籍标志、登记标志、所有人或占有人的法定名称和标志，国际民用航空公约附件七《航空器的国籍和登记标志》以及我国民用航空规章 CCAR-45 部对航空器的标志和标识都做了明确的规定。

中华人民共和国民用航空器的国籍标志为罗马大写字母B,登记标志为阿拉伯数字、罗马体大写字母或者二者的组合。航空器的国籍标志是放在登记标志之前的,之间用一短横线连接。取得中华人民共和国国籍的民用航空器,应当将规定的国籍标志和登记标志用漆喷涂在该航空器上或者用其他能够保持同等耐久性的方法附着在该航空器上,保持清晰可见。同时,应当在航空器内主舱门附近的显著位置上固定一块刻有国籍标志和登记标志的识别牌,该识别牌应当用耐火金属或者其他具有合适物理性质的耐火材料制成。

各类标志的位置、字体、尺寸和喷涂工程图等要求可参见CCAR-45部的具体内容,这里不再冗述。

7.3.3 民用航空器适航指令规定(CCAR-39部)

作为结构和系统复杂程度极高的大型民用产品,航空器在投入使用后,随着使用数据的积累,原始设计中的缺陷会逐步暴露出来。相关民航管理当局对使用数据进行收集分析后,如发现广泛存在的安全隐患,为保证航空器的持续运行安全,所采用的主要手段之一就是颁发适航指令。从本质上说,大多数适航指令都包含对初始型号设计进行修改的内容,常见的修改形式包括结构或系统的拆换、改装及各类手册的修订等。

中国民航局于1990年6月颁发了民用航空器适航指令规定(CCAR-39部),其主要内容包括适航指令的适用范围、一般管理要求、责任和适航指令的颁发等。

根据CCAR-39部的规定,民用航空产品(包括民用航空器、航空发动机、螺旋桨和机载设备)处于下述情况之一时,颁发适航指令:

(1)某一民用航空产品存在不安全的状态,并且这种状态很可能存在于或发生于同型号设计的其他民用航空产品之中;

(2)当发现民用航空产品没有按照该产品型号合格证批准的设计标准生产;

(3)外国适航当局颁发的适航指令涉及在中国登记注册的民用航空产品。

对于适航指令的落实,CCAR-39部规定在中华人民共和国登记注册的民用航空器的使用人和所有人,必须保证其使用的民用航空器符合CCAR-39部的相关要求;中华人民共和国民用航空产品的设计、制造单位和个人,必须保证其设计、制造的民用航空产品符合现行的中国民用航空适航标准和CCAR-39部的规定。

适航指令的贯彻执行对航空产品的运行安全有直接影响,CCAR-39部要求,民用航空产品在未满足所有有关适航指令的要求之前,任何人不得使用。在下发过程中,中国民用航空局颁发的每一份适航指令均以书面形式颁发,紧急情况下,以电报的形式颁发,但随后将补发书面适航指令。此外,每一份适航指令均有统一的编号,并成为CCAR-39部的一部分。因此,中国民用航空局颁发的所有适航指令都是规章的一部分,本质上都属于法律。

7.4 初始适航管理在航空器运行中的作用

根据局方的要求,航空器在经过设计、生产和单机适航审定后,如想投入运行,还必须符合各类运行和维修规章的要求。这一点在航空器交付检查过程中有明显的体现,现有局方的交付检查流程要求适航审定、运行和维修监察员会同航空公司人员共同对交付运行的飞机进行检查,并在检查后对各自负责的文件和证件进行签署后批准航空器投入运行,常见的证件和文件包括适航证、国籍登记证和运行规范等。

国内现有的运行管理规章共三部,即:

(1) 一般运行和飞行规则(CCAR-91 部);

(2) 小型航空器商业运输运营人运行合格审定规则(CCAR-135 部);

(3) 大型飞机公共航空运输承运人运行合格审定规则(CCAR-121 部)。

上述三部规章构成了我国的运行管理规章体系,其主要区别在于各规章管理的运行种类不同。CCAR-91 部主要管理商业非运输运行、私用大型航空器运行和航空器代管人运行。常见的航空作业项目和通用航空运行大都属于 CCAR-91 部管理,如航空喷洒、护林、巡线、探矿、摄影、空中广告、私人飞机代管运行等。CCAR-135 部和 CCAR-121 部都属于运输管理规章,主要区别在于运行当中使用的航空器类别不同。如使用通勤类和运输类飞机从事公共航空客货运输运行应通过 CCAR-121 部运行合格审定,而使用其他较小型的多发飞机、单发飞机和旋翼机从事公共航空客货运输运行则应获得 CCAR-135 部的运行合格证。各类运行中可使用的航空器见表 7-2。

表 7-2 各类运行规则与所适用的民用航空器的汇总

运行规则	运行种类和适用的民用航空器	审定标准
CCAR-91 部	所有民用航空器的一般运行	CCAR-23/25/27/29/31 部 初级类航空器和飞艇适航标准 (AC-21-05/06/07/09)
CCAR-135 部	(a) 使用下列航空器实施的定期载客运输飞行: (i) 最大起飞全重 5700 千克以下的多发飞机; (ii) 单发飞机; (iii) 旋翼机。	CCAR-23 部(通勤类)、CCAR-25 部 CCAR-23 部(正常类、实用类、特技类) CCAR-27/29 部
	(b) 使用下列航空器实施的非定期载客运输飞行: (i) 旅客座位数量(不包括机组座位)不超过 30 座,并且最大商载不超过 3400 千克的多发飞机; (ii) 单发飞机; (iii) 旋翼机。	CCAR-23 部(通勤类)、CCAR-25 部 CCAR-23 部(正常类、实用类、特技类) CCAR-27/29 部
	(c) 使用下列航空器实施的全货机运输飞行: (i) 最大商载不超过 3400 千克的多发飞机; (ii) 单发飞机; (iii) 旋翼机。	CCAR-23 部(通勤类)、CCAR-25 部 CCAR-23 部(正常类、实用类、特技类) CCAR-27/29 部
	(d)使用(a)和(b)规定的航空器,在同一机场起降且半径超过 40 千米的空中游览飞行。	CCAR-23 部(通勤类)、CCAR-25 部 CCAR-23 部(正常类、实用类、特技类) CCAR-27/29 部
CCAR-121 部	(a) 使用下列航空器实施的定期载客运输飞行: 最大起飞全重超过 5700 千克的多发飞机。	CCAR-23 部(通勤类)、CCAR-25 部
	(b) 使用下列航空器实施的不定期载客运输飞行:旅客座位数超过 30 座或者最大商载超过 3400 千克的多发飞机。	CCAR-25 部
	(c) 使用下列航空器实施的全货物运输飞行: 最大商载超过 3400 千克的多发飞机。	CCAR-25 部

在航空器的运行和维修过程中，相关单位不可避免地要与初始适航管理所涉及的各单位发生联系。从服务和信息的流动看有两个大方向，一是相关服务和信息由初始适航单位向运行/维修单位的流动，另一是上述流动的反向流动。

在循环交流的过程中，初始适航各单位向运行/维修单位提供的信息和服务主要包括：各类运行和维修手册及其改版、服务通告(SB)、适航指令(AD)、事故/事件的分析结果、超手册修理和改装方案的设计和批准、培训和航材等。而运行/维修单位则向初始适航各单位提供运行中发生和发现的各类统计数据、故障、事件/事故信息和对各类手册的修改意见等。第一种流动中的大部分内容属于初始适航证件颁发后的证后管理工作，主要针对各型号设计和生产证件的持有人。这些工作对保证航空产品运行中的适航性起着关键的作用。没有这些文件、手册和服务的支持，航空产品运行中的适航性就会成为无本之木，无源之水。

从上述分析可见，各设计和生产单位获得局方颁发的设计和生产证件仅仅是其承担的各类适航性责任的开始，也是各型号适航管理过程的开端，而这一过程的结束从理论上说应直到所有该型号航空产品报废或退出运行为止。在上述过程中，随着运行的积累，初始适航管理各单位和持续适航管理各单位之间的信息和服务交流是连续往复进行的，它们将初始适航和持续适航紧密联系在一起，从而形成了适航管理的整体闭环结构。

第8章

维修和改装一般规则(CCAR-43部)

本章介绍了维修和改装的一般规则,主要依据中国民用航空规章《维修和改装一般规则》(CCAR-43部)。包含航空器维修和改装的依据文件、工具设备、航材、工作环境、人员资格、记录和放行要求、相关的管理规定等基本要求。

8.1 术语解释

CCAR-43部所使用的术语解释如下:

(1) 维修:是指对航空器或者航空器部件所进行的任何检测、修理、排故、定期检修和翻修工作。

CCAR-43部中定义维修与CCAR-145部定义的维修主要区别是:CCAR-43部中维修的定义不包括改装,而改装的定义则包括了改装的方案及其实施;CCAR-145部中维修的定义包括改装,但其所述的改装仅指改装的实施。CCAR-43部主要规定了100小时检查、年度检查和渐近式检查的工作要求。

CCAR-43部中维修和改装的定义将作为一种基本定义,在相应的航空器运行规章中普遍适用;而CCAR-145部维修的定义包括改装仅为规章阐述方便的目的,不作为基本定义。

(2) 改装:是指在航空器及其部件交付后进行的超出其原设计状态的任何改变,包括任何材料和零部件的替代。

(3) 修理:是指对航空器及其部件的任何损伤或者缺陷进行处理,使其达到在规定的限制范围内继续使用的工作统称。修理是维修工作的一种。CCAR-43部定义的修理同时适用于按照CCAR-121部、CCAR-135部和CCAR-91部运行的所有航空器。

(4) 重要改装:是指没有列入航空器及其部件制造厂家的设计规范中,并且可能对重量、平衡、结构强度、性能、动力特性、飞行特性和其他适航性因素有明显影响的改装,或者是不能按照已经被接受的方法或者通过基本的作业就能够完成的改装。

(5) 重要修理:是指如果不正确地实施,将可能导致对重量、平衡、结构强度、性能、动力特性、飞行特性和其他适航性因素有明显影响的修理,或者是不能按照已经被接受的方法或者通过基本的作业就能够完成的修理。其中"明显"是指能感觉和察觉到的现象,重要修理方案一般都要经过航空器适航审定部门批准。

(6) 翻修:是指通过对航空器或者航空器部件进行分解、清洗、检查、必要的修理或者换件、重新组装和测试来恢复航空器或者航空器部件的使用寿命或者适航性状态。

(7) 航空器部件:本规则中的航空器部件指航空器发动机、螺旋桨、机载设备和零部件。

（8）时寿件：指在航空器、发动机或者螺旋桨（以下简称航空产品）的持续适航文件中有强制更换要求的部件。

8.2 工作准则

对航空器及其部件进行维修和改装时应遵守下列准则：

（1）使用航空器制造厂的现行有效的维修手册或持续适航文件中的方法、技术要求或实施准则。

（2）使用保证维修和改装工作能按照可接受的行业准则完成所必需的工具和设备（包括测试设备）。

（3）使用合格的航材。

（4）工作环境（气温、湿度、雨、雪、冰、雹、风、光和灰尘等）应当满足维修或者改装工作任务的要求。

CCAR-91部、CCAR-121部和CCAR-135部的航空器维修要求中一般包括了上述工作准则。

8.3 附加的检查工作准则

运行大型飞机、涡轮喷气多发飞机、涡桨多发飞机，或涡轮动力旋翼机时必须使用检查大纲进行检查，但涡轮动力旋翼机也可以采用年度检查、100小时检查或者渐进式检查方式。在实施CCAR-91部和CCAR-135部检查时，如按照检查大纲检查，该检查大纲应至少包括机体、发动机、螺旋桨、旋翼装置、救生设备以及应急设备等。特殊要求的检查具体规定如下：

8.3.1 年度检查和100小时检查

年度检查和100小时检查适用于没有检查大纲的按照CCAR-91部运行的航空器。

（1）使用检查单进行检查，该检查单可以是制造商提供的，也可以自行编制，或者从其他途径获得，但其检查范围和详细项目应至少包括：

a. 机身构件的检查，如蒙布和蒙皮、系统和部件等；

b. 座舱和驾驶舱构件的检查，如座椅、风挡、仪表和控制机构等；

c. 发动机构件的检查，如燃油、滑油的渗漏、发动机架、管路、附件、操纵机构和发动机罩等；

d. 起落架构件的检查，如减震装置、连接点、支架和部件、收起和锁定装置、液压管路、电气系统、机轮、轮胎和刹车等；

e. 机翼和中段组件以及尾翼组件的检查等；

f. 螺旋桨构件的检查，如螺旋桨组件、防冰装置和控制系统等；

g. 无线电系统组件的检查，如无线电和电子设备、布线和电路、接地和屏蔽等。

(2) 活塞式航空器进行年度检查或 100 小时检查时,应当进行试车,确定相关性能满足制造厂推荐的性能值后方可批准恢复使用。

(3) 涡轮式航空器进行年度检查或 100 小时检查或者渐进式检查时,应当根据制造厂的建议对航空器进行试车,以判断其性能是否满足要求。

如果为进行检查而需要调机时,可以超过 100 小时限制,但不多于 10 小时。但是在计算下一个 100 小时使用时间时要包括这次超过 100 小时的时间。

根据具体运行情况可以选择年度检查或者 100 小时检查,但必须遵循"先到为准"的原则,以便保证运行安全。如果采用 100 小时检查的方式并且一年内累计的检查内容包含了全面检查的内容,则可以替代年度检查;如果在一年内累计的检查内容未能覆盖全面检查的内容,则该航空器还需进行年度检查。

8.3.2　渐进式检查

渐进式检查是由运营人将 100 小时检查和年度检查进行分段,渐进式检查的频度和内容应当保证航空器在 12 个日历月内能得到全面检查,并且必须与制造商的建议、外场使用经验以及该航空器所从事的运行种类相符,以保证航空器始终处于适航状态。

(1) 对航空器进行渐进式检查时应当建立渐进式检查系统,首次进行渐进式检查时,应对航空器进行全面的检查,然后再按计划进行例行的和详细的检查。例行检查包括目视检查或对设备、航空器或其部件、系统等进行原位检查。详细检查包括对设备、航空器及其部件和系统进行离位的彻底的检查和翻修。

(2) 在航空器远离通常实施检查工作的地点时,可以由实施检查的人员按照其自己的程序和表格对该航空器实施检查。

8.3.3　旋翼机的检查

如果不采用检查大纲的方式,应当根据制造厂的有关维修手册或者持续适航文件检查以下系统:

(1) 驱动轴或类似系统。
(2) 主旋翼传动减速器。
(3) 主旋翼和中央部分(或相应区域)。
(4) 直升机上的辅助旋翼。

8.3.4　高度表系统和空中交通管制(ATC)应答机的测试和检查

在使用前 24 个日历月内必须进行测试和检查,具体检查工作应由按 CCAR-145 部批准的具有相应维修许可项目的维修单位实施。

8.3.5　时寿件的控制要求

应当对从航空产品拆下并重新安装的时寿件进行控制,以确保到寿的时寿件不会被安装到航空产品上,其控制方法包括:

(1) 记录保存系统:记录时寿件件号、序号和现行的寿命状况,可采用电子、纸张等方式记录。

（2）挂签：记录时寿件件号、序号和现行的寿命状况。

（3）非永久性标记：用易读的非永久性标记在时寿件上标明其现行寿命状况。

（4）永久性标记：用易读的永久性标记在时寿件上标明其现行寿命状况。

（5）隔离：必须对到寿的时寿件进行隔离，防止到寿的时寿件被安装到航空产品上。但要保持隔离件的件号、序号和现行寿命状况，并且确保该件与其他可用的相同时寿件分开储存。

（6）破坏：必须对到寿的不可修复的时寿件进行破坏，防止该件被安装到航空产品上。

当运营人将一种检查大纲改为另一种检查大纲时，应该按原先大纲累计的使用时间、日历时间或使用循环，来确定新大纲的检查到期时间。

8.4 实施维修和改装的人员资格

对航空器及其部件实施维修和改装的人员应当满足如下要求：

（1）持有按 CCAR-66 部颁发的民用航空器维修人员执照的人员可以对相应机型实施：按照维修手册和持续适航文件进行的任何维修和改装工作、按照 CCAR-91 部、CCAR-135 部要求的检查大纲进行的任何维修工作或者按照局方批准的其他技术文件进行的任何维修和改装工作。

（2）按照 CCAR-66 部颁发的民用航空器部件修理人员执照的人员可以对相应项目的航空器部件实施：按照维修手册和持续适航文件进行的任何维修和改装工作；按照其他局方批准的技术文件进行的任何维修和改装工作。

（3）没有获得按照 CCAR-66 部颁发的维修人员执照的人员可以在持照人员的监督下实施持照人员允许范围内的维修和改装工作，但持照人员必须对可能影响维修和改装质量的任何工作进行现场监督并且随时提供咨询。但 CCAR-91 部要求的检查工作必须由持有按照 CCAR-66 部颁发的民用航空器部件维修人员执照的人员实施。

（4）持有按照 CCAR-61 部颁发驾驶员执照的飞行员可以对其所拥有和使用的私用小型航空器和实施勤务、保养和简单更换工作，如更换起落架轮胎、加注润滑油或气体、保养起落架轮子的轴承、更换保险丝或扁销键、更新液压油、更换座椅安全带、更换位置灯和着陆灯的灯，清洗或更换燃油和滑油过滤网以及更换和保养电池等。实施上述工作的驾驶员应经过培训大纲的相关项目的培训，并且都经过在持有维修执照人员的指导下进行实际操作。

（5）制造厂家可以对本身制造的航空器或航空器部件在证件限定的地点实施翻修和改装工作，此项工作必须在民航总局授权的监察人员的监督下实施。

8.5 维修和改装后批准恢复使用

8.5.1 批准恢复使用的方式

经过维修或改装的航空器或者航空器部件可以按下列方式批准恢复使用：

1. 重要修理和改装

a. 按照 CCAR-145 部批准的维修单位的授权放行人员，对其本单位实施的重要修理和重要改装在"重要修理及改装记录"(表格 AAC-085)中相应的批准放行栏中签署放行；

  b. 民航总局的监察员在表格 AAC-085 中相应的批准放行栏目签署放行；

  c. 民航总局授权的委任代表在表格 AAC-085 中相应的批准放行栏目签署放行。

	中国民用航空总局 重要修理及改装记录 （机体、动力装置、螺旋桨和设备装置）		中国北京（100710） 东四西大街 155# 传真：86-10-64030987	
1. 航空器	制造厂家		型号	
	序号		国籍和登记注册标志	
2. 所有人/营运人	名称		地址	

3. 修理或改装项目

机体□　动力装置□　螺旋桨□　设备装置□

名称	制造厂家	型号	序号	类型	
				修理	改装

4. 符合性申明

机构名称和地址	机构类型		机构的证书编号
	□	CAAC 批准/授权的维修人员	
	□	CAAC 批准的单位	
	□	制造厂家	
	□	制造厂家授权/批准的单位	

兹证明上述第 3 栏中填写的项目及下面第 6 栏的工作概述所进行的修理和改装完全符合中国民用航空总局规章的要求并正确属实。

日期：	承修单位授权负责人签字：

5. 批准放行

按照中国民用航空总局的规定，经下述人员检查，现对上述第 3 栏中的项目

放行□拒绝放行□

批准：	□	CAAC 持续适航监察员	□	CAAC 委任代表
	□	CAAC 批准的维修单位	□	其他

批准或拒绝放行日期：	授权责任人签字：

注意：任何对飞机重量和平衡使用限制的更改均须记录在有关的飞机记录中，所有的改装工作均应确保与有关适航要求的连续符合性。

6. 完成维修工作的概述(如本页不够，需另加附页。要求对航空器所属国、注册号码、试验数据、承修过程中发现的重大问题及采取的措施及完成日期进行阐述。)

(1) 重要改装的典型项目：

a. 机身重要改装：不在局方批准的航空器规范内的，对机身的下列部件和类型的改装，即为机身的重要改装，包括下列部件的典型改装：机翼；尾翼表面；机身；发动机机架；控制系统；起落架；船体或浮筒；机身的构件，包括翼梁、肋条、接头、减震器、拉杆、整流罩和平衡块；部件的液压和电作动系统；旋翼桨叶；改变航空器空机重量或重心，造成审定最大重量或重心极限的增加；改变燃油、润滑油、冷却、加热、座舱压力、电气、液压、除冰或排气等系统的基本设计；对机翼、固定的或可移动的控制面的更改，该更改可影响颤振和振动特性。

b. 动力装置重要改装：不在局方批准的发动机规范内的，对动力装置的下列改装，即为动力装置的重要改装：把航空器的发动机从一种经批准的型号改为另一种型号，涉及压缩比、螺旋桨减速齿轮、叶轮齿轮比，或更换重要的发动机部件并需要重新在发动机上作大量的工作和检测；采用非原制造厂商生产的零件或局方未批准的零件，替换航空器发动机结构部件；安装未批准使用在该发动机上的附件；拆除航空器或发动机规范上列为必要设备的部件；安装其他未经批准的结构部件；为采用发动机规范未列出的某种规格的燃油而更改部件。

c. 螺旋桨重要改装：不在局方批准的螺旋桨规范内的，对螺旋桨的下列改装，即为螺旋桨的重要改装：螺旋桨重要改装包括叶片的设计更改，桨毂的设计更改，调节或控制的设计更改，安装螺旋桨调速或顺桨系统，安装螺旋桨除冰系统，安装该螺旋桨未获批准安装的部件。

d. 机载设备重要改装：不按原设备制造厂商的建议，也不是根据适航指令，对设备基本设计做出的更改，即为设备的重要改装。此外，对根据型号合格证或技术标准规定批准的无线电通信和导航设备的更改，如果会影响频率的稳定性、噪声水平、灵敏度、选择性、失真度、寄生辐射、AVC 特性，或对环境测试条件的适应性。这类更改及其他会影响设备工作性能的更改，也属于重要改装。

(2) 重要修理的典型项目

a. 机身的重要修理：对机身下列部件的主要结构部件或其更换件进行的加强、加固、拼接和制造，即为机身的重要修理。机身的重要修理包括下列部件的典型修理：机翼翼梁；单壳式或半单壳式机翼或控制面；机翼纵梁；翼梁缘条；机翼的主要肋条和压制构件；机翼或尾翼面的支柱；发动机架；机身大梁；侧桁架、水平桁架或舱壁的构件；主要座椅支柱和托架；起落架支柱；轮轴；机轮；控制系统的部件，如控制杆、踏板、轴、托架或支架；涉及更换材料的修理；采用金属或胶合板压合蒙皮，修理受损区域；通过增加缝合，修理蒙皮板的某些部分；修理移动式或固定式燃油箱和润滑油箱等。

b. 动力装置的重要修理：对发动机下列部件和类型的修理，即为动力装置的重要修理。动力装置的重要修理包括下列动力装置的典型修理：分离或拆卸曲轴箱或曲轴；利用焊接、电镀、金属喷涂或其他方法，对发动机结构部件进行特殊修理。

c. 螺旋桨的重要修理：包括修理或加强钢制桨叶，修理木制螺旋桨，修理或加工钢制桨毂，更换塑料蒙皮，修理螺旋桨调速器，大修可控螺距螺旋桨，修理或更换叶片的内部构件等。

d. 机载设备的重要修理：包括仪表的校准和修理，无线电设备的校准，电气配件磁场线圈的重绕,完全拆解复合式液压动力阀,修理压力型汽化器及压力型燃油泵、润滑油泵和液压泵。

(3) 重要修理和改装的判断方法

这些修理和改装应该考虑到是否影响 MEL、CDL,是否与相关的 AD 产生冲突,是否使用已接受的方法和基本操作,是否会影响附件的基本设计功能从而对飞机安全运行产生影响,是否明显损害结构强度和耐久性以及影响时寿件的安全寿命。但是否属于重要修理和改装只能按是否明显影响重量限制、平衡限制、结构强度、飞行性能、动力装置运行、飞行操作品质、噪声和其他影响适航的品质等并主要根据经验来判断,所有重要修理和改装项目都应当送交航空器适航审定部门审查批准,并由有关单位在飞行标准部门监督下实施。

(4) 一般修理和改装

航空器和航空器部件一般维修记录应当至少记载所做的工作描述、工作完成的日期、维修人员姓名(如该维修工作是由无维修人员执照的人员执行)和批准航空器或航空器部件恢复的维修执照持有人签署姓名及所持执照的编号。

8.5.2 维修和改装后批准恢复使用的人员资格

按照 CCAR-43 部的规定批准维修和改装后的航空器或者航空器部件恢复使用的人员的资格包括:

(1) 按照 CCAR-66 部获得民用航空器维修人员执照的人员可以对维修和改装后的相应型号的航空器批准恢复使用,但不包括对重要修理和重要改装后的航空器批准恢复使用。

(2) 按照 CCAR-66 部获得民用航空器部件修理人员执照的人员可以对维修和改装后的相应的航空器部件批准恢复使用,但不包括对重要修理和重要改装后的航空器部件批准恢复使用。

(3) 航空器和航空器部件制造厂家实施索赔修理之外的翻修和改装工作后,可以由按照 CCAR-66 部获得相应执照的人员或者民航总局授权的监察人员批准其恢复使用。

当 CCAR-121 部和 CCAR-135 部对按照其运行的航空器及其部件在维修和改装后的恢复使用有任何附加要求时,还应当遵守其相应规定。

8.6 缺陷和不适航状况报告

CCAR-43 部的缺陷和不适航状况报告与 CCAR-145 部中的要求相同。对航空器或航空器部件实施维修和改装过程中发现或者出现以下影响民用航空器安全运行和民用航空器或航空器部件适航性的重大缺陷和不适航状况时,应当在 72 小时之内向民航总局或者民航地区管理局报告:

(1) 航空器、发动机、螺旋桨或直升机旋翼系统结构存在较大的裂纹、永久变形、燃蚀或严重腐蚀。

(2) 发动机系统、起落架系统和操纵系统存在可能影响系统功能的任何缺陷。

(3) 任何应急系统没有通过试验或测试。

(4) 维修差错造成的航空器或者航空器部件的重大缺陷或故障。

当认为是设计或者是制造缺陷时,航空器的所有人或者使用人还应当将上述缺陷和不适航状况及时向有关的航空器或者航空器部件制造厂家通报。

8.7 维修管理指令

当维修或者改装过程中发现某类维修或者维修管理活动存在不安全状况,并且此种不安全状况可能在其他同类维修活动中存在或产生时,民航总局将以维修管理指令的形式提出检查和维修的规范化或者改装要求。任何航空器的所有人和使用人,包括按照CCAR-121部和CCAR-135部运行的运营人,都必须遵照维修管理指令的要求对其有关的航空器进行维修或者改装。维修管理指令和AD都是强制性的,其不同点在于维修管理指令主要是对运营人提出的加强维修管理、消除安全隐患的要求。对于没有按照维修管理指令的要求对其有关的航空器进行维修或者改装的航空器,任何人不得批准其恢复使用。

第9章

民用航空器维修单位合格审定规定 (CCAR-145部)

在国际民般公约附件6(如无特殊说明,指第一部分:国际商业航空运输——飞机)中对维修机构的批准提出了具体的要求。其中规定,维修机构的申请人必须证明其符合文件中有关维修机构的要求,缔约国才能颁发维修机构的批准书。这些要求包括对:

(1) 维修机构程序手册的要求;
(2) 建立维修程序与质量保障制度的要求;
(3) 设施的要求(包括工具、设备、器材);
(4) 人员的要求;
(5) 记录的要求;
(6) 维修放行的要求等。

为此,《中华人民共和国民用航空法》和《中华人民共和国民用航空器适航管理条例》也提出了相关的要求。

(1)《中华人民共和国民用航空法》中规定:生产、维修民用航空器及其发动机、螺旋桨和民用航空器上设备,应当向国务院民用航空主管部门申请领取生产许可证、维修许可证书。经审查合格的,发给相应的证书。

(2)《中华人民共和国民用航空器适航管理条例》中规定:中华人民共和国境内和境外任何维修单位或者个人,承担在中华人民共和国注册登记的民用航空器的维修业务的,必须向民航局申请维修许可证,经民航局对其维修设施、技术人员、质量管理系统审查合格,并颁发维修许可证后,方可从事批准范围内的维修业务活动。

为遵循上述要求,中国民用航空总局早在1988年就下发了《维修许可审定》(CCAR-145部),对维修单位的合格审定和日常管理提出了要求。随后,民航总局又对该规章进行了几次修订。时至今日,《民用航空器维修单位合格审定规定》(CCAR-145R3部)已于2005年8月22日公布,自2005年12月31日起施行。

现行的CCAR-145部全文共6章39条。内容包括:总则、维修许可证的申请、颁发和管理、维修类别、维修单位的合格审定要求、罚则和附则。此外,针对审查收费、表格填写、航线维修、部件维修、维修技术文件的使用、国家和行业标准的采用、自制工具设备的管理、双边合作、机体项目的维修、基本维修技能、维修工时管理、异地维修等具体工作还发布了相关的咨询通告。下面,结合CCAR-145部及其他相关规定,对维修单位的合格审定和管理作一介绍。

9.1 定义和总则

从整体来看,维修单位的合格审定是民航系统内各类合格审定中的一种。到底什么是合格审定呢？简单地说,民航内的合格审定是国务院民用航空主管部门或其授权机构(统称为局方),为保证被审定单位的日常工作持续符合已颁布的中国民用航空规章的要求,在被审定单位开始正常工作之前,所实施的一系列申请受理、审查和颁证工作的总称。

在对合格审定的内容进行讲述之前,先对一些常用的概念进行定义。这些概念包括：

(1) 民用航空器：是指除用于执行军事、海关和警察飞行任务以外的航空器。

(2) 航空器部件：是指除航空器机体以外的任何装于或者准备装于航空器的部件,包括整台动力装置、螺旋桨和任何正常、应急设备等。

(3) 维修：是指对民用航空器(以下简称航空器)或者民用航空器部件(以下简称航空器部件)所进行的任何检测、修理、排故、定期检修、翻修和改装工作。航空器或者航空器部件的制造厂家的保修或者因设计制造原因的索赔修理不属于本规定所称维修的范围。

(4) 独立维修单位：是指独立于航空营运人和航空器或者航空器部件制造厂家,并提供航空器或者航空器部件维修服务的维修单位。

(5) 营运人维修单位：是指航空营运人建立的、主要为本营运人的航空器或者航空器部件提供维修服务的维修机构。航空营运人的维修单位在为其他航空营运人提供维修服务时视为独立的维修单位。

(6) 制造厂家维修单位：是指航空器或者航空器部件制造厂家建立的、其主要维修和管理工作与其生产线结合的维修机构。主要维修和管理工作与其生产线分离的视为独立的维修单位。

(7) 经批准的标准：是指经民航总局或者民航地区管理局批准或者认可的持续适航性资料、技术文件、管理规范和工作程序。

(8) 安全管理体系：正式的、自上而下的、有条理的管理安全风险的做法。其包括安全管理的系统的程序、措施和政策。主要包括风险管理、安全政策、安全保证和安全促进。

维修单位进行合格审定的过程中,审定的主要内容包括：维修单位的厂房设施、工具设备、器材、人员和文件手册五个主要方面。为保证本单位的各项硬件条件满足局方的要求,维修单位还应在组织机构上达到一定的标准,简单地说就是要建立质量、工程技术、生产控制和培训四个系统。简称为"五四审定原则",上述内容是局方对维修单位进行合格审定时的基本要求。安全管理体系的要求已经融入维修单位的初始合格审定和日常监督管理,已经在实际运行中作为强制要求,并在后续规章改版时加入。

在管理上,由民航局统一颁发民用航空器维修许可证。民航局负责国外和地区(指我国的香港、澳门和台湾地区)维修单位维修许可证书的签发与管理,民航地区管理局负责主要管理和维修设施在本地区内的国内维修单位维修许可证书的签发与日常监督、管理,并履行民航局授权的其他维修单位的合格审定和监督检查职责。

在维修单位的管理形式上,主要包括:

(1) 局方因维修单位申请颁发或者变更维修许可证而进行的审查。

(2) 对国内维修单位进行的年度检查和对国外或者地区维修单位进行的为延长维修许可证有效期而进行的审查。

(3) 主管检查员进行的定期和不定期检查或者抽查。

(4) 民航局或者民航地区管理机构组织的联合检查。

(5) 因涉及维修单位的维修工作质量而进行的调查。

(6) 民航局或者民航地区管理机构认为必要的其他监督、检查或者调查工作。

针对维修许可证有效期的规定如下:

(1) 对于国内维修单位,维修许可证一经颁发长期有效。

(2) 对于国外和地区维修单位,维修许可证首次颁发和每次延长的有效期限最长不超过 2 年。维修单位应当在有效期结束前至少 6 个月向民航总局提出延长维修许可证有效期的书面申请。

维修许可证的样本如下所示:

中 国 民 用 航 空 总 局
GENERAL ADMINISTRATION OF CIVIL AVIATION OF CHINA
维 修 许 可 证
MAINTENANCE ORGANIZATION CERTIFICATE

编号/No.

单位名称
Name of the organization

单位地址
Location of business

经审查,该单位符合中国民用航空规章-145 部的要求,可以从事如下类别的维修工作:
Upon finding that the organization complies with the requirements of China Civil Aviation Regulation-Part 145, the above organization is adequate to accomplish maintenance of the following ratings:

本许可证除被放弃,暂停或吊销,在下述期限内将一直有效。
This certificate, unless cancelled, suspended, or revoked, shall continue in effect until:

局长授权
For the Minister of CAAC

签　字　　　　　颁发日期
Signature　　　　　　　　　　　　　　　Date issued

职　务
Position　　　　　Date reissued

中国民用航空总局
GENERAL ADMINISTRATION OF CIVIL AVIATION OF CHINA
许可维修项目
LIMITATION OF MAINTENANCE ITEMS

限　　定：
Limitation：

对第　　号许可证所列维修类别或维修项目作如下限定：
Maintenance items set forth on Maintenance Organization Certificate No. is/are limited to the following：

局长授权
For the Minister of CAAC

签　字　　　　　　颁发日期
Signature　　　　　　　　　　　　　　　　　Date issued

职　务
Position　　　　Date reissued

　　由维修许可证的内容可知，维修工作的限制分为工作类别和项目类别两种。其中工作类别包括：

　　(1) 检测：指不分解航空器部件，而根据适航性资料，通过离位的试验和功能测试来确定航空器部件的可用性。

　　(2) 修理：指根据适航性资料，通过各种手段使偏离可用状态的航空器或者航空器部件恢复到可用状态。

　　(3) 改装：指根据民航总局批准或者认可的适航性资料进行的各类一般性改装，但对于重要改装应当单独说明改装的具体内容。此处所指的改装不包对改装方案中涉及设计更改方面内容的批准。

　　(4) 翻修：指根据适航性资料，通过对航空器或者航空器部件进行分解、清洗、检查、必要的修理或者换件、重新组装和测试来恢复航空器或者航空部件的使用寿命或者适航性状态。

　　(5) 航线维修：指按照航空营运人提供的工作单对航空器进行的例行检查和按照相应飞机、发动机维护手册等在航线进行的故障和缺陷的处理，包括换件和按照航空营运人机型最低设备清单、外形缺损清单保留故障和缺陷。应注意的是，下列一般勤务工作不作为航线维修项目：

　　　a. 航空器进出港指挥、停放、推、拖、挡轮档、拿取和堵放各种堵盖；

　　　b. 为航空器提供电源、气源、加(放)水、加(放)油料、充气、充氧；

　　　c. 必要的清洁和除冰、雪、霜；

　　　d. 其他必要的勤务工作；

e. 定期检修，指根据适航性资料，在航空器或者航空器部件使用达到一定时限时进行的检查和修理；

f. 民航总局认为合理的其他维修工作类别。

项目类别包括：

（1）机体；

（2）动力装置；

（3）螺旋桨；

（4）除整台动力装置或者螺旋桨以外的航空器部件；

（5）特种作业；

（6）民航总局认为合理的其他维修项目。

9.2　维修单位合格审定要求

维修单位的合格审定要求中的五项是"人、机、料、法、环"结合维修单位实际运行的具体体现。"人"对应"人员"，是维修单位开展各项业务的实施者；"机"对应"工具、设备"，是维修单位实施维修必须借助的媒介和方法；"料"对应"器材"，是保证维修工作能够顺利进行、航空器适航的重要环节；"法"对应"适航性资料"，是维修工作的主要依据；"环"对应"厂房设施"，确保维修工作在安全、适宜的环境下开展。具体要求如下：

9.2.1　厂房设施要求

为保证维修工作的正常开展，维修单位应具有符合要求的厂房及办公、培训和存储设施。

1. 针对厂房的要求

（1）机库和车间应当具有足够的空间，以容纳所批准的维修项目（包括飞机、发动机、部件等）。

（2）如租用上述设施，应当提供有效的租赁证明（租期一般至少为2年）。

（3）机库和车间内应当具备与从事的维修工作相适应的吊挂设备和接近设备。

（4）机库和车间能够保证维修工作有效地避免当地一年内可以预期的各种气象情况的影响（如雨、雪、冰、雹、风及尘土等）。

（5）机库和车间应当具有适当的温湿度控制、噪声控制和防尘措施。

（6）机库和车间应当具有满足维修工作要求的水、电和气源。

（7）有静电、辐射、尘埃等特殊工作环境要求和易对维修人员造成人身伤害的维修工作，应当配备符合其要求的控制、保护和急救设施。

（8）2米以上的高空作业应当配备相应的保护装置。

2. 针对办公和培训设施的要求

（1）各类管理人员可以在同一办公室工作，但应当具有足够的空间和必要的隔离。

（2）为维修人员提供查阅有关资料及填写维修记录的条件。

（3）从事航线维修的，还应当为连续执勤的维修人员提供适当的休息场所，休息场所至维修场所的距离不得导致维修人员疲劳。

（4）培训设施应当满足其培训要求。

（5）租用培训设施的，应当向民航总局或者地区民航管理机构提供有效的租赁证明。

3. 对存储设施的要求

（1）工具设备的存储应当保证工具设备存储的安全，防止意外损伤，特殊工具的存储应当满足工具制造厂家的要求。

（2）器材存储设施应当保证存储器材的安全，可用件与不可用件应当隔离存放。

（3）器材的存储环境应当满足清洁、通风及温湿度的要求。

（4）特定器材的存储应当满足其制造厂家的要求。

（5）适航性资料的存储设施应当保证能够安全存放所有适航性资料主本。

（6）内部分发的适航性资料的存储设施应当保证使用人员容易取用并与参考资料适当隔离。

（7）维修记录的存储设施应当能够防止水、火、丢失、非法修改等不安全因素。

9.2.2 工具设备要求

为保证航空器维修工作的顺利完成，维修单位应具有足够和符合要求的工具设备，包括个人使用的常用工具，及工作中用到的其他专用和测试设备。针对上述各种工具设备，具体要求包括：

（1）维修单位应当具备足够的工具设备，以保证其工具设备失效后能够在短期内恢复相关的维修工作。

（2）维修单位可以使用与有关适航性资料要求或者推荐的工具设备具有同样功能的替代工具设备，但使用前应当向局方证实其等效性并获得批准或者认可。

（3）维修单位可以租用或者借用某些使用频率较低或者投资较大的特殊设备，但应当向局方提供有效的合同或者协议，并证明有能力控制其可用性。

（4）维修单位应当制作专用工具设备标识及清单，并建立保管制度，避免工具设备的非正常失效和遗失，保证维修工作需要的工具设备处于可用状态。

（5）维修单位应当建立检测工具或者测试设备的校验制度。

（6）对于维修单位使用的个人工具，其管理也应当符合前述的规定。

（7）维修中使用自动测试设备的，应当控制其测试软件的有效性。

9.2.3 器材要求

维修单位应当具备完成其维修工作所必需的器材，并对其进行有效的保管和控制，保证其合格有效。主要的要求包括：

（1）维修器材应当符合有关适航性资料的规定。通过协议使用其他单位器材的，应当具有有效的正式合同或者协议。

（2）维修单位使用的器材应当具有有效的合格证件，并建立入库检验制度，不合格的或者未经批准的器材不得使用。器材的有效合格证件可以采用下列形式：

a. 标准件和原材料应当有合格证或者合格证明；

b. 非标准件和非原材料的全新器材应当有原制造厂颁发的适航批准标签或者批准放行证书；

c. 使用过的器材，应当具有民航总局或者民航地区管理局按 CCAR-145 部批准的维修单位签发的《批准放行证书/适航批准标签》(AAC-038 表)。AAC-038 表《批准放行证书/适航批准标签》具体样式如下：

第9章 民用航空器维修单位合格审定规定(CCAR-145部)

AAC-038表《批准放行证书/适航批准标签》

□符合性 Conformity　□适航性 Airworthiness

批准放行证书/适航批准标签

AUTHORIZED RELEASE CERTIFICATE/AIRWORTHINESS APPROVAL TAG

1 国家 Country	2 中国民用航空总局 CAAC			3 证书编号 Certificate Ref. No.	
	4 单位 Organization			5 工作单/合同单/货单 Work Order/Contract/Invoice	
6 序号 Item	7 内容 Description	8 件号 Part No.	9 适用性 Eligibility	10 数量 Qty.	11 系列号/批号 Serial/Batch No.	12 产品状态 Status/Work

13 备注 Remarks

14 新产品 New Parts 兹声明上述产品除第13项的其他规定以外，已按照上述国家适航条例进行制造/检查，并且该产品(出口产品)符合经批准的型号设计资料和进口国提出的专用要求。 Certifies that the Part(s) identified above except as otherwise specified in block 13 was(were) manufactured/inspected in accordance with the airworthiness regulations of the stated country and/or in the case of parts to be exported with the approved design data and with the notified special requirements of the importing country.	15 使用过的产品 Used Parts 兹声明上述产品除第13项的其他规定以外，已按照上述国家适航条例和进口国通知的特殊要求进行了工作，该产品处于安全可用状态可以批准放行使用。 Certifies that the work specified above except in accordance with the airworthiness regulations of the stated country and the notified special requirements of the importing country and in respect to that work, the part(s) is (are) in condition for safe operation and considered ready for release to service. (over)
16 批准人签名 Signature	18 批准日期 Date	19 中国民航总局授权 Issued by or on behalf of the CAAC
17 批准人姓名(打印的) Name(Printed)		

准放行证书/适航批准标签

AUTHORIZED RELEASE CERTIFICATE/AIRWORTHINESS APPROVAL TAG

使用者/安装者职责 USER/INSTALLER RESPONSIBILITIES

(1) 必须明确：本文件并不批准零件/组件/部件可以装到有关产品上。

(2) 当使用者/安装者使用的是所在国适航当局的条例，而不是本表第1项中所指国家适航当局的条例时，使用者/安装者必须保证所在国的适航当局能接受所指国家适航当局批准出口的零件/组件/部件。

(3) 表中第14项、第15项的陈述，并不说明本表是安装批准。在所有情况下，航空器使用前，航空器使用者/安装者应把按本国适航条例颁发的安装批准放入维修记录中。

(1) It is important to understand that the existence of this document alone does not automatically constitute authority to install the part/component/assembly.

(2) Where the user/installer works in accordance with the national regulations of an Airworthiness Authority different than the Airworthiness Authority of the country specified in block 1 it is essential that the user/installer ensure that his/her Airworthiness Authority accepts parts/components/assemblies from the Airworthiness Authority of the country specified in block 1.

(3) Statements 14 and 15 do not constitute installation certification. In all cases the aircraft maintenance record must contain an installation certification issued in accordance with the national regulation by the user/installer before the aircraft may be flown.

(3) 使用非航空器制造厂家批准的供应商提供的器材应当告知相应的航空营运人,并通过航空营运人获得民航总局的批准或者认可。

(4) 对于航空营运人的维修单位,允许其按照民航总局或者民航地区管理局批准的工作程序生产少量自制件用于其自身维修工作,但仅限于其故障、失效或者缺陷不直接造成CCAR-21部相关条款所列的严重后果中任一情况的航空器部件;非航空营运人的维修单位生产上述自制件的,应当在使用前告知相应的航空营运人,并通过航空营运人获得民航总局或者民航地区管理局的批准。自制件不得销售。

(5) 维修单位应当建立在质量系统控制下的器材供应商评估和入库检验制度,以防止不合格的器材在维修工作中使用;对库存的器材应当建立有效的标识、保管和发放制度,以防止器材混放和损坏,保证器材完好,使用正确。

(6) 对于具有库存寿命的器材,应当建立有效措施防止维修工作中使用超库存寿命的器材。

(7) 对于化学用品及有防静电要求的器材,应当根据原制造厂家的要求采取有效的安全防护措施。

(8) 维修单位应当建立不可用器材的隔离制度及报废器材的销毁制度,防止在维修工作中使用不可用的或者报废的器材。

9.2.4 人员要求

为保证工作的开展,维修单位应当具备足够的符合下列要求的维修、放行、管理和支援人员,对各类人员的具体要求包括:

(1) 维修单位应当至少雇用责任经理、质量经理和生产经理各一名。责任经理应当由维修单位的法定代表人或者由其按照法定程序授权的人员担任;质量经理不能与生产经理兼职;上述人员不能由被吊销维修许可证的维修单位的责任经理、质量经理或生产经理调任或者继续担任。

(2) 维修、放行、管理和支援人员应当身体健康并适应其所承担的工作,每年度都应有合法的医疗机构出具的体检证明。

(3) 责任经理、质量经理和生产经理应当满足下列资格要求:

a. 熟悉民用航空器维修管理法规;

b. 具有维修管理工作经验;

c. 国内维修单位的上述人员应当接受必要的培训;

d. 国外或者地区维修单位的经理人员应当能正确理解CCAR-145部的要求,并接受必要的培训。

(4) 直接从事航空器或航空器部件的维修人员应当满足下列资格要求:

a. 经过有关民航法规、国家或行业标准、专业知识、基本技能、工作程序和维修人为因素知识的培训;

b. 独立从事维修工作的维修人员应当获得本单位的具体工作项目授权;

c. 对于从事无损探伤等工作且国家标准有相关资格要求的人员,还应当同时符合国家标准的要求。

(5) 放行人员应当满足下列资格要求:

a. 除规定情况外,放行人员应当是本维修单位雇用的人员;

b. 经过有关民航法规、国家或行业标准、专业知识、基本技能、工作程序和维修人为因素知识的培训；

c. 国内维修单位的航空器整机放行人员除应当持有《民用航空器维修人员执照管理规则》规定的航空器维修人员执照，并且其机型部分应当与所放行的航空器一致；从事航线维修、A 检或者相当级别（含）以下定期检修（针对字母检指的是 1A 检，下同。）和结合检修进行改装工作的放行人员至少具有Ⅰ类签署；从事运输类和通勤类飞机 A 检或者相当级别以上定期检修和其他改装工作的放行人员应当具有Ⅱ类签署；

d. 国内维修单位的航空器部件的放行人员应当持有按照《民用航空器维修人员执照管理规则》颁发的航空器部件修理人员执照，并且其修理项目部分与所放行的航空器部件应当一致；

e. 国外或者地区维修单位的放行人员应当具有本国或者本地区民航当局颁发的相应证件，并具有英语的听、说、读、写能力；

f. 放行人员应当具有本单位相应放行项目的授权，航线放行人员还应当获得航空营运人的授权。

（6）从事与航空器或航空器部件维修工作有关的管理和支援人员应当满足下列资格要求：

a. 经过有关民航法规、国家或行业标准、专业知识、工作程序和维修人为因素知识的培训；

b. 从事与航空器或航空器部件维修工作直接有关的质量、工程和生产控制管理的人员应当持有《民用航空器维修人员执照管理规则》规定的航空器维修人员执照或航空器部件修理人员执照。

9.2.5 适航性资料要求

在实际的维修工作中，为了保证工作质量，所有的工作都要按照经过局方批准或认可的适航性资料来进行。这些资料可能来自局方、航空器或部件的制造厂家以及送修单位，其形式多种多样。主要包括：

（1）民航总局颁发的与航空器维修有关的中国民用航空规章、航空管理程序、咨询通告、管理文件及其他形式的文件，包括上述文件所引用的有关国家标准。

（2）维修工作所必需的航空器或者航空器部件制造厂家规定的有关适航性资料或者民航总局批准或者认可的其他资料，包括与航空器或者航空器部件维修有关的各类手册、文件、服务通告、服务信函以及上述资料中所引用的有关国际组织和行业的标准。

（3）送修人按照维修合同中的维修项目提供的有关资料，包括航空营运人的维修方案、手册和工作单卡等。

针对上述的适航性资料，维修单位应当按照以下方式建立有效的控制体系，保证适航性资料的有效和方便使用：

（1）建立一套集中保管的适航性资料主本和有效的资料管理程序，保证控制分发的资料与资料主本一致。使用计算机系统保存适航性资料的，应当建立有效的备份系统。

（2）适航性资料主本应当通过定期获得适航性资料目录索引或者直接向适航性资料发布单位核对的方法确定其有效性。使用由送修人控制其有效性的适航性资料的，使用前应当获得送修人提供的有效性声明。

(3) 非现行有效的适航性资料及其他非控制性的参考资料应当与现行有效的适航性资料有明确的区分标识并避免混放。

(4) 确保维修人员在维修过程中能及时、方便地获得需要的适航性资料,并提供必要的阅读设备。

9.2.6 质量系统

维修单位应当建立一个由责任经理负责的独立的质量系统,对维修工作的全过程进行监督,并随时根据发现的问题对整个单位的工作进行整改。质量系统应满足的要求包括:

(1) 由责任经理发布明确的质量管理政策,并根据此管理政策明确各部门和人员的职责。各部门和人员的职责应当避免重叠和交叉。

(2) 根据各类人员的职责明确其资格要求并建立人员岗位资格评估制度,对于满足资格要求的人员应当以书面的形式进行授权。各类维修人员的授权可以由质量经理或者其授权的人员签署;放行人员的授权应当由责任经理或者由其授权的质量经理签署。

(3) 在质量部门应当保存一份完整的对各类维修人员授权的记录,在相关的工作现场应当保存一份复印件;在质量经理处应当保存一份完整的对放行人员授权的记录,在放行人员的工作场所应当保存一份授权的复印件。

(4) 建立必要的工作程序,明确各部门和人员的职责。工作程序应当涵盖 CCAR-145 部的适用要求,制定和修改工作程序应当由责任经理或者由其授权的质量经理批准并且应当在批准后在实际工作中实施。

(5) 维修单位的质量管理制度应满足以下规定:

a. 质量部门应当独立于生产控制系统之外并且由质量经理负责,其主要责任是监督质量管理政策的落实;

b. 质量经理应当直接对责任经理负责。质量部门的人员应当独立行使质量管理职能,在职责上不得与生产控制系统交叉。质量部门人员对维修工作的质量具有否决权;

c. 质量经理认为某种情况直接影响航空器或者航空器部件的适航性时,可以直接向民航总局或者民航地区管理局报告。

(6) 为有计划地评估本单位维修工作对 CCAR-145 部要求的符合性,验证质量管理系统的有效性,并进行自我完善,各维修单位应当建立一个符合下列规定的独立的自我质量审核系统,或者将自我质量审核功能赋予其质量部门。

a. 自我质量审核的范围应当包括本单位申请的或者被批准的有关项目涉及的所有维修工作对 CCAR-145 部要求的符合性;

b. 对于本单位任一部门或者系统的审核间隔最长不得超过 12 个月,对以往审核中发现问题较多的或者出现严重质量问题的部门或者系统,应当适当地增加审核频度;

c. 自我质量审核应当按计划进行。维修单位应当至少以年度为周期制定审核计划;

d. 审核员应当熟悉民航总局有关航空器维修方面的规定和本单位的维修单位手册。审核员经过有关审核内容知识的培训后,应当具有计划、协调和分析能力。审核员可以专职或者兼职,但与被审核部门应当没有直接责任关系;

e. 维修单位应当制定审核项目单并按照审核项目单进行自我质量审核。制订审核项目单应当以保证自我质量审核工作的规范性和完整性为目的。审核项目单中应当列出各部门或者系统应当满足的有关要求；

f. 在进行自我质量审核时，维修单位应当对审核过程及发现的问题及时记录；

g. 审核结束后，应当以正式审核报告的形式向被审核部门或者系统的负责人通告审核中发现的问题，并要求限期纠正；

h. 审核报告应当妥善保存。保存的期限不得少于审核报告全部内容完成后2年。

9.2.7 工程技术系统

维修单位应当建立一个落实其工程管理责任的工程技术系统，包括制定与其维修工作有关的下列技术文件：

（1）根据有关适航性资料及送修人的要求制定符合规定的维修工作单卡。工作单卡可以由本单位制定或者由送修人提供，但应当具有设定并记录工作顺序和步骤的功能。在有关适航性资料修改时，应当评估工作单卡是否需要修订并记录，需要修订的，应当及时进行修订。工作单卡中涉及参考资料的，应当标明文件号和名称。国内维修单位的工作单卡应当至少使用中文，在国外/地区送修客户提出要求的情况下，实施国外/地区注册的航空器以及其上安装的或即将安装的航空器零部件的维修，工作单卡可以采用英文，但维修单位必须确保本单位的维修人员能够正确理解工作单卡的内容；国外和地区维修单位应当确保本单位维修人员能够正确理解工作单卡的内容。

（2）根据有关适航性资料制定符合要求工作实施依据文件。维修工作实施依据文件是指载明某一具体维修工作实施方法和标准的技术文件。维修单位在已核准其适用性并且保证维修人员能够正确理解的情况下，维修工作实施依据文件可以直接使用有关适航性资料中的内容。

9.2.8 生产控制系统

维修单位应当建立一个由各有关生产部门及维修车间共同组成的生产控制系统。生产控制系统应当符合下列规定：

（1）生产控制系统在实施每项维修工作前应当确认具备维修工作所需要的厂房设施、工具设备、器材、合格的维修人员、适航性资料及技术文件。

（2）生产控制系统安排的维修工作计划应当与本单位维修工时资源相适应。维修工时资源应当根据本单位的人员素质、倒班制度等确定。

（3）当某些维修工作步骤同时进行可能会对施工安全性和维修质量造成不良影响时，生产控制系统应当合理安排工作顺序以避免其发生。当因休息或者交接班等需要中断正在进行的维修工作时，生产控制系统应当控制工作步骤及记录的完整性，以保证维修工作的连续性。

（4）生产控制系统应当对每项具体的维修工作建立维修工时管理制度，记录实际维修工时，并与标准工时进行对比，以控制维修工作的完整性。维修工时管理应当以人·小时为单位。标准工时的确定应当依据工作内容、人员素质、工具设备的状况和工作条件等有关因素。在保证维修工作完整性的前提下，初始标准工时可参考航空器或者航空器部件制造厂家推荐的数据或同类维修单位的经验，并通过统计分析不断调整标准工时。

9.2.9 培训大纲和人员技术档案

维修单位应当根据要求制定本单位各类人员的培训大纲,建立各类人员的技术档案,并满足如下要求:

(1) 培训大纲中应当至少明确各类培训对象的培训内容、培训目标、学时要求、培训形式、考试制度及培训机构、培训管理职责等内容,培训大纲及其任何修订应当经过民航总局或民航地区管理局批准。

(2) 维修单位的各类人员在独立从事每个维修项目或者维修管理、支援工作前应当至少经过培训大纲中规定的项目培训并合格,并且根据实际情况参加要求的更新培训或再培训。

(3) 维修单位应当根据上述培训要求制定各类人员的年度培训计划。培训计划可以根据需要进行调整。

(4) 维修单位应当建立并妥善保存本单位各类人员的技术档案和培训记录。人员技术档案及培训记录应当符合下列规定:

a. 便于民航总局、民航地区管理局或者本单位对人员岗位资格进行评估时使用;

b. 人员技术档案至少应当包括如下内容:
(i) 现任职务或者工作范围;
(ii) 按年月填写的技术简历;
(iii) 参加过的培训课程、培训形式、培训学时及考试成绩(如适用);
(iv) 学历证明及合格证件的复印件;

c. 维修单位应当及时修订人员技术档案及培训记录,以保证其有效性;

d. 人员技术档案及培训记录应当妥善保存,防止非授权人员接近和修改。人员技术档案应当在其离开本单位后至少保存2年。

9.3 对维修单位的其他要求

在对维修单位进行审定和管理的过程中,除了上述要求外,还有一些其他常用的要求,主要包括对各种手册、记录、文件的要求,根据行政许可的要求,局方可实施的罚则,以及一些与人为因素有关的要求。

9.3.1 维修单位手册

维修单位应当制定完整的手册以阐述满足CCAR-145部要求的方法。维修单位手册由维修管理手册和工作程序手册组成。维修管理手册应当载明维修单位实施所有经批准的维修工作的总体要求和基本依据并应当获得批准;工作程序手册应当根据维修管理手册载明部门或者车间的具体工作程序并应当获得认可。批准和认可部门可以提出修订要求。

维修管理手册和工作程序手册应当按照以下规定的格式和要求编写、修订和分发。

维修管理手册和工作程序手册可采用一本完整手册,或者多本分册的形式。采用多本分册形式的,应当在维修管理手册中有参照说明,不得在管理上出现空缺内容。

(1) 国内维修单位的手册应当至少使用中文,国外或者地区维修单位的手册可以使用中文或者英文。

(2) 维修管理手册应当采用活页的形式。维修管理手册应当包括有封面、目录、修订记录和有效页清单；手册每页中应当至少含有公司名称、手册名称、章节号、颁发或者修订日期、页码等。

(3) 工作程序手册的形式可以由维修单位自行制定，但应当便于存放、查找、修订及管理。

(4) 维修单位应当集中保存一套完整、有效的维修单位手册作为主手册，批准部门的批准页应当为原件；维修管理手册应当至少分发至责任经理、质量经理和生产经理；工作程序手册可以根据各部门和系统的具体工作职责全部或者部分分发至有关部门或者系统，必要时应当给某一部门或者系统分发多份。维修单位手册修订时应当对分发的手册进行及时修订。

9.3.2 维修记录

维修单位的维修记录应当符合下列规定：

(1) 维修工作应当保证记录完整。维修记录至少应当包括填写完整的工作单卡、发现缺陷及采取措施记录、换件记录及合格证件、执行的适航指令和服务通告清单、保留工作、测试记录、维修放行证明等。航空器重要修理和改装工作应当填写《重要修理及改装记录》（AAC-085 表）。签署 AAC-085 表的人员资格参见 CCAR-43 部。《重要修理及改装记录》的具体样式如下：

中国民用航空总局 重要修理及改装记录 （机体、动力装置、螺旋桨和设备装置）		中国 北京（100710） 东四西大街 155♯ 传真：86-10-64030987	
1. 航空器	制造厂家	型号	
	序号	国籍和登记注册标志	
2. 所有人/营运人	名称	地址	
3. 修理或改装项目			
机体□ 动力装置□ 螺旋桨□ 设备装置□			
名称	制造厂家	型号	序号	类型	
				修理	改装
4. 符合性申明			
机构名称和地址	机构类型		机构的证书编号
	□ CAAC 批准/授权的维修人员		
	□ CAAC 批准的单位		
	□ 制造厂家		
	□ 制造厂家授权/批准的单位		

兹证明上述第 3 栏中填写的项目及下面第 6 栏的工作概述所进行的修理和改装完全符合中国民用航空总局规章的要求并正确属实。

续表

日期:	承修单位授权负责人签字:

5. 批准放行

按照中国民用航空总局的规定,经下述人员检查,现对上述第 3 栏中的项目

放行□ 拒绝放行□

| 批准: | □ | CAAC 持续适航监察员 | □ | CAAC 委任代表 |
| | □ | CAAC 批准的维修单位 | □ | 其他 |

批准或拒绝放行日期:	授权责任人签字:

注意:任何对飞机重量和平衡使用限制的更改均须记录在有关的飞机记录中,所有的改装工作均应确保与有关适航要求的连续符合性。

6. 完成维修工作的概述(如本页不够,需另加附页。要求对航空器所属国、注册号码、试验数据、承修过程中发现的重大问题及采取的措施及完成日期进行阐述。)

(2) 维修记录应当按照下列规定记录:

a. 同一工作的记录应当使用统一的单卡或表格,除国外/地区送修客户提出要求和某些自动生成的测试记录可使用英文外,国内维修单位的维修记录应当至少使用中文;国外/地区维修单位的维修记录(除工作单卡)外应当至少采用英文;

b. 维修记录的填写应当清晰、整洁、准确,使用钢笔或圆珠笔,测试数据应当填写实测值,任何更改应当经授权人员签署;

c. 维修记录可以使用书面或计算机系统记录的形式。使用书面形式的,使用的纸张应当保证其在传递和保存期间不致损坏;使用计算机系统记录的,应当保证信息能有效传递并建立与人员授权匹配的操作权限控制系统。

(3) 维修记录完成后应当按照下列规定保存:

a. 维修记录应当避免水、火、丢失等造成的损失;使用计算机系统保存维修记录应当建立有效的备份系统及安全保护措施,防止未经授权的人员更改;

b. 维修记录应当至少保存 2 年,航线维修工作的记录应当至少保存 30 天;

c. 维修单位应当采用有效的措施,使有关记录在毁坏后能够通过其他渠道恢复;

d. 维修单位终止运行时,其在运行终止前两年以内的维修记录应当返还给相应的送修人。

9.3.3 维修放行证明

维修单位完成航空器或航空器部件的维修工作后,应当由授权的放行人员按照民航总局批准或者认可的形式签发维修放行证明。民航总局批准或者认可下列形式的维修放行证明:

(1) 航线维修、A 检或者相当级别(含)以下的航空器定期检修工作及结合其完成的改装工作完成后可以由航空营运人授权的放行人员在飞行记录本上签署放行。

(2) A 检或者相当级别以上的航空器定期检修及改装工作的放行表格可以由维修单位自定,但应当采用相对固定的格式并包括必要的内容。

(3) 航空器部件的维修放行证明采用由维修单位授权的放行人员签署《批准放行证书/适航批准标签》的形式,但当任何部件的维修是为本单位另一项完整的维修工作需要时,其维修证明可以采用本单位内部合格证件的形式。

经批准的维修单位应当至少向送修人提供维修放行证明并附有有关实施维修工作的说明。维修放行证明的复印件应当与维修记录一同保存。

9.3.4 等效安全的要求

CCAR-145 部对维修单位的组织机构、人员安排和经营管理提出了许多具体的要求。但是,在某些情况下,这些要求的执行会面临一些实际的困难。如对有些规模较小的单位,其人员和工作数量相对较少,如严格按照通用的要求进行管理会给这些单位带来许多不必要的额外工作。针对这些情况,规章中规定:规模较小的维修单位或者仅从事特种作业或者航线维修工作的维修单位,其责任经理、质量经理和生产经理可以由一人兼任;其《维修管理手册》和《工作程序手册》可以合并为一册;其自我质量审核可以委托其他经批准的第三方机构进行,但被委托单位应当向民航总局或者民航地区管理局提供审核报告的复印件。

再有,随着航空营运人航线的不断延伸,对所飞航站的地面维修提出了新的要求。但由于历史和现实的原因,有些航站的地面维修能力较弱,其工作效果无法满足航空营运人对安全的要求。此时,一种较好的解决方法就是,充分利用各航空营运人自己的维修资源,对其所飞航站的地面维修工作进行直接管理。具体方法就是,由航空营运人对航线维修工作承担全部的责任,并在航空营运人的维修单位的维修许可证和航线维修能力清单中增加相应的外站航线维修的内容。实际的维修工作可由航空营运人的随机人员、派驻人员或雇用的当地维修人员来执行,但航空营运人应保证提供维修工作实施所必需的设施、工具、器材、资料和人员培训与授权,并将其纳入自身的质量系统中。

另外一种等效安全的情况是,制造厂家的维修单位,如其生产管理系统能够满足 CCAR-145 部要求的,可以不再另设或者单独成立生产管理系统,但应当在其维修单位手册中明确说明。

9.3.5 外委的要求

在进行维修工作中,有一些工作的专业性较强,且所需的设备也比较复杂,对操作人员的要求也较高,或者该修理工作属于垄断性的工作,世界范围内,只有少数单位可以维修。如表面热处理、无损探伤、发动机叶片、碳刹车或某些电子设备等的修理工作。对于这种情况,局方在 CCAR-145 部中允许各维修单位根据情况选择外委维修。具体要求如下:

(1) 维修单位可以对维修许可证限定范围内维修工作中个别专业性较强的工作环节或者子部件修理等部分维修工作选择外委维修,但其维修项目范围内的主要维修工作、最终测试及放行工作不能外委。

(2) 除按照国家有关标准取得相应批准的特种作业单位外,国内维修单位的外委单位应当具有维修许可证;国外或者地区维修单位的外委单位应当获得本国或者地区民航当局的批准。通常国外或者地区维修单位的外委单位是通过当局批准维修单位外委厂家清单的形式进行批准。

(3) 维修单位选择外委维修的,应当建立在质量系统控制下的评估制度。

9.3.6 与人为因素有关的要求

据研究显示,现今所有与航空器有关的事故和事故症候中,与人为因素有关的已经占到总数的70%,甚至更多,而在20世纪中后期,这一数字曾低于30%。在民用航空器维修业内全面推进人为因素研究的最新成果,减少人为差错,提高航空器运行的安全性,已成为国际民航业内的共识。在此大背景下,CCAR-145部的最新修订也充分反映了国内、外对人为因素研究的一些重要成果。在CCAR-145部中,由于人为因素涉及的内容较多、分布较广,故在此只对一些主要的要求做一简单归纳。

(1) 厂房设施:前述的内容中已包括,要注意对高空(2米以上)作业的要求。

(2) 人员要求:前述的内容中已包括,要注意对人员培训内容和年度体检的要求。

(3) 生产控制系统的要求:前述的内容中已包括,要注意对工时和交接班的要求。

(4) 缺陷和不适航状况的报告要求:CCAR-145部规定,维修单位应向局方和制造厂家报告由于维修差错造成的航空器或者航空器部件的重大缺陷或故障。

(5) 维修工时管理的要求:维修单位要充分考虑维修人为因素对维修工作的影响,避免对维修人员提出正常能力范围以外的要求。除非经劳动行政部门的批准,一般情况下,直接从事航空器或者航空器部件维修工作的维修人员的工作时间不应当超过每天8小时,每周的工作时间累计最多不应当超过40小时,特殊情况下可适当延长工作时间,但每天最多不得延长超过3小时,每月的加班时间累计不得超过36小时;维修单位还应当保证各类人员在工作时不受毒品、酒精、药物等神经性刺激因素的干扰。

第10章

民用航空器维修人员执照管理规则
(CCAR-66部)

　　民用航空器的持续适航性是靠日常的检查和维修工作来保障的,而维修人员的知识、技能和安全意识对航空器的维修质量起着关键作用。民航局在 CCAR-145 部、CCAR-121 部、CCAR-135 部和 CCAR-91 部规章中对一些关键岗位人员(如放行人员),提出了持有 CCAR-66 部民用航空器维修人员执照或者民用航空器部件修理人员执照要求。因此,从规章的协调一致和相互支持,民航局根据《中华人民共和国民用航空法》《中华人民共和国民用航空器适航管理条例》制定了《民用航空器维修人员执照管理规则》(CCAR-66 部),以规范民用航空器维修人员执照的管理,保障民用航空器持续适航和飞行安全。

　　民用航空器维修人员执照是颁发给符合 CCAR-66 部标准的人员资格的凭证,是民航局对于维修人员资质管理的主要方式。民航局于 1991 年 2 月发布实施《民用航空器维修人员合格审定的规定》(CCAR-65 部);1995 年 12 月 14 日对 CCAR-65 部进行了第一次修订,修改为《民用航空器维修人员合格审定的规定》(CCAR-65AA-R1 部);2003 年 1 月 1 日将 CCAR-65AA-R1 部修订后更名为《民用航空器维修人员执照管理规则》(CCAR-66 部);2005 年 12 月 31 日修订为《民用航空器维修人员执照管理规则》(CCAR-66R1 部)。目前现行有效的是《民用航空器维修人员执照管理规则》(CCAR-66R2 部),于 2016 年 4 月 7 日公布,自 2016 年 5 月 8 日起施行。

　　CCAR-66 部从维修人员的专业技能、从业经验和行为规范三个方面对执照申请人和执照持有人进行了规范。维修人员的专业技能在执照管理规章中一直受到重视,CCAR-66R2 部修订中对维修人员的从业经验更加重视,并制定 AC-66R2-07《中国民航维修人员维修经历记录》对执照申请人和执照持有人的维修经历进行了规范。同时,CCAR-66R2 也首次对维修人员的行为规范进行了要求,制定《中国民航维修人员事故与差错及工作诚信管理规定》,要求对维修人员工作中出现的事故与差错以及维修人员不诚信行为进行记录,并构建"一处失信、处处受限"的信用惩戒格局。例如,在执照基础部分申请、机型部分和项目部分签署、执照续签中都有期限不同的"无严重维修差错和无严重工作不诚信行为"要求。

　　CCAR-66 部适用于从事在中国注册的民用航空器的维修、部件修理工作的人员的执照的颁发和监督管理。从事体育运动航空器维修工作的维修人员,由国务院体育主管部门按规定办理体育运动航空器维修人员合格证件。

10.1 执照分类和专业类别

CCAR-66 部所称执照分为以下两类:
(1) 民用航空器维修人员执照;
(2) 民用航空器部件修理人员执照。
各类执照按照不同专业,划分了各自的专业类别。
民用航空器维修人员执照(以下简称维修人员执照)基础部分包括航空机械和航空电子两个专业。航空机械专业,其英文代码为 ME;航空电子专业,其英文代码为 AV。
维修人员执照基础部分航空机械专业划分为以下类别:
(1) 涡轮式飞机,即装有涡轮式发动机的固定翼航空器,其英文代码为 TA;
(2) 活塞式飞机,即装有活塞式发动机的固定翼航空器,其英文代码为 PA;
(3) 涡轮式直升机,即装有涡轮式发动机的旋翼航空器,其英文代码为 TH;
(4) 活塞式直升机,即装有活塞式发动机的旋翼航空器,其英文代码为 PH。
民用航空器部件修理人员执照(以下简称部件修理人员执照)基础部分按下列专业划分:
(1) 航空器结构,其英文代码为 STR;
(2) 航空器动力装置,其英文代码为 PWT;
(3) 航空器起落架,其英文代码为 LGR;
(4) 航空器机械附件,其英文代码为 MEC;
(5) 航空器电子附件,其英文代码为 AVC;
(6) 航空器电气附件,其英文代码为 ELC。
部件修理人员执照项目部分按《航空器部件项目通用代码表》划分。
CCAR-66 部执照分类和专业类别见图 10-1。

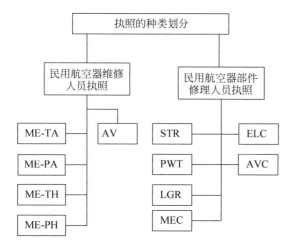

图 10-1 CCAR-66 部执照分类和专业类别

维修人员执照包括基础部分和机型部分。维修人员执照申请人经考试合格获得维修人员执照基础部分。维修人员执照基础部分可以在没有机型签署的情况下颁发。申请维修人员执照机型部分的申请人应当首先取得维修人员执照基础部分。

部件修理人员执照包括基础部分和项目部分。部件修理人员申请人应当经考试获得部件修理人员执照基础部分。部件修理人员执照基础部分可以在没有项目签署的情况下颁发。申请部件修理人员执照项目部分的申请人应当首先取得部件修理人员执照基础部分。

10.2 执照管理模式

民航局按照一级政府二级管理的模式对CCAR-66部执照进行管理。具体为：民航局负责维修人员执照、部件修理人员执照基础部分的考试、颁发和监督管理工作。民航地区管理局负责维修人员执照机型部分、部件修理人员执照项目部分的签署和监督管理工作。

民航局承担以上职责，将具体事务授权给民用航空器维修人员执照考试管理中心（以下简称考管中心）负责办理，即考管中心具体负责执照基础部分的考试、执照基础部分颁发和执照续签等工作。

因此，执照基础部分申请人在满足规定的申请条件后，首先向考管中心提出考试申请，并参加考管中心组织的考试，考试合格后，再向考管中心提交执照基础部分的颁发申请。机型签署或者部件项目签署的申请人在满足规定的申请条件后，即可向民航地区管理局提交颁发申请执照机型或者执照项目的签署申请。

10.3 执照的考试

通过民航局组织的考试是获取维修人员执照基础部分/部件修理人员执照基础部分必要条件之一。执照基础部分的考试均按照民航局颁发的考试大纲进行。在申请参加民航局组织的考试时，首先需要满足以下考试申请条件，然后在考管中心网站报名考试。

1. 执照基础部分的考试申请条件

参加维修人员执照基础部分的考试申请人应当从事所申请专业的航空器维修工作累计在2年（含）以上；或者经过民航局批准的培训机构培训并获得其颁发的所申请专业基础培训合格证书。

参加部件修理人员执照基础部分的考试申请人应当从事所申请专业的航空器部件修理工作累计在2年（含）以上；或者经过民航局批准的培训机构培训并获得其颁发的所申请专业基础培训合格证书。

2. 考试形式和要求

维修人员执照基础部分的考试包括笔试、口试和基本技能考试；部件修理人员执照基础部分的考试包括笔试和基本技能考试。

考试成绩70分（含）以上为合格。考试科目按考试大纲划分，考试不合格者可以在90天后参加补考，考试成绩有效期为5年。持有民航局批准的培训机构颁发的基础培训或基本技能培训合格证书等同于基本技能考试合格。

10.4　执照的申请条件

1. 民用航空器维修人员执照申请条件

1）维修人员执照基础部分申请条件

维修人员执照基础部分申请人应当满足下列要求：

a. 年满 18 周岁，身体健康；

b. 通过维修人员执照基础部分的考试，成绩合格有效；

c. 最近 3 年内无严重维修差错；

d. 最近 3 年内无严重工作不诚信行为；

e. 从事所申请专业的航空器维修工作累计在 3 年（含）以上，其中在申请之日前 1 年应当持续从事所申请专业的民用航空器维修工作。或者经过民航局批准的 CCAR-147 部培训机构培训并获得其颁发的所申请专业基础培训合格证书，且在毕业后至少累计从事 1 年所申请专业的民用航空器维修工作。同时具有民用航空器维修实践工作，内容应当涵盖基本技能和具有代表性的维修任务；

f. 能正确读、写申请专业相关技术文件和管理程序使用的文字。

2）维修人员执照机型部分的申请条件

维修人员执照机型部分的签署划分为Ⅰ类和Ⅱ类，申请人应当满足下列要求：

a. 已经获得维修人员执照基础部分；

b. 取得具有相应机型培训资格的 CCAR-147 部培训机构颁发的培训合格证书，或通过民航局认可的培训机构对其进行的相应机型培训。其中申请机型Ⅰ类签署，需要Ⅰ类或Ⅱ类机型培训合格证书；申请机型Ⅱ类签署，需要Ⅱ类机型培训合格证书；

c. 机型部分Ⅰ类的申请人在民用航空器上累计有至少 4 年的维修经历；机型部分Ⅱ类的申请人在民用航空器上累计有至少 5 年的维修经历；机型部分Ⅰ类和Ⅱ类的申请人，在最近 2 年内应当累计至少有 1 年在所申请的航空器机型和专业上工作，且在该 1 年内应当至少有 6 个月是在申请执照机型部分前 1 年内获得的。当不同机型的机身、发动机系统、电子系统的构造和操作在技术上相似时，在此类机型上的维修经历可以视为是在同一机型上的维修经历；

d. 最近 2 年内无严重维修差错；

e. 最近 2 年内无严重工作不诚信行为。

2. 部件修理人员执照申请条件

1）部件修理人员执照基础部分的申请条件

部件修理人员执照基础部分申请人应当满足下列要求：

a. 年满 18 周岁，身体健康；

b. 通过部件修理人员执照基础部分的考试，成绩合格有效；

c. 近 2 年内无严重维修差错；

d. 近 2 年内无严重工作不诚信行为；

e. 从事所申请专业的航空器部件修理工作累计在 2 年（含）以上，其中在申请之日前 1

年应当持续从事所申请专业的民用航空器部件修理工作;或者经过民航局批准的培训机构培训并获得其颁发的所申请专业基础培训合格证书;

　　f. 能正确读、写申请专业相关技术文件和管理程序使用的文字。

　2) 项目部分的申请条件

　部件修理人员执照项目部分的申请人应当满足下列要求:

　　a. 已经获得部件修理人员执照基础部分;

　　b. 取得具有相应项目培训资格的 CCAR-147 部培训机构颁发的项目培训合格证书,或通过民航局认可的培训机构对其进行的相应项目培训;

　　c. 在最近 2 年内至少累计有 1 年从事所申请项目的修理工作经历;

　　d. 近 2 年内无严重维修差错;

　　e. 近 2 年内无严重工作不诚信行为。

10.5　执照的颁发和签署

1. 执照基础部分的审查与颁发

维修人员执照基础部分/部件修理人员执照基础部分按照下列程序审查与颁发:

(1) 对于符合执照基础部分申请条件的申请人,向考管中心提交《民用航空器维修人员执照初次颁发/续签申请书》(F66-1)/《民用航空器部件修理人员执照初次颁发/续签申请书》(F66-4)以及申请书要求提供的材料;

(2) 考官中心审查提交的申请材料,对符合规定的申请人,在收到申请书之日起 20 个工作日内颁发《民用航空器维修人员执照》(F66-2)/《民用航空器部件修理人员执照》(F66-5);申请材料不齐全或者不符合法定形式的当场或者在 5 个工作日内一次告知申请人需要补正的全部内容;对不符合规定的申请人在 20 个工作日内作出不予颁发执照基础部分的书面通知,退回其申请材料并说明理由,告知申请人享有的法律权利。

2. 执照机型部分/项目部分的审查与签署

维修人员执照机型部分/部件修理项目部分按照下列程序审查与签署:

(1) 对于符合申请条件的申请人,向民航地区管理局提交《民用航空器维修人员执照机型部分签署申请书》(F66-3)/《民用航空器部件修理人员执照项目部分签署申请书》(F66-6)以及申请书要求提供的材料;

(2) 民航地区管理局审查提交的申请材料。对符合规定的申请人,应当在收到申请书之日起 20 个工作日内予以签署机型部分;申请材料不齐全或者不符合法定形式的应当当场或者在 5 个工作日内一次告知申请人需要补正的全部内容;对不符合规定的申请人在 20 个工作日内作出不予签署机型部分的书面通知,退回其申请材料并说明理由,告知申请人享有的法律权利。

10.6　执照的有效期、续签及补发

维修人员执照和部件修理人员执照有效期均为自颁发维修人员执照基础部分起 5 年。为保证执照连续有效,执照持有人应当在有效期满前获得民航局对执照有效性的续签。

维修人员执照续签的要求如下:
(1) 持照人每2年内有累计至少6个月的航空器维修经历,或者有累计至少6个月与航空器维修有关的工作经历;
(2) 持照人每2年至少完成一次有关工作程序和有关专项工作内容的再培训;
(3) 维修人员执照持有人应当在执照失效前60天内提交《民用航空器维修人员执照初次颁发/续签申请书》(F66-1)以及申请书要求提供的材料;
(4) 最近5年内无严重维修差错;
(5) 最近5年内无严重工作不诚信行为。

部件修理人员执照续签的要求如下:
(1) 持照人每2年内有累计至少6个月的航空器部件修理经历,或者有累计至少6个月与航空器部件修理有关的工作经历;
(2) 持照人每2年至少完成一次有关工作程序和有关专项工作内容的再培训;
(3) 部件修理人员执照持有人应当在执照失效前60天内提交《民用航空器部件修理人员执照初次颁发/续签申请书》(F66-4)以及申请书要求提供的材料;
(4) 最近5年内无严重维修差错;
(5) 最近5年内无严重工作不诚信行为。

执照丢失或者损坏后影响使用的,应当按照相关要求向民航局申请补办或者换发。

10.7 执照持有人的权利

1. 民用航空器维修人员执照持有人的权利

获得维修人员执照基础部分及相应机型部分Ⅰ类部分的人员可以按照CCAR-145部放行按照工作单完成航线维修工作的航空器;和按照CCAR-43部的规定,对航空器进行维修工作并批准其恢复使用。

获得维修人员执照基础部分及相应机型部分Ⅱ类部分的人员除了具有机型Ⅰ类部分的权利外,还可以放行按照CCAR-145部完成其他维修工作的航空器。

2. 民用航空器部件修理人员执照持有人的权利

获得部件修理人员执照基础部分及相应项目部分的人员可以对项目部分类别范围内的部件,按照CCAR-145部或CCAR-43部放行。

10.8 执照持有人的义务

维修人员执照持有人/部件修理人员执照持有人应当遵守下列规定:
(1) 在执照持有人的权利范围内实施工作;
(2) 在生理或者心理状况不适合行使放行权时,不得行使放行权;
(3) 保证维修人员执照/部件修理人员执照的完整和有效性;
(4) 接受民航局、民航地区管理局的检查。

10.9 法律责任

执照持有人或者申请人在出现以下情况时将依法受到处罚:

(1) 维修人员执照、部件修理人员执照持有人应当将证件随身携带以便于接受检查。违反本条规定,在行使执照相应权利时未随身携带证件的,由民航局或民航地区管理局给予警告;

(2) 维修人员执照、部件修理人员执照持有人在饮用任何含酒精饮料之后的 8 小时之内,或处在酒精作用之下、血液中酒精含量等于或者大于 0.04%,或受到任何药物影响损及工作能力时,不得从事"执照持有人的权利"中所规定的工作。违反本条规定,服用药物或者饮用含酒精饮料后进行维修或者放行工作的,由民航局或民航地区管理局给予 1 千元罚款;

(3) 在参加 CCAR-66 部所规定的考试中存在作弊或其他禁止行为的,所有考试成绩作废,申请人在 1 年内不得再次申请考试;

(4) 在执照基础部分的颁发、机型部分和项目部分的签署,以及执照的续签中,有伪造、变造申请材料行为的,民航局或民航地区管理局不受理其申请或者不予颁发执照、签署或续签,申请人在 1 年内不得再次申请;通过欺骗、贿赂等不正当手段取得执照基础部分、机型或项目签署、执照续签的,由民航局或民航地区管理局予以撤销,申请人在 3 年内不得再次申请;

(5) 未在执照持有人的权利范围内实施工作,或在其生理或者心理状况不适合行使放行权时行使放行权的,由民航局或民航地区管理局给予 1 千元罚款;

(6) 涂改、伪造执照的,由民航局或民航地区管理局责令其立即停止民用航空活动,2 年内不得申领执照;

(7) 拒绝接受民航局、民航地区管理局检查的,由民航局或民航地区管理局给予 1 千元罚款;经民航局或民航地区管理局检查不合格的,执照持有人不得继续行使执照的权利,经检查、考核合格后,方可继续行使执照权利;

(8) 违反 CCAR-66 部规定,构成犯罪的,依法追究刑事责任。执照持有人受到刑事处罚期间,不得行使所持执照赋予的权利。

第11章

民用航空器维修培训机构合格审定规定 (CCAR-147部)

按照CCAR-66部规定,维修人员执照机型部分/部件修理人员执照项目部分的申请条件之一是需要并取得民航局批准的具有相应机型/项目培训资格的培训机构颁发的机型/项目培训合格证书,或通过民航局认可的培训机构对其进行的相应机型/项目培训。CCAR-66部中规定的民航局批准的培训机构,是指按照《民用航空器维修培训机构合格审定规定》(CCAR-147部)获得了民航局颁发的民用航空器维修培训机构合格证的培训机构(以下简称维修培训机构)。为了保证规章的协调一致性,规范民用航空器维修人员培训机构的管理和监督,培养合格的民用航空器维修人员,依据《中华人民共和国民用航空法》,制定CCAR-147部。CCAR-147部自2005年12月31日起施行。

CCAR-147部适用于为取得CCAR-66部的民用航空器维修人员执照和部件修理人员执照的人员提供培训的机构的合格审定及其监督检查。

11.1 对维修培训机构的管理要求

民航局对CCAR-147部维修培训机构的管理模式采取和CCAR-145部维修单位相似的管理模式。

民航局统一颁发维修培训机构合格证。民航局负责国外和地区维修培训机构合格证的签发与管理;民航地区管理局负责本地区内维修培训机构合格证的签发与管理。

1. 申请类别

CCAR-147部维修培训机构的申请类别包括以下5类:
(1) 民用航空器维修基础培训;
(2) 民用航空器部件修理基础培训;
(3) 民用航空器维修基本技能培训;
(4) 民用航空器机型培训;
(5) 民用航空器部件修理项目培训。

各培训类别中具体项目的专业或等级限定应当按照CCAR-66部的有关规定划分,机型培训还应具体限定到航空器及发动机型号。

2. 申请材料

申请人应当向民航局或民航地区管理局提交下列申请材料,国内申请人的申请材料应当至少使用中文；国外或者地区申请人的申请材料可以使用中文或英文：

（1）维修培训机构合格证申请书；

（2）培训机构管理手册；

（3）申请培训类别和具体培训项目的教学大纲；

（4）国外或者地区申请人应当提交本国或本地区民航当局颁发的维修培训机构合格证书；

（5）国外或者地区申请人应当提交国内维修人员培训意向书。

3. 维修培训机构合格证的有效期和变更规定

维修培训机构合格证载明单位名称、地址、培训类别及具体项目限定。除非被放弃、暂停或者吊销，国内维修培训机构合格证一经颁发长期有效。国外或者地区维修培训机构合格证的有效期为 2 年，应当在有效期届满前至少 6 个月向民航局提出延长维修培训机构合格证有效期的书面申请。

维修培训机构在名称、地址、培训类别和具体培训项目发生变化时，应当至少提前 60 天向民航局或者民航地区管理局提出变更维修培训机构合格证的书面申请，并获得批准。

维修培训机构在培训设施、设备、教学大纲、人员、组织机构和维修培训机构管理手册等发生较大变化时，应当至少提前 30 天通知民航局或者民航地区管理局。由民航局或民航地区管理局确定是否变更其维修培训机构合格证的有效性，并对维修培训机构管理手册进行批准。

4. 培训机构的权利

维修培训机构在获得维修培训机构合格证后，应当在批准的培训地点从事批准范围内的培训，并向经考试合格的学员颁发培训合格证书。维修培训机构管理手册中包含异地培训管理程序时，可以在批准的地点以外进行批准范围内的培训，并向经考试合格的学员颁发培训合格证书。

11.2 对维修培训机构的一般审定要求

"一般审定要求"是指为达到 CCAR-147 部要求，申请以上 5 个申请类别都需要满足的要求，也是构成维修培训机构的基本要素。其中，教学大纲、维修培训机构管理手册、质量系统需要获得民航局或民航地区管理局的批准。

1. 培训设施与实习设施

维修培训机构的设施、设备应该符合下列要求：

（1）维修培训机构的建筑物应当保证培训工作不受气候因素的影响，并应当设置易于辨别的紧急通道，确保此信息传达至所有教员和学员；

（2）维修培训机构教室的数量和容量应当满足招生人数的要求，并且每个专业理论培训班不能超过 24 个学员；培训教室应当有适当的照明、通风、噪声和温度控制，以保证教学活动正常进行；用于考试的教室应当保证邻近座位的学员看不到彼此的答卷内容；

（3）用于理论教学的教室应当配备教学所需的演示设备，使所有学员都能清晰辨认所演示的内容，这些设备应当满足相应的培训要求；

(4) 为其教员和管理人员提供必要的办公室和办公设备；

(5) 为教员和学员提供一个与其申请能力相适应的图书馆或资料室，提供申请范围内的足够的技术资料；

(6) 具备状态良好可用的档案室，用于档案保存。

维修培训机构的实习设施应该满足以下要求：

(1) 实习场地的设备、工具、器材和维修资料应当按照培训大纲所需要进行的实习内容配备；民用航空器维修基础培训、机型或部件修理项目培训的实习地点还应当提供相应的航空器、航空器部件或具有同等功能的模拟设备用于实习；租用或借用航空器、航空器部件或同等功能模拟设备时，应当通过书面合同进行，并在本单位质量系统的控制下保证达到培训大纲的要求；

(2) 在同一组件上同时实习的学员人数不得超过8人，并且每位实习教员同时指导的学员人数不得超过8人；

(3) 实习所需的工具、器材和维修资料的存储设施应当与实习区域隔离；

(4) 不同目的的实习区域应当有明显间隔及标识，并应当配备适当的劳动保护设施；

(5) 如果实习过程中需要维修资料支持，学员应当能够方便接近；

(6) 实习应当使用与实际维修飞机同类的工具、量具、设备和器材（如不同，应加以说明）。所有仅用于实习目的的工具、设备、器材和维修资料应当标注清晰易认的"仅供培训使用"字样；

(7) 进行航空器部件拆装实习时，应当按照相应的维修手册进行并具有相应的工作单卡。

2. 人员

维修培训机构应当具备足够的管理人员、教员和考官，并符合下列要求：

(1) 任命责任经理、质量经理各1名；

(2) 有与所批准的培训类别相适应的足够的教员，其中持有航空器维修/部件修理人员执照基础部分的人数不能少于1/10，每专业不得少于1人。所有理论课程教员应具有相应专业大专（含）以上学历，或取得相当于中级（含）以上技术职称；实习指导教员应当具有至少5年的航空器或航空器部件维修经验，并掌握最新的航空器或航空器部件维修技术和方法；应建立教员的资格标准，根据标准评估并书面任命教员，其中教员的书面任命中应当包括具有授课资格每一课程名称。维修培训机构应当为其教员提供与其教学内容相关的持续培训，并且每2年的培训时间应当不少于70学时；

(3) 执照基础部分的口试和基本技能考试的考官应当获得民航局的委任考官资格。

3. 教学大纲和培训教材

维修培训机构应当对其所培训的每一专业/项目按照民航局规定的相应培训大纲的要求编写教学大纲，教学大纲应当体现具体细化的教学要求和教学内容，包括教学时数分配和需完成的实习项目等。教学大纲应当获得民航局或民航地区管理局的批准。

维修培训机构应当对其所培训类别中包含的每一独立专业或课程提供培训教材，培训教材应当能覆盖其经批准的教学大纲的教学内容。维修培训机构应当确保所有学员具有相应的培训教材。

4. 考试

维修培训机构应当建立规范的考试制度，对每一位完成培训的学员进行考试，考试内容应覆盖相应的教学大纲规定的内容，考试应当为闭卷考试，得分70%为及格。缺勤课时数超过教学大纲中规定的课时数20%的学员不得参加考试。

维修培训机构发现学员在考试期间有任何作弊行为，应立即取消其考试资格，并且对于参加作弊的学员自该次考试之日起12个月内不得参加同类考试。考试期间，如果教员、监考人员有任何作弊行为，终止该教员、监考人员资格，培训机构应当在发现作弊10个工作日内上报民航局或民航地区管理局。

5. 质量系统

维修培训机构应当对其所承担的培训建立培训管理程序，以规范其所进行的培训工作，并保证符合CCAR-147部的各项要求。

维修培训机构应当建立一个独立的质量系统，来监督培训机构各项目的培训符合民航局规定的培训大纲的要求，保证考试公正，并确保培训机构的各项管理工作持续符合培训管理程序。

质量系统应当包括一个内部审核机构，并至少制定以年度为单位的计划对培训机构的各项管理和培训工作进行审核。内部审核发现的任何对本规定不符合的缺陷和问题应当书面通知责任部门或人员，并限期改正，每次审核完成后都应当有审核过程记录、发现缺陷和问题及其整改情况的审核报告，并报至维修培训机构的责任经理。内部审核的所有记录应当在每次审核报告完成后至少保存5年。

6. 维修培训机构管理手册

维修培训机构应当建立一个维修培训机构管理手册，以阐述本单位如何符合CCAR-147部的各项要求及各项培训管理制度和培训管理程序，维修培训机构管理手册应当获得民航局或民航地区管理局的批准并在实际培训中按照其进行培训和管理。维修培训机构管理手册至少包括下列内容：

a. 责任经理声明；
b. 符合性说明；
c. 手册的编写、修改、分发程序；
d. 维修培训机构合格证复印件(颁发后)；
e. 组织机构图说明；
f. 主要管理人员及其职责说明；
g. 培训和实习设施、设备和工具说明；
h. 各类教员清单和资格说明；
i. 学员招收计划和数量限制说明；
j. 教员的档案管理；
k. 教学大纲、培训教材的制定和管理；
l. 学员培训记录的管理；
m. 质量系统和培训管理程序；
n. 各种使用的表格和标牌样件。

7. 培训教员的档案和学员的培训记录要求

维修培训机构应当建立其每名教员的档案并妥善保存至其离职后至少 2 年。教员的档案至少包括以下内容：

a. 姓名和出生日期；
b. 学历、职称证书复印件；
c. 以往的工作经历；
d. 所有培训记录和证书复印件；
e. 维修培训机构书面任命其担任教员的复印件；
f. 执照基础部分的口试和基本技能考试考官还应当具有民航局颁发的考官委任书复印件。

维修培训机构应当建立每期参加培训人员的清单和考勤记录，为每名学员建立培训记录，并保存至学员完成培训后至少 5 年。学员培训记录中至少包含如下内容：

a. 培训起止日期；
b. 各培训课程名称、学时、教员；
c. 考勤记录；
d. 考卷及考试分数记录；
e. 合格证书复印件；
f. 违规处罚记录。

8. 培训合格证书

维修培训机构应当对通过考试的每名学员颁发由责任经理签发的培训合格证书原件。

11.3 对维修培训机构的特定审定要求

对于维修培训机构的审定要求除了前一章的一般审定要求外，CCAR-147 部对于以上 5 种申请类别分别从培训内容、实习和考试方面进行了规范，并制定了 5 种申请类别的培训大纲。维修培训机构的申请人需要根据局方制定的培训大纲制定教学大纲，并获得民航局的批准，获得批准后在实际教学中实施。

1. 维修基本技能的特定审定要求

基本技能培训包括航空机械专业和航空电子专业基本技能培训。航空机械专业基本技能培训应当包括常用工具设备和器材的使用、机械和电气部件拆装和检查、基本机械和电气施工、维修文件的使用等内容。航空电子专业基本技能培训应当包括常用工具设备和器材的使用、电子和电气部件拆装和检查、基本电子和电气施工、维修文件的使用等内容。具体的培训内容应当至少包括民航局规定的基本技能培训大纲的内容，并且培训学时不得少于基本技能培训大纲中规定的最低学时。

基本技能培训中学员动手实习的时间不得少于总培训课时的 70%。基本技能培训除对学员进行技能培训外，还要培训学员的安全意识、团队精神、人为因素的影响和差错分析能力。

基本技能培训的考试应当由民航局委任的考官按照民航局规定的基本技能考试大纲进

行,每次考试应当至少有2名考官同时进行。考试不及格的学员,在经过补课后,允许补考1次,若补考不及格,应当重新参加培训。

2. 维修基础的特定审定要求

航空器维修基础培训包括自然科学基础知识、飞行原理、航空器维修理论、有关航空法规知识、维修人为因素知识、航空器专业知识和维修基本技能等内容。

航空器部件基础培训包括自然科学基础知识、航空器部件工作原理、有关航空法规知识、维修人为因素知识、航空器部件维修专业知识和维修基本技能等内容。

具体的培训内容应当至少包括民航局规定的维修基础培训大纲和维修基本技能培训大纲的内容,并且培训学时不得少于其中规定的最低学时。

对于已获得理工科大专院校毕业证书的学员,如其所毕业院校的教学课程中包括了民航局规定的维修基础培训大纲中相应的自然科学基础知识,可以免修相应的内容。

维修基础培训的考试按教学大纲进行,考题应覆盖培训内容。每次考试只能有一次补考。补考不及格的可以参加下次培训。其中基本技能考试必须由民航局委任至少有2名考官进行,考试按照CCAR-66部规定的基本技能考试大纲进行。

3. 机型、部件修理项目的特定审定要求

机型培训应包括航空器系统概况、工作原理、故障判断、排除和隔离方法及主要附件的位置等内容。部件修理项目培训应包括所培训项目的原理、组成、分解、修理、组装和功能测试等内容。具体的培训内容应当至少包括民航局规定的机型、部件修理项目培训大纲的内容,并且培训学时不得少于规定的最低学时。

机型、部件修理项目考试包括笔试和实习评估。维修培训机构应当建立每一机型/项目的笔试考试题库,每次考试保证至少每学时1道题,题库中试题的数量应当至少是考试试题数量的3倍,考试时由题库中随机出题并应当覆盖民航局规定的培训大纲的内容。

维修培训机构应当建立机型、部件修理项目的实习项目清单,实习项目清单应当能够满足教学大纲的要求。

机型、部件修理项目培训的每次笔试可以有1次补考,补考不及格者应当重新参加培训。

第12章

民用航空器运行维修要求

12.1 概述

我国的航空器运行管理规章主要有《一般运行和飞行规则》(CCAR-91部)、《大型飞机公共航空运输承运人运行合格审定规则》(CCAR-121部)和《小型航空器商业运输运营人运行合格审定规则》(CCAR-135部)。CCAR-91部是用于管理在我国境内(不含香港、澳门的特别行政区)实施运行的所有民用航空器(不包括系留气球、风筝、无人火箭和无人自由气球)的飞行和运行;CCAR-121部是用于管理在我国境内依法设立的航空运营人所实施的公共航空运输运行,包括使用最大起飞全重5700千克以上的多发飞机实施的定期载客运输飞行、使用旅客座位数超过30座或者最大商载超过3400千克的多发飞机实施的不定期载客运输飞行、使用最大商载超过3400千克的多发飞机实施的全货机运输飞行。CCAR-135部用于管理在我国境内依法设立航空运营人所实施的公共航空运输运行,包括使用单发飞机、旋翼机和起飞全重5700千克以下的多发飞机实施的定期载客飞行,使用单发飞机、旋翼机和旅客座位数不超过30座并且最大商载不超过3400千克的多发飞机实施的不定期载客飞行,使用单发飞机、旋翼机和最大商载不超过3400千克的多发飞机实施的全货机运输飞行。

CCAR-91部是基础规章,适用于在我国实施运行的所有民用航空器(不包括系留气球、风筝、无人火箭和无人自由气球)的所有运行,而CCAR-121部和CCAR-135部是在CCAR-91部的基础上为大型飞机公共航空运输承运人和小型航空器商业运输运营人提出更高的运行要求。

1. 运行合格证

运行合格证是运营人遵照CCAR-135部实施小型航空器商业运输运行、遵照CCAR-121部实施大型飞机公共航空运输运行或者遵照CCAR-91部实施商业非运输运行所必备的文件之一。运营人在实施上述运行之前应当按照适用规章的要求和局方的规定提交申请书及材料,局方也将按照相应规章中条款规定的期限、步骤和做法进行受理和审查,在经过运行合格审定之后认为申请人符合相应规章要求的全部条件后,向申请人颁发运行合格证。

运行合格证主要包括以下内容:

(1) 合格证持有人的名称;

(2) 合格证持有人主运营基地的地址;

(3) 合格证的编号;

（4）合格证的生效日期；

（5）负责监督该合格证持有人运行的局方机构名称或者代号；

（6）被批准的运行种类；

（7）说明经审定，该合格证持有人符合适用规则的相应要求，批准其按照所颁发的运行规范实施运行。

当局方认为为了安全和公众利益需要修改或者合格证持有人申请修改并且局方认为安全和公众利益允许进行这种修改时，局方可以修改其颁发的运行合格证。申请修改运行合格证的申请人应当保证申请材料真实完整。

运行合格证持有人应当将运行合格证保存在主运营基地，并能随时接受局方的检查。运行合格证在出现下列情形之一时失效：

（1）合格证持有人自愿放弃，并将其交回局方；

（2）局方吊扣、吊销或者以其他方式终止该合格证。

2. 适航性责任

航空运营人应当对飞机的适航性负责。

（1）CCAR-121部规定运行合格证持有人应当对飞机的适航性负责，包括机体、发动机、螺旋桨、设备及其部件的适航性，依据局方批准或者认可的手册、程序实施下述工作，以确保飞机的适航性和运行设备、应急设备的可用性：

a. 每次飞行前按照飞机维修方案完成所有维修任务，并进行必要的检查和放行；

b. 对于影响安全运行的有关缺陷和损伤进行处理并达到批准的标准，如该型飞机有可用的最低设备清单，应符合该清单规定的要求；

c. 依据可靠性方案分析并保持飞机维修方案的有效性；

d. 完成适航指令和局方要求强制执行的任何其他持续适航要求；

e. 依据批准的标准完成改装，对于非强制性改装，制定具体政策。

运行合格证持有人可以通过协议将上述全部或者部分工作进行委托，但对其飞机负有同样的适航性责任。

（2）CCAR-135部规定运行合格证持有人应当对飞机的适航性负责，包括机体、发动机、螺旋桨、设备及其部件的适航性，并确保飞机按照相应规则的要求进行维修。运行合格证持有人应当依据局方批准或者认可的手册、程序实施下述工作，以确保飞机的适航性和运行设备、应急设备的可用性：

a. 每次飞行前按照CCAR-135部要求的航空器检查大纲或者航空器维修方案完成或者安排完成所有维修任务，并进行必要的检查和放行；

b. 对于影响安全运行的有关缺陷和损伤进行排故并达到经批准的标准，如该型航空器有局方批准的最低设备清单（MEL）和构型偏离清单（CDL），应当符合这些清单规定的要求；

c. 完成运行指令、适航指令和局方要求强制执行的任何其他持续适航要求；

d. 依据批准的标准完成改装，对于非强制性改装，制定具体政策。

运行合格证持有人可以通过协议将上述全部或者部分工作进行委托，但对其飞机负有同样的适航性责任。

（3）CCAR-91部规定航空器的所有权人或运营人对保持航空器的适航性状态负责，包括机体、发动机、螺旋桨及其安装设备的适航性。

3. 维修要求

我国的航空器运行规章中分别规定了航空器的维修要求，航空运营人应根据自己的实际运行情况以及各部运行规章的适用范围，按照适用的规章实施运行，同时也要遵守相应规章所要求的运营人应承担的维修职责。

（1）CCAR-91部规定了除按照CCAR-121部、CCAR-135部实施运行的航空器以外的，其他任何持有中国民用航空局颁发的适航证件的航空器在国内外运行时的一般规则，并对按照CCAR-91部运行的航空器的所有权人或运营人提出了相应的维修要求。

商业非运输运营人、私用大型航空器运营人、航空器代管人应当按照CCAR-91部的要求建立一个维修管理系统来落实其适航性责任，并保存其使用航空器的维修记录。

任何人（包括商业非运输运营人和航空器代管人）使用的大型航空器及其航空器部件的维修工作都应当由按照CCAR-145部获得相应批准的维修单位实施或者按照CCAR-43部由航空器或者航空器部件制造厂家实施。除大型航空器以外的航空器，其任何维修应当按照CCAR-43部实施，但航空器机体和部件的翻修应当由按照CCAR-145部获得相应批准的维修单位实施或者按照CCAR-43部由航空器或者航空器部件制造厂家实施。航空器的所有权人或者运营人使用的航空器、航空器部件以及对其实施维修的任何机构和人员应当接受局方为保证其对CCAR-91部规定的符合性而进行的监督和检查。

CCAR-91部要求的维修工作包括：

a. 航空器的所有权人或运营人应当按照以下规定完成对航空器的检查：

① 按照航空器的设计规范、型号合格证数据单或局方批准的其他文件中的规定，对有时间限制部件的更换时间进行检查，以保证在到达时间限制前及时更换。

② 对于大型飞机、涡轮喷气多发飞机、涡桨多发飞机或者涡轮动力旋翼机，按照CCAR-91部要求的检查大纲的规定进行检查。

③ 对于大型飞机、涡轮喷气多发飞机、涡桨多发飞机或者涡轮动力旋翼机之外的航空器，在每100小时的飞行时间内按照CCAR-43部的规定完成100小时检查，但如果在连续的12个日历月内没有达到100小时的飞行时间，则应当在上次完成100小时检查之日起12个月之内完成CCAR-43部规定的年度检查。如果需要为检查而进行调机时，可以超过100小时的限制，但超出时间不得多于10小时。并且在计算下一个100小时使用时间时要包括这次超过100小时的时间。

④ 如果航空器或者航空器部件制造厂家颁发的航空器维修手册或其他持续适航文件中规定的检查超过CCAR-43部规定的100小时检查或者年度检查，则应当按照其规定执行检查，并且不必重复执行100小时检查或者年度检查。

b. 对于CCAR-91部要求的100小时或者年度检查，航空器的所有权人或运营人可以使用分解检查任务的渐进式检查大纲来实施，但应当向局方提交书面备案，并且符合如下规定：

① 渐进式检查大纲应当以小时数或天数来标明每一检查任务的详细周期和计划，该计划可以包括因为飞行而超过维修间隔（不超过10小时）的说明；

② 渐进式检查的频度和内容应当保证航空器在规定的期限内能得到全面检查，保证航空器始终处于适航状态，并且始终符合航空器的设计规范、型号合格证数据单、适航指令以

及其他经批准的数据;

③ 如果渐进式检查中断,航空器所有权人或运营人应当立即以书面形式通知局方,并且在中断后以最先到达下一次检查期限的检查任务起恢复 100 小时检查或年度检查。

c. 按仪表飞行规则飞行的航空器,其高度表系统和高度报告设备应当按照下述要求完成测试和检查:

① 在 24 个日历月内,对每个静压系统、高度表仪表和自动气压高度报告系统进行测试和检查,并符合 CCAR-43 部的规定;

② 除使用系统排水和备用静压活门外,对静压系统的任何开启和关闭之后,该系统须进行测试和检查,并符合 CCAR-43 部的规定;

③ 安装或维修后,ATC 应答机的自动气压高度报告系统应当进行测试和检查,并符合 CCAR-43 部的规定。

d. 任何航空器上安装的 ATC 应答机应当按照下述要求完成测试和检查:

① 在 24 个日历月之内,ATC 应答机应当进行测试和检查,并符合 CCAR-43 部的规定;

② 安装或维修后,ATC 应答机应当进行测试和检查,并符合 CCAR-43 部的要求。

e. 除允许不工作的任何仪表或设备外,航空器所有权人或者运营人应当对上述检查发现的任何超出航空器设计规范、型号合格证数据单、适航指令以及其他经批准的数据的故障、缺陷进行修复。

f. 如果航空器或者航空器部件制造厂家颁发的航空器维修手册或其他持续适航文件中含有其他维修要求时,航空器所有权人或者运营人应当按照其要求对航空器或者航空器部件进行维修。

(2) CCAR-135 部对按照 CCAR-135 部运行的运营人提出了相应的维修要求。运营人应当建立一个维修系统来保证其飞机持续符合型号设计要求及有关中国民用航空规章中的维修要求。运营人应当按照局方批准或者认可的程序完成相关工作,确保航空器的适航性和运行设备、应急设备的可用性。运营人应当保证其航空器及其部件、维修系统接受局方为保证其对 CCAR-135 部规定的符合性而进行的检查和监督。

CCAR-135 部运营人的航空器及其部件的维修工作应当满足下述要求:

a. 对于型号合格审定为旅客座位数量(不包括机组座位)不超过 9 座的航空器应当按照 CCAR-135 部要求的航空器检查大纲实施或者安排实施航空器的维修工作。

b. 对于型号合格审定为旅客座位数量(不包括机组座位)超过 9 座的航空器应当由按照 CCAR-145 部批准的维修单位按照 CCAR-135 部要求的维修方案进行维修工作。

c. 对于单发实施载客仪表飞行规则(IFR)运行的航空器,还应当满足 CCAR-135 部规定的附加维修要求。

d. 对于任何航空器的机体翻修和航空器部件维修(不包括按照检查大纲和维修方案进行的不离位检查)应当由按照 CCAR-145 部批准的维修单位进行。

e. 任何航空器都可以按照上述要求进行航空器维修。

(3) CCAR-121 部对按照 CCAR-121 部运行的公共航空运输承运人提出了相应的维修要求。承运人应当按照以下规定完成维修工作:

a. 承运人应当建立一个维修系统来保证其飞机持续符合型号设计要求及有关中国民

用航空规章中的维修要求。

b. 按照CCAR-121部运行的飞机及其部件的维修工作应当由CCAR-145部批准的维修单位承担。

c. 承运人应当保证其飞机及其部件、维修系统接受局方为保证其对CCAR-121部规定的符合性而进行的检查和监督。

12.2 公共航空运输承运人的维修工程管理

1. 维修系统

公共航空运输承运人的维修管理工作主要体现在建立相应的维修系统并落实其适航性责任上,一个常见的维修系统中通常包括四个主要的部门。

(1) 工程技术部门:负责制定维修方案和最低设备清单的相关部分,并制定具体的飞机维修技术要求或者改装方案。

(2) 维修计划和控制部门:负责根据工程技术部门制定的维修方案、维修技术要求和改装方案选择和安排实施维修工作,保证飞机运行和维修中供应必要的合格器材,统计和监控飞机及其部件的使用和维修状况。

(3) 质量部门:负责对各类人员和单位进行评估、对单机适航性状况进行监控,并实施维修差错管理和质量调查。

(4) 培训管理部门:负责执行维修系统的培训政策,组织实施对维修系统人员的培训,并建立和保存人员技术档案和培训记录。

2. 维修工程管理手册

CCAR-121部承运人的维修系统应当制定阐述如何符合CCAR-121部要求及实施规范性管理的维修工程管理手册,并在实际工作中执行。维修工程管理手册应当载明承运人落实其飞机适航性责任和符合CCAR-121部要求的总体叙述、具体工作程序和管理要求,并应当获得局方的批准或者认可。

维修工程管理手册应当包括以下内容:

(1) 概述部分:其中至少包括维修系统的总体状况及政策、维修副总经理签署的符合性声明、对维修工程管理手册的符合性和有效性控制方法。

(2) 维修系统的组织机构和设施:其中至少包括组织机构图及其必要说明、厂房设施图及其必要的说明(包括主基地以外的航线维修设施)。

(3) 人员和部门职责说明:其中至少包括维修副总经理、总工程师及CCAR-121部要求的部门主管的名单和技术经历;维修系统中各部门、人员及其包含的CCAR-145部批准的维修单位或者协议维修单位的职责说明;维修放行人员清单及其授权的放行范围。

(4) 工程技术管理:其中至少包括编制维修方案和最低设备清单相关部分、制定具体维修技术要求和改装方案的要求和程序说明。

(5) 维修计划和控制:其中至少包括飞机使用和维修计划、选择和安排实施维修工作、器材供应、统计和监控飞机及其部件的使用状况、飞机放行的要求和程序说明。

(6) 协议维修:其中至少包括协议维修单位说明、协议委托工作范围、协调方式和对协议维修单位的监督管理的要求和程序。

（7）质量管理：其中至少包括质量管理政策、对各类人员和单位评估、单机适航性状况监控、质量审核、维修差错管理和质量调查的管理要求和程序。

（8）可靠性管理：其中应当至少包括可靠性管理的机构、可靠性控制体系及可靠性方案的管理要求和程序。

（9）人员培训管理：其中应当至少包括培训大纲的制定，培训计划和实施，人员技术档案和培训记录的管理要求和程序；

（10）有关附件：其中至少包括实际使用的表格标牌样件，工作程序清单及其他必要的附件。

（11）符合性说明。

3. 维修方案

维修方案是航空器维修活动的依据和标准，编制维修方案是公共航空运输承运人维修工程管理的重要内容。随着航空器设计的改进和维修经验的积累，每个承运人的维修方案会越来越具有自身的特色；在承运人租赁航空器和引进使用过的航空器时，可能还需要进行维修方案的转换。因此，航空运营人应当考虑自身的特点（例如航空器的运行环境、结构、系统的负荷、设计、使用历史）和管理经验制定维修方案，目的是能保证航空器运行的安全性和可靠性。

CCAR-121部承运人应当为其所运营的每架飞机编制维修方案。维修方案应呈交给局方审查批准，之后按照方案准备和计划维修任务。航空器的初始维修方案应当以局方批准或者认可的维修审查委员会报告（MRBR）以及型号合格证持有人的维修计划文件（MPD）或者维修手册中制造厂商建议的维修方案为基础。这些维修建议的结构和形式可以由运营人重新调整，以更好地符合其特定维修方案的执行和控制。对于没有局方批准或者认可的维修审查委员会报告（MRBR）的飞机，运营人应当按照维修审查委员会报告（MRBR）的逻辑决断方法和过程制定初始维修方案。

运营人要对维修方案进行定期检查以确保其中反映出飞机使用特点、型号合格证持有人最新建议和维修审查委员会报告（MRBR）的修订、航空器改装的状况以及局方的强制性要求，并根据可靠性方案来持续监控维修方案的有效性。维修方案的任何修订应当获得局方的批准。航空器的维修方案应当至少包括以下基本内容：

（1）一般信息：包括方案的适用性、航空器使用特点和利用率、名词术语解释、维修方案控制和使用说明等；

（2）载重平衡控制：包括空重及重心的控制、称重计划等，但可不包括客、货配载控制部分；

（3）航空器计划检查和维修工作：指按规定的间隔进行日常检查、测试和维修工作，还包括以工作单卡形式说明正确实施、记录这些工作的详细指南和标准；

（4）航空器非计划检查和维修工作：指由计划的检查和维修工作、机组报告、故障分析或其他迹象而导致的需要进行维修工作及其记录的程序、指南和标准；

（5）发动机、螺旋桨、设备的修理或者翻修：包括发动机、螺旋桨和部件有关的计划和非计划离位修理和翻修工作，还应当包括这些维修工作及其记录的指南和标准；

（6）结构检查/机体翻修：包括按照规定的间隔进行的有关结构检查和机身翻修，还应当包括这些维修工作及其记录的指南和标准；

（7）必检项目：指那些如果不正确的实施维修工作或使用了不当的部件将会危及飞行安全的维修项目，运营人应当以明显的方式在工作单卡中标明，并规定实施这些工作的人员资格要求和程序；

（8）维修资料的使用：包括在实施所有上述维修工作所应依据的航空器及其部件制造厂家提供的、民航局批准的技术资料的说明，还包括实施这些工作所应遵循的航空运营人本身制定并得到批准或认可的具体管理手册、工作程序。维修资料的使用可以集中说明，也可以在维修方案的各部分及其有关的工作单卡中分别说明。

航空运营人应当根据其运行的航空器适用情况，制定保持航空器结构持续完整性的文件。这些文件可以以单独的形式或者结合到整体的航空器维修方案中，但不论何种形式都应当随同维修方案获得局方的批准。

当运营人的飞机从一个已批准的维修方案转为另一个经批准的维修方案时，应当对飞机利用率、使用环境、安装的设备和维修系统的经验进行评估，进行必要的转换检查，并经局方批准后方可以转换。当运营人使用其他运营人经批准的维修方案时，应当通过书面的协议进行，并经局方批准后方可以使用。在合理的不可预见情况下导致无法按照计划实施维修方案规定的维修工作时，其对维修方案的偏离应当在局方规定的范围内，并向局方报告。

4. 可靠性管理

CCAR-121 部承运人应当建立可靠性管理体系来持续监控维修方案的有效性，可靠性管理体系中应当包含一个可靠性管理机构。可靠性管理机构应根据局方的要求定期向局方报告其活动情况并提交有关的报告。

运营人应当制定可靠性方案来说明可靠性管理体系的工作方式。可靠性方案可以是一个复杂的整体方案，也可以按照机型或者监控对象（如系统、发动机、检查项目等）各自单独制定可靠性方案。可靠性方案的内容应当至少包括方案说明、可靠性管理机构，以及从数据收集、数据分析、改正措施、性能标准、数据显示和报告、维修间隔调整和工作内容（或者方式）变更，到可靠性方案修订等可靠性控制体系的说明。可靠性方案及对可靠性方案的任何修订都应得到局方的批准。

5. 维修人员培训

1）培训要求

根据 CCAR-121 部的规定，运营人维修系统的所有人员应当经过与其从事工作有关的专业知识、专业技能、工作程序、维修人为因素及新技术应用等内容的培训并经相应的工作项目授权后才能上岗，并且至少每两年进行一次必要的再培训。

2）培训管理部门

根据 CCAR-121 部的规定，运营人的维修系统中应当设置一个培训管理部门，执行维修系统的培训政策，组织实施对维修系统的人员（包括协议维修单位中的有关人员和合格证持有人授权的维修放行人员）的培训，并建立和保存人员技术档案和培训记录。

3）维修系统培训大纲

运营人应当制定维修系统培训大纲，在获得局方批准后作为对维修系统的所有人员开展培训的依据。运营人应在维修系统培训大纲中阐明其培训管理政策，并对所设置的培训管理机构进行说明,同时表明具有必要的培训设施和培训能力。维修系统培训大纲应明确运营人对各类人员的初始培训要求和更新培训要求。运营人还应当在维修系统培训大纲中说明对培训教员、培训提纲和教材的管理要求,规定培训的组织和管理方式以及对维修系统人员实施培训后的记录和对培训工作的监督要求。

6. 航材管理

1）合格的航材

合格的航材包括两个属性,第一是航材的合法性,也就是流入市场的航材应当满足民航法规中关于适航性的规定,并且具备完整、有效的合格证明文件;第二是航材的来源、渠道应当能够确保在整个流通、运输过程中航材的适航性状况以及合格证明文件的完整有效性。根据 CCAR-121 部的规定,运营人应当对飞机的适航性负责,包括机体、发动机、螺旋桨、设备及其部件的适航性。任何购买、销售、用于修理或装机使用的航材应当具备完整、有效的合格证明文件,以及全面、有效的可追溯性。

合格的航材包括民航局批准的部件和民航局认可的部件。

民航局批准的部件是指根据 CCAR-21 部或 CCAR-145 部,在民航局批准的生产系统制造的或在民航局批准的维修单位维修的,并符合民航局批准或认可的型号设计数据的部件。

民航局认可的部件是指下述认可的装于型号审定产品的零部件：

a. 指根据 CCAR-21 部及双边适航协议,装于经型号认可的外国航空产品上的零部件；

b. 根据 CCAR-145 部及有关维修合作安排或协议认可的维修单位维修的零部件；

c. 按照航空器及其部件制造厂家指定方式进行的因设计或制造原因导致的索赔修理或执行强制性改装的零部件；

d. 航空器制造厂家确定的标准件（如螺母和螺栓）；

e. 航空运营人根据民航局批准的程序制造的用于自身维修目的的零部件；

f. 由民航局授权的人员确定符合批准的型号设计数据的零部件；

g. 其他民航局规定的情况。

2）非经批准航材

非经批准航材是指未经民航局批准或认可的航空器部件或原材料,这些航材可能在表面上与民航局批准或认可的航材一样,但没有证据证明其制造或维修过程满足民航局批准或认可的数据,而购买者不能轻易地发现（如热处理、电镀、各种测试和检查的标准等）。

为避免购买和使用非经批准航材,航空运营人应当建立确保获得批准或认可的航材的制度,其中至少包括以下内容：

a. 质量部门对航材供应商的评估；

b. 由经过培训并了解航材的标识和文件的人员进行的航材入库检验；

c. 质量部门控制下的航材供应商清单。

当航空运营人在任何时间、发现任何可疑的航材供应商或可疑的非经批准航材时,应当及时向民航局报告。

7. 维修记录管理

维修记录是表明航空器适航性状态和运营人落实航空器的适航性责任的重要手段,从使用的角度,航空器维修记录可以划分为航空器放行记录、部件拆换记录、适航指令执行记录、服务通告和改装执行记录、目前维修状态记录。另外,对于发动机、辅助动力装置(APU)和螺旋桨应当建立单独的履历记录。

(1) CCAR-121部承运人所运营飞机的维修记录包括:

a. 能表明飞机放行满足CCAR-121部要求的所有详细维修记录。

b. 包含下述信息的记录内容:

① 机体总的使用时间;

② 每一发动机和螺旋桨的总使用时间;

③ 每一机体、发动机、螺旋桨和设备上的时寿件的现行状况;

④ 装在飞机上的所有要求定期翻修项目自上次翻修后的使用时间;

⑤ 飞机的目前维修状态,包括按照飞机维修方案要求进行的上次检查或者维修工作后的使用时间;

⑥ 目前适用的适航指令的符合状况,包括符合的方法和数据,如果适航指令涉及连续的工作,应当列明下次工作的时间和日期;

⑦ 目前对每一机体、发动机、螺旋桨和设备进行的重要改装的情况。

(2) CCAR-121部承运人应当按照下述期限要求保存维修记录:

a. 除飞机、发动机、螺旋桨和设备上一次翻修的记录外,表明飞机放行满足CCAR-121部要求的所有详细维修记录应当保存至该工作完成后至少2年;

b. 飞机、发动机、螺旋桨和设备上一次翻修的记录应保存至该工作被等同范围和深度的工作所取代;

c. 除表明飞机放行满足CCAR-121部要求的所有详细维修记录以外,其他维修记录应当保存至飞机出售或者永久性退役后一年,飞机出售时维修记录应随同飞机转移。

(3) CCAR-121部承运人终止运行时,所有保存的维修记录应转交给新的承运人。

(4) CCAR-121部承运人将飞机干租给另一合格证持有人超过6个月时,所有保存的维修记录应转交给新的承运人;如果干租的租赁期小于6个月,所有必要的维修记录都应转交给承租方或者承租方可以获取这些记录的副本。

(5) CCAR-121部承运人应当保证所有的维修记录可以提供给局方或者国家授权的安全调查机构的检查。

参 考 文 献

[1] 中国民用航空总局航空器维修人的因素课题组.人的因素案例集：民用航空器维修差错[M].北京：中国民航出版社,2003.
[2] 中国民用航空总局航空器维修人的因素课题组.民用航空人的因素培训手册[M].北京：中国民航出版社,2003.
[3] 中国民航局.航空人员的维修差错管理(AC-121-007),2002.
[4] Civil Aviation Authority. An Introduction To Aircraft Maintenance Engineering Human factors for JAR66(CAP 715),2002.
[5] Civil Aviation Authority. Human Factors in Aircraft Maintenance and Inspection(CAP 718),2002.
[6] Civil Aviation Authority. Fundamental Human Factors Concepts(CAP 719),2002.
[7] 道格拉斯 A.维格曼,斯科特 A.夏佩尔.飞行事故人的失误分析：人的因素分析和分类系统[M].北京：民航出版社,2006.
[8] 孙殿阁,孙佳,等.基于 Bow-Tie 技术的民用机场安全风险分析应用研究[J].中国安全生产科学技术,2010,6(4)：85-89.
[9] 涂杰,张雷,陈新锋.运输航空器维修差错统计分析[J].中国民用航空,2012(12)：44-46.
[10] JAMES REASON, ALAN HOBBS. 维修差错管理[M]. 徐建新,等译.北京：中国民航出版社,2007.
[11] 花迎春.航空维修中的人为因素及应用[M].北京：中国民航出版社,2010.
[12] Federal Aviation Administration. The Human Factors Guide for Aviation Maintenance and Inspection. Washington DC：U. S,1998.
[13] 花迎春.论人为差错管理与安全管理体系的关系[J].中国民用航空,2011(6)：63-65.
[14] 李政仪,花迎春,孙志强,等.基于差错分类框架识别人为差错[J].中国安全科学学报,2012,22(2)：96-101.
[15] DHILLON B S, LIU Y. Human Error in Maintenance：A Review[J]. Journal of Quality in Maintenance Engineering,2006(12)：21-36.
[16] Boeing Commercial Airplanes. Statistical Summary of Commercial Jet Airplane Accidents Worldwide Operations(1959—2015). Washington,2016.
[17] Boeing Commercial Airplanes. Statistical Summary of Commercial Jet Airplane Accidents Worldwide Operations(1959—2008). Washington,2009.
[18] 国际民用航空公约及其附件 1-19.
[19] 中华人民共和国民用航空法,1995.
[20] 中华人民共和国民用航空器适航管理条例,1987.
[21] 中国民用航空总局规章制定程序规定(CCAR-11 部),2007.
[22] 中国民用航空总局职能部门规范性文件制定程序规定(CCAR-12LR-R1 部),2007.
[23] 中国民用航空法规体系框架表,1999.
[24] 国务院办公厅关于印发中国民用航空局主要职责内设机构和人员编制规定的通知(国办发[2009]20 号).
[25] 国务院关于印发民航体制改革的方案的通知(国发[2002]6 号).
[26] 运输类飞机适航标准(CCAR-25-R4 部),2016.
[27] 民用航空产品和零部件合格审定规定(CCAR-21-R3 部),2007.

[28] 民用航空器国籍登记规定(CCAR-45-R1 部),1998.
[29] 民用航空器适航指令规定(CCAR-39AA 部),1990.
[30] 维修和改装一般规则(CCAR-43 部),2005.
[31] 民用航空器维修单位合格审定规定(CCAR-145-R3 部),2005.
[32] 民用航空器维修人员执照管理规则(CCAR-66-R2 部),2016.
[33] 民用航空器维修培训机构合格审定规定(CCAR-147 部),2005.
[34] 一般运行和飞行规则(CCAR-91-R2 部),2007.
[35] 小型航空器商业运输运营人运行合格审定规则(CCAR-135 部),2005.
[36] 大型飞机公共航空运输承运人运行合格审定规则(CCAR-121-R4 部),2016.